二级注册建造师继续教育教材

水利水电工程

2019 版

沈继华　胡　慨　主编

中国财经出版传媒集团
中国财政经济出版社

图书在版编目（CIP）数据

水利水电工程：2019 版/沈继华，胡慨主编．—北京：中国财政经济出版社，2019.5
二级注册建造师继续教育教材
ISBN 978-7-5095-8791-1

Ⅰ.①水… Ⅱ.①沈… ②胡… Ⅲ.①水利水电工程-继续教育-教材 Ⅳ.①TV

中国版本图书馆 CIP 数据核字（2019）第 014055 号

责任编辑：李昊民
封面设计：北京诚智博天

中国财政经济出版社 出版
URL：http：//www.cfeph.cn
E-mail：cfeph @ cfeph.cn

社址：北京市海淀区阜成路甲 28 号 邮政编码：100142
营销中心电话：010-88191537
北京财经印刷厂印刷 各地新华书店经销
787×1092 毫米 16 开 17.5 印张 418 000 字
2019 年 5 月第 1 版 2019 年 5 月北京第 1 次印刷
定价：53.00 元
ISBN 978-7-5095-8791-1
（图书出现印装问题，本社负责调换）
本社质量投诉电话：010-88190744
打击盗版举报热线：010-88191661 QQ：2242791300

序

历经八载，2002年12月5日，人事部、建设部联合颁发了《建造师执业资格制度暂行规定》（人发〔2002〕111号），标志着我国建造师执业资格制度的创立。

注册建造师作为从事建设工程项目总承包和施工管理关键岗位的专业技术人员，需要懂管理、懂技术、懂经济、懂法规，既要有理论水平，还要有丰富的实践经验和较强的组织能力。为开阔注册建造师的视野，拓展注册建造师的知识面，进一步提升注册建造师的执业能力，进而提高建设工程项目的管理水平，根据《注册建造师管理规定》（建设部第153号令）《关于印发〈注册建造师继续教育管理暂行办法〉的通知》（建市〔2010〕192号）规定，注册建造师需要接受继续教育。通过继续教育学习，使注册建造师及时掌握与工程建设有关的法律法规、标准规范和政策，熟悉工程建设的新技术、新材料、新设备、新工艺以及建设工程项目管理新理论、新方法，以适应建设工程项目管理发展的需要。

为此，我们组织有关单位及行业专家编写了二级注册建造师继续教育教材，包括：《管理综合》《建筑工程》《公路工程》《机电工程》《市政公用工程》《水利水电工程》《矿业工程》和《注册建造师执业指南》《注册建造师施工成本管理案例解析》《注册建造师执业法律案例解析》《建造师执业资格制度释义及文件汇编》《注册建造师施工管理签章文件填表示范》（上、下册）《注册建造师法律法规及政策选编》等。

本系列教材既是二级注册建造师继续教育教材，也可作为工程建设领域项目管理及工程技术人员的参考用书。

编委会

2019年2月

编写说明

本书根据《二级注册建造师继续教育大纲（水利水电工程专业）》（以下简称继续教育大纲）编写，包括水利水电工程项目管理、水利水电专业典型工程、水利水电工程质量与安全事故剖析、建造师诚信体系与执业相关制度、水利水电工程法律法规与标准规范，以及水利水电工程工法与专题等共六个部分，突出了新形势下中小型水利水电工程建设与施工管理的专业特点。

本书为二级建造师水利水电工程专业的继续教育教材，也可作为高等学校工科专业的教学参考用书和从事水利水电工程建设管理、勘测设计、施工、监理、咨询、质量监督、安全监督、行政监督等工作人员的参考用书。

本书由沈继华、胡慨主编，主要参编人员有苏颖、王堃、屈学平、胡义文、陈娟、朱旋、容蓉、齐坚、王俊超、成斌、赵殿信。全书由胡慨统稿、审稿，李宏伟审定。

在本书的编写过程中，中国水电建设集团十五工程局有限公司、安徽省（水利部淮河水利委员会）水利科学研究院、河南水投水土资源开发有限公司、安徽省水利水电职业技术学院、长江水利委员会人才资源开发中心、安徽省路港工程有限责任公司、蚌埠市江河水利工程建设有限责任公司等单位给予了大力支持和帮助，在此一并致以衷心的感谢。

本书编写过程中参考了许多文献资料和一些企业的施工项目管理经验，在此对文献资料的作者和经验的创造者表示诚挚的感谢。由于水平有限，书中难免有不妥之处，恳请读者批评指正，以便再版时修改完善。

本书编写组

2019 年 2 月

目　录

第一章　水利水电工程项目管理

第一节　水利水电工程项目管理前沿理论

一、水利水电工程项目管理模式简介

目前，我国的水利水电建设项目按投资来源的不同有三种类型：一是完全由政府投资的水利水电建设项目；二是由项目法人投资，同时政府给予补贴的水利水电建设项目；三是完全由项目法人投资的水利水电建设项目。

在水利水电建设项目管理过程中，采取的项目管理模式不同，政府、项目法人、中介机构等在项目管理中的地位和作用也不同。我国改革开放以来所推行的建设项目法人制度、招标投标制度、工程监理制度、承包合同制度以及近年提出的项目代建制度，实际上都是围绕建设项目管理模式问题而展开，至今仍在实践中探索。

在工程项目管理领域，常见的、传统的工程项目管理模式有设计—招标—建造模式（Design-Bid-Build，DBB）、设计—建造模式（Design-Build，DB）、CM 模式（Construction Method，CM）等。2016 年 5 月，住房城乡建设部印发了《住房城乡建设部关于进一步推进工程总承包发展的若干意见》（建市〔2016〕93 号）。除了以上传统的工程项目管理模式外，工程项目管理中涌现出了代建制、PPP 制等一些模式。

二、水利工程建设项目代建制

根据《中共中央国务院关于加快水利改革发展的决定》、《国务院关于投资体制改革的决定》等有关规定，水利部发布了《关于水利工程建设项目代建制管理的指导意见》（水建管〔2015〕91 号），在水利建设项目特别是基层中小型项目中推行代建制等新型建设管理模式，发挥市场机制作用，增强基层管理力量，实现专业化的项目管理。

水利工程建设项目代建制，是指政府投资的水利工程建设项目通过招标等方式，选择具有水利工程建设管理经验、技术和能力的专业化项目建设管理单位（以下简称代建单位），负责项目的建设实施，竣工验收后移交运行管理单位的制度。

水利工程建设项目代建制为建设实施代建，代建单位对水利工程建设项目施工准备至竣工验收的建设实施过程进行管理。代建单位按照合同约定，履行工程代建相关职责，对代建项目的工程质量、安全、进度和资金管理负责。地方政府负责协调落实地方配套资金和征地移民等工作，为工程建设创造良好的外部环境。

代建单位应具备以下条件：

（1）具有独立的事业或企业法人资格。

（2）具有满足代建项目规模等级要求的水利工程勘测设计、咨询、施工总承包一项或多项资质以及相应的业绩；或者是由政府专门设立（或授权）的水利工程建设管理机构并具有同等规模等级项目的建设管理业绩；或者是承担过大型水利工程项目法人职责的单位。

（3）具有与代建管理相适应的组织机构、管理能力、专业技术与管理人员。

近3年在承接的各类建设项目中发生过较大以上质量、安全责任事故或者有其他严重违法、违纪和违约等不良行为记录的单位不得承担项目代建业务。

拟实施代建制的项目应在可行性研究报告中提出实行代建制管理的方案，经批复后在施工准备前选定代建单位。代建单位由项目主管部门或项目法人（以下简称项目管理单位）负责选定。招标选择代建单位应严格执行招标投标相关法律法规，并进入公共资源交易市场交易。不具备招标条件的，经项目主管部门同级政府批准，可采取其他方式选择代建单位。

代建单位确定后，项目管理单位应与代建单位依法签订代建合同。代建合同内容应包括项目建设规模、内容、标准、质量、工期、投资和代建费用等控制指标，明确双方的责任、权利、义务、奖惩等法律关系及违约责任的认定与处理方式。代建合同应报项目管理单位上级水行政主管部门备案。

代建单位不得将所承担的项目代建工作转包或分包。代建单位可根据代建合同约定，对项目的勘察、设计、监理、施工和设备、材料采购等依法组织招标，不得以代建为理由规避招标。代建单位（包括与其有隶属关系或股权关系的单位）不得承担代建项目的施工以及设备、材料供应等工作。

项目管理单位的主要职责包括：

（1）选定代建单位，并与代建单位签订代建合同。

（2）落实建设资金，配合地方政府做好征地、移民、施工环境等相关工作。

（3）监督检查工程建设的质量、安全、进度和资金使用管理情况，并协助做好上级有关部门（单位）的稽察、检查、审计等工作。

（4）协调做好项目重大设计变更、概算调整相关文件编报工作。

（5）组织或参与工程阶段验收、专项验收和竣工验收。

（6）代建合同约定的其他职责。

代建单位的主要职责包括：

（1）根据代建合同约定，组织项目招投标，择优选择勘察设计、监理、施工单位和设备、材料供应商；负责项目实施过程中各项合同的洽谈与签订工作，对所签订的合同实行全过程管理。

（2）组织项目实施，抓好项目建设管理，对建设工期、施工质量、安全生产和资金管理等负责，依法承担项目建设单位的质量责任和安全生产责任。

（3）组织项目设计变更、概算调整相关文件编报工作。

（4）组织编报项目年度实施计划和资金使用计划，并定期向项目管理单位报送工程进度、质量、安全以及资金使用等情况。

（5）配合做好上级有关部门（单位）的稽察、检查、审计等工作。

（6）按照验收相关规定，组织项目分部工程、单位工程、合同工程验收；组织参建单位做好项目阶段验收、专项验收、竣工验收各项准备工作；按照基本建设财务管理相关规定，编报项目竣工财务决算。竣工验收后及时办理资产移交和竣工财务决算审批手续。

（7）代建合同约定的其他职责。

代建项目资金管理要严格执行国家有关法律法规和基本建设财务管理制度，落实财政部《关于切实加强政府投资项目代建制财政财务管理有关问题的指导意见》（财建〔2004〕300号）有关要求。

代建管理费要与代建单位的代建内容、代建绩效挂钩，计入项目建设成本，在工程概算中列支。代建管理费由代建单位提出申请，由项目管理单位审核后，按项目实施进度和合同约定分期拨付。代建项目实施完成并通过竣工验收后，经竣工决算审计确认，决算投资较代建合同约定项目投资有结余，按照财政部门相关规定，从项目结余资金中提取一定比例奖励代建单位。

三、政府和社会资本合作（PPP制）

（一）有关文件要求

根据《国务院关于创新重点领域投融资机制鼓励社会投资的指导意见》（国发〔2014〕60号）有关要求，国家发改委、财政部、水利部联合发布《关于鼓励和引导社会资本参与重大水利工程建设运营的实施意见》（发改农经〔2015〕488号），实施意见明确除法律、法规、规章特殊规定的情形外，重大水利工程建设运营一律向社会资本开放。只要是社会资本，包括符合条件的各类国有企业、民营企业、外商投资企业、混合所有制企业，以及其他投资、经营主体愿意投入的重大水利工程，原则上应优先考虑由社会资本参与建设和运营。鼓励统筹城乡供水，实行水源工程、供水排水、污水处理、中水回用等一体化建设运营。实施意见提出以下要求：

合理确定项目参与方式。盘活现有重大水利工程国有资产，选择一批工程通过股权出让、委托运营、整合改制等方式，吸引社会资本参与，筹得的资金用于新工程建设。对新建项目，要建立健全政府和社会资本合作（PPP制），鼓励社会资本以特许经营、参股控股等多种形式参与重大水利工程建设运营。其中，综合水利枢纽、大城市供排水管网的建设经营需按规定由中方控股。对公益性较强、没有直接收益的河湖堤防整治等水利工程建设项目，可通过与经营性较强项目组合开发、按流域统一规划实施等方式，吸引社会资本参与。

签订投资运营协议。社会资本参与重大水利工程建设运营，县级以上人民政府或其授权的有关部门应与投资经营主体通过签订合同等形式，对工程建设运营中的资产产权关系、责权利关系、建设运营标准和监管要求、收入和回报、合同解除、违约处理、争议解决等内容予以明确。政府和投资者应对项目可能产生的政策风险、商业风险、环境风险、法律风险等进行充分论证，完善合同设计，健全纠纷解决和风险防范机制。

充分发挥政府投资的引导带动作用。重大水利工程建设投入，原则上按功能、效益进行合理分摊和筹措，并按规定安排政府投资。对同类项目，中央水利投资优先支持引入社会资本的项目。政府投资安排使用方式和额度，应根据不同项目情况、社会资本投资合理回报率等因素综合确定。公益性部分政府投入形成的资产归政府所有，同时可按规定不参与生产经营收益分配。鼓励发展支持重大水利工程的投资基金，政府可以通过认购基金份额、直接注资等方式予以支持。

完善项目财政补贴管理。对承担一定公益性任务、项目收入不能覆盖成本和收益，但社会效益较好的政府和社会资本合作（PPP大）水重利项目，政府可对工程维修养护和管护经费等给予适当补贴。财政补贴的规模和方式要以项目运营绩效评价结果为依据，综合考虑产品或服务价格、建设成本、运营费用、实际收益率、财政中长期承受能力等因素合理确定、动态调整，并以适当方式向社会公示公开。

实行税收优惠。社会资本参与的重大水利工程，符合《公共基础设施项目企业所得税优惠目录》、《环境保护、节能节水项目企业所得税优惠目录》规定条件的，自项目取得第一笔生产经营收入所属纳税年度起，第一年至第三年免征企业所得税，第四年至第六年减半征收企业所得税。

认真履行投资经营权利义务。项目投资经营主体应严格执行基本建设程序，落实项目法人责任制、招标投标制、建设监理制和合同管理制，对项目的质量、安全、进度和投资管理负总责。已通过招标方式选定的特许经营项目投资人依法能够自行建设、生产或者提供的，可以不进行招标。要建立健全质量安全管理体系和工程维修养护机制，按照协议约定的期限、数量、质量和标准提供产品或服务，依法承担防洪、抗旱、水资源节约保护等责任和义务，服从国家防汛抗旱、水资源统一调度。要严格执行工程建设运行管理的有关规章制度、技术标准，加强日常检查检修和维修养护，保障工程功能发挥和安全运行。

落实应急预案。政府有关部门应加强对项目投资经营主体应对自然灾害等突发事件的指导，监督投资经营主体完善和落实各类应急预案。在发生危及或可能危及公共利益、公共安全等紧急情况时，政府可采取应急管制措施。

完善退出机制。政府有关部门应建立健全社会资本退出机制，在严格清产核资、落实项目资产处理和建设与运行后续方案的情况下，允许社会资本退出，妥善做好项目移交接管，确保水利工程的顺利实施和持续安全运行，维护社会资本的合法权益，保证公共利益不受侵害。

加强后评价和绩效评价。开展社会资本参与重大水利工程项目后评价和绩效评价，建立健全评价体系和方式方法，根据评价结果，依据合同约定对价格或补贴等进行调整，提高政府投资决策水平和投资效益，激励社会资本通过管理、技术创新提高公共服务质量和水平。

加强风险管理。各级财政部门要做好财政承受能力论证，根据本地区财力状况、债务负担水平等合理确定财政补贴、政府付费等财政支出规模，项目全生命周期内的财政支出总额应控制在本级政府财政支出的一定比例内，减少政府不必要的财政负担。

（二）汝州市水生态综合治理 PPP 项目

1. 项目概况

（1）项目名称。汝州市水生态综合治理 PPP 项目总体布局见图 1-1。

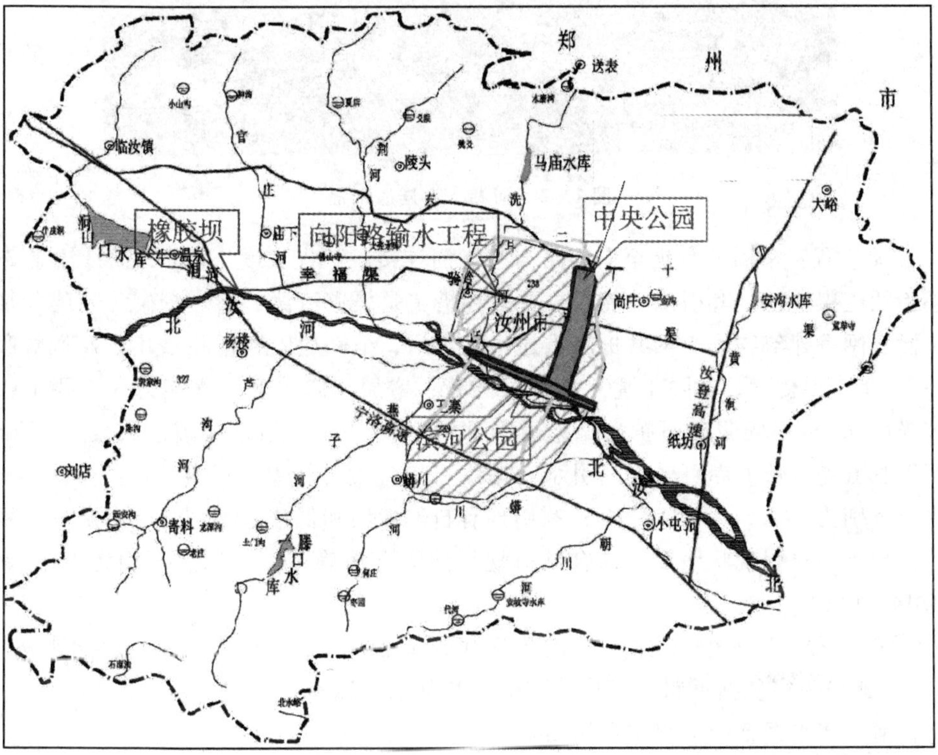

图 1-1　项目总体布局图

（2）项目内容。本项目包括三个工程，分别为河湖水系连通工程、滨河生态水系整治工程以及北汝河防汛路工程。本项目总投资估算为 297084 万元，详见表 1-1。

表 1-1　　**本项目工程概况表**　　单位：万元

序号	项目	投资总额（元）	行业和领域
1	河湖水系连通工程	177151	水利、市政景观
2	滨河生态水系整治工程	77266	水利、市政景观
3	北汝河防汛路工程	42667	市政道路
	合计	297084	

各工程具体情况如下：

①河湖水系连通工程实景见图 1-2。

图 1-2 河湖水系连通工程

a. 水系工程：幸福渠东延至向阳路与与嵩河连接，工程长度 4.5km，设计流量 $3m^3/s$；综合整治跃进渠，恢复其引水功能，主要工程措施是渠道清淤、边坡护砌，新建和加固沿线桥、涵、闸等建筑物，工程共拆除重建 4 座水闸、维修加固和拆除重建 2 座倒虹吸、拆除重建 16 座跨渠桥梁、拆除重建 4 座排污圆管；增加马庙水库输水能力，主要工程措施是边坡采用 0.3m 厚的浆砌石护砌，渠道局部清淤 $3250m^3$，治理渠道总长度 7.24km；开辟嵩河串联五湖，使五湖可经嵩河引水、排水，嵩河设计流量 $3m^3/s$，总长度 9.7km，进出口水位分别为 242.5m 和 188.1m；利用现有自然冲沟和低洼地并结合城市规划分别开挖五湖，五湖规模根据现状地形并结合城市规划功能合理确定，五湖总面积为 1130 亩，总库容为 146 万 m^3。

b. 景观工程：工程位于拟建的汝州东区，面积约 283 公顷，宽 300～400m，长约 7km。主要建设内容包括道路、绿化及配套公共基础设施等。

②滨河生态水系整治工程实景见图 1-3。

图 1-3 滨河生态水系整治工程

工程位于汝州市北汝河北侧堤外，东起第二污水厂，西至临蟒公路大桥，南临北汝河防汛路，北至滨河大道，全长约6.4km，平均宽度约300m，总面积为184.2公顷。主要建设内容包括道路、绿化及配套公共基础设施等。

③北汝河防汛路工程实景见图1－4。

图1－4　北汝河防汛路工程

新建道路为汝州市一条东西向城市主干路，全长7018.833m。道路纵坡最大值为2.998%，道路纵坡最小值为0.127%。道路红线50m，具体为50m（红线）－7.5m（人行道）－35m（车行道）－7.5m（人行道）车行道路拱横坡1.5%，为直线接抛物线路拱形式，人行道为直线路拱，坡度为2%。其他配套建设内容包括给水工程、雨水工程、污水工程、照明工程、桥梁工程、燃气工程、绿化工程等。

2. 运作模式

（1）运作模式的选择。本项目为政府付费的公益性项目，采用政府和社会资本合作（PPP）模式投资、建设、运营所以工程，即在市政府的授权下，汝州市住房和城乡建设局通过法定程序选择社会资本，与市住建局指定公司共同成立项目公司，项目公司根据PPP项目合同的约定负责本项目的投融资、设计、建设、运营、管理。当特许经营期届满后，项目公司将项目资产无偿移交于政府方。本项目由项目公司投资、建设、运营、维护和移交，即采用“建设—运营—移交（BOT）”运作模式。

（2）项目实施机构。汝州市人民政府授权汝州市住房和城乡建设局（以下简称“市住建局”）作为本项目的实施机构，主要负责项目的具体实施，包括实施方案编制和报批、PPP项目合同的编制、组织政府采购、谈判与合同签署、项目执行和项目移交等工作。

（3）具体运作模式。本项目工程内容涵盖河湖水系连通工程、滨河生态水系整治工程以及北汝河防汛路工程。

本项目采用政府和社会资本合作（PPP）模式投资、建设、运营所有工程，即在市政府的授权下，市住建局通过法定程序选择社会资本，与市住建局指定的政府方公司共同成立项目公司，负责本项目所有工程的投融资、建设、运营、更新及维护。

本项目运作模式见图1－5。

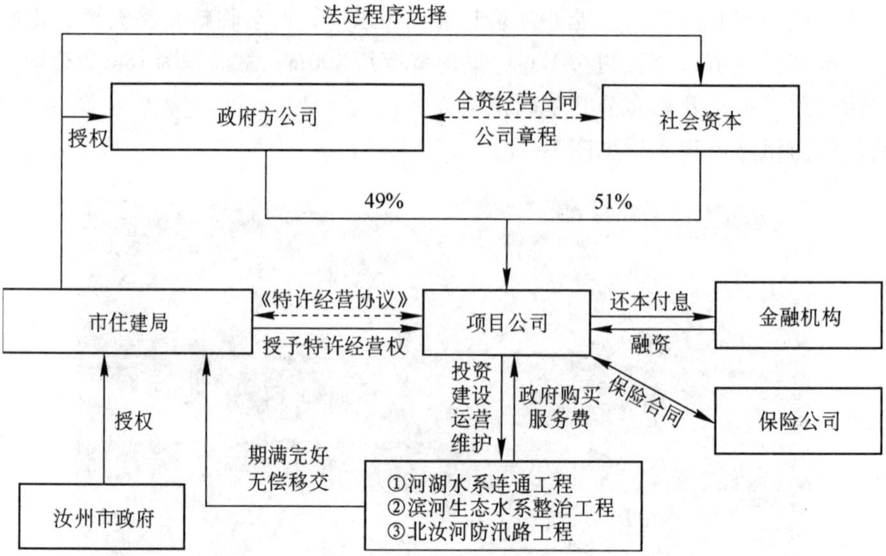

图 1-5　项目运作模式图

①实施机构的授权。汝州市政府授权市住建局作为项目实施机构，负责项目组织实施和各项具体工作的安排，通过法定程序选择符合条件的社会投资人。

②社会资本的选择。依据《政府采购法》（2002 年主席令第 68 号）、《政府采购法实施条例》（2015 年国务院令第 658 号）、《财政部关于印发政府和社会资本合作模式操作指南（试行）的通知》（财金〔2014〕113 号）、政府和社会资本合作项目政府采购管理办法（财库〔2014〕215 号）、《国家发展改革委关于开展政府和社会资本合作的指导意见》（发改投资〔2014〕2724 号）等政策文件的有关规定，市住建局通过公平、公开、公正、择优的原则，采用公开招标的方式选择社会资本。

③项目公司的组建。市住建局授权政府方公司与中选社会资本按照 49%∶51% 的股权比例在汝州市组建项目公司，并签署合资经营合同和公司章程。

④特许经营权的授予。市住建局与项目公司签署《PPP 项目合同》，授予项目公司特许经营权。由项目公司投资、建设、运营、管理、维护和更新本项目所有工程，并通过收取政府购买服务费以收回投资、归还债务本息并获取合理回报。

⑤项目设施的移交。项目公司在特许经营合作期结束后将正常运行情况下的项目设施无偿、完好、无抵质押地移交给市住建局或其指定机构。

（4）项目合作期限。根据本项目基本情况及其他综合因素，建议对本项目的合作期限做如下安排：

建设期：

①河湖水系连通工程计划于 2016 年 10 月开工建设，于 2017 年 9 月底完工，建设期为 1 年。

②滨河生态水系整治工程计划于 2016 年 10 月开工建设，于 2017 年 9 月底完工，建设期为 1 年。

③北汝河防汛路工程计划于 2016 年 9 月开工建设，于 2018 年 7 月底完工，建设期为

23 个月。

运营期：

最终完工日次日起至特许经营期最后一日止的期间。

非项目公司的原因导致建设期延长的，则运营期应根据 PPP 项目合同约定的进度日期相应顺延。由项目公司原因导致建设期延长的，则运营期不得延长。

3. 项目产出情况

（1）项目直接产出。本项目中，各工程的直接产出包括：

①河湖水系连通工程产出为重建 4 座水闸、维修加固和拆除重建 2 座倒虹吸、拆除重建 16 座跨渠桥梁、拆除重建 4 座排污圆管，治理渠道总长度 7.24km，新建一条流量 $3m^3/s$、总长度 9.7km 的河道，新建一座总面积为 283 公顷的景观公园。

②滨河生态水系整治工程产出为新建一座总面积为 184.2 公顷的景观公园。

③北汝河防汛路工程产出为新建一条全长为 7018.833m 的主干道路，全线新建桥梁 1 座，环状供水管网 1 条，雨水管线 5 条，污水管线 2 条，燃气管线 1 条，同时完成道路绿化、照明、交通标示系统建设。

（2）项目间接产出。

①社会效益。以河湖水系连通工程和滨河生态水系整治工程形成的水资源综合利用和生态湿地保护土地利用模式，能够充分发挥湿地的生态、经济与社会效益，实现资源、环境的可持续利用，提高汝州市生态服务价值，促进生态环境与土地利用协调发展。北汝河防汛路工程支撑了市区路网建设，期配套设施的建设将有利于提高项目区的防洪应急能力，实现防洪保安的目标，为项目区内的企事业单位、公共设施、房屋、道路、桥梁、居民财产提供安全保障，为区内居民创造一个安定的生产、生活环境。

②经济效益。本项目的建设将改善项目区投资环境，更好地吸引外资和社会投资；有效带动文化旅游、生态旅游业及相关服务业的发展，产生积极的产业带动作用。同时项目的建设、运营、维护能为社会剩余劳动力提供更多的就业机会，有力促进地方经济的发展。

③环境效益。项目的实施可促进生态景观环境、旅游活动等方面的相互协调；在城市化发展的同时，优先承担生态系统建设、水环境保护的责任，为市民创造和维护良好的生态环境，为促进区域的可持续发展，为打造独具特色、水活城绿的生态之城做出贡献。

④公共效益。本项目的实施将使项目区实现把水“引得进、蓄得住、排得出”的目标，有助于构建“河畅、水清、岸绿、景美”的生态水系，有助于创造景观优美、文化浓厚的人居环境，有利于塑造城市景观、提升城市知名度及美誉度，为汝州市打造生态景观廊带、提升城市形象和品位、支撑经济社会可持续发展奠定坚实基础。

4. 项目招投标情况

（1）采购与响应。

①发布资格预审公告。根据财政部《政府和社会资本合作项目政府采购管理办法》（财库〔2014〕215 号），PPP 项目采用资格预审，项目实施机构结合本项目自身需求编制资格预审文件并在省级以上的人民政府财政部门指定政府采购信息发布媒体上发布，时间不少于 15 个工作日，邀请社会资本和与其合作的金融机构参与资格预审，验证项目能否

获得社会资本响应和实现充分竞争。

②资格预审审查。项目实施机构依法选取不少于5人以上单数的评审小组，其中评审专家人数不得少于评审小组成员总数的2/3且至少包含1名财务专家与1名法律专家，评审专家可以由项目实施机构自行选定，但项目实施机构不得以评审专家身份参与资格预审审查。

项目有3家以上社会资本通过资格预审的，方可继续开展后续工作；项目通过资格预审的社会资本不足3家的，项目实施机构应当在调整资格预审公告内容后重新组织资格预审；项目经重新资格预审后合格社会资本仍不够3家的，可以依法变更采购方式。

③发布公开招标公告。按照相关法律法规，并结合汝州市公开招标操作流程，项目实施机构应在省级以上人民政府财政部门指定的政府采购信息发布媒体发布公开招标公告。社会资本应按照本项目公开招标公告要求进行报名。

汝州市水生态综合治理PPP项目于2016年8月3日通过资格预审并由汝州市财政局在汝州市政府采购网上发布公告。

（2）开标与评标流程。

①评标委员会选取。根据国家有关规定，评审小组全部由随机抽取的评审专家共7人及以上单数组成，评审专家中至少应当包含1名财务专家和1名法律专家。项目实施机构代表不得以评审专家身份参加项目的评审，项目咨询人员可以作为评审专家参加项目的评审（不得超过1人）。

②投标文件评审。评审委员会将根据投标人提交的投标文件，对技术部分、财务部分、业绩资质部分、法律部分和报价等因素，采用综合评分法进行评估。投标人的总得分为投标文件各部分得分之和。如果投标人总得分相同，则报价得分较高的投标文件会被优先考虑。评审委员会按照投标人的总得分对投标文件进行排序，向采购人推荐3名中标候选人，且标明排列顺序。

（3）采购结果确认谈判和签订协议。评标结束后，实施机构应成立专门的采购结果确认谈判工作组，按照中标候选人的排名，依次与中标候选人就合同中的可变细节问题进行合同签署前的确认谈判，率先达成一致的即为预中标人。确认谈判不得涉及合同中不可谈判的核心条款，不得与排序在前但已终止谈判的中标候选人进行再次谈判。

确认谈判完成后，采购人应与中标人签署确认谈判备忘录，并将采购结果和根据采购文件、响应文件、补遗文件和确认谈判备忘录拟定的合同文本进行公示。合同文本中涉及国家秘密、商业秘密的内容可以不公示。

确认谈判确定中标人后（河南水投水土资源开发有限公司于2016年9月2日中标成为汝州市水生态综合治理PPP项目社会资本方，并在中国政府采购网上进行公示），实施机构将根据确认谈判调整后的PPP项目合同报汝州市人民政府审核。待汝州市政府审核批准该合同后，实施机构代表汝州市政府与中标人草签PPP项目合同，以明确双方的合作意向。待项目公司成立后，实施机构与项目公司正式签署PPP项目合同。

（4）施工及监理招标工作。

①招标方式。招标项目采用公开招标方式，由招标代理机构负责招标，招标公告在《中国采购与招标网》《河南省政府采购网》《河南招标采购综合网》《汝州市政府采购

网》及《汝州市公共资源交易中心网》上发布。

②招标内容及标段划分。根据项目实际需要，本次招标共划分2个标段，包括1个施工标、1个监理标，标段划分如下：

第一标段为施工标：包括绿化工程、土方工程、庭院铺装工程、建筑工程、喷灌工程、雨水工程、水景工程、建筑给排水、室外给排水、电气工程、K5+394滨河大道桥梁工程、汝河堤顶路工程、闫庄及郭庄排涝涵闸工程、穿207国道涵洞工程、水生态修复工程、弱电系统工程、中水管道工程等设计图纸全部工程内容。

第二标段为监理标：为第一标段施工图设计范围内的全部工程施工阶段及保修阶段的监理工作。

③开标及评标办法。开标、评标会议在监督部门监督下进行。

评标委员会由技术、经济、合同等方面专家共计7人组成，其中业主代表2人，有关技术、经济等方面的专家5人。评标专家由招标人代表、监督单位代表共同在相关专家库中随机抽取。

评标委员会推荐1~3名中标候选人，并标明推荐顺序。招标人依据评标委员会推荐的中标候选人确定中标人。

招标人应当确定排名第一的中标候选人为中标人，排名第一的中标人候选人放弃中标、因不可抗力不能履行合同、不按照招标文件要求提交履约保证金，或者被查实存在影响中标结果的违法行为等情形，不符合中标条件的，招标人可以按照评标委员会提出的中标候选人名单顺序依次确定其他中标候选人，也可以重新招标。

④合同签订。招标人和中标人要在中标通知书发出之日起10日内订立书面合同。

招标人最迟应当在书面合同签订5日内向中标人和未中标的投标人退还投标保证金等事宜。（投标保证金缴纳金额不超过招标项目估算价的2%。）

自确定中标人之日起15日内，招标代理机构向河南水投水生态开发有限公司提交招标投标情况的书面报告。

（5）勘察、设计、施工、设备、第三方检测、监理采购情况。

勘察、设计、施工、设备、第三方检测、监理各项采购实施主体及选择方式见表1-2。

表1-2　各项采购实施主体及选择方式

	项目名称	实施主体	招标方式
施工及监理	汝州市水生态综合治理滨河北路工程施工及监理	河南水投水生态开发有限公司	公开招标
	汝州市水生态综合治理项目河湖水系连通景观工程（中央公园景观工程）施工及监理	河南水投水生态开发有限公司	公开招标
	汝州市水生态综合治理滨河公园工程施工及监理	河南水投水生态开发有限公司	公开招标

续表

	项目名称	实施主体	招标方式
施工及监理	汝州市水生态综合治理项目河湖水系连通水系工程（中央公园水系工程）施工及监理	河南水投水生态开发有限公司	公开招标
设计	汝州市水生态综合治理河湖水系连通、滨河生态水系整治工程设计	河南水投水生态开发有限公司	公开招标
造价咨询	汝州市水生态综合治理河湖水系连通、滨河生态水系整治工程造价咨询服务	河南水投水生态开发有限公司	公开招标

5. 项目交易结构

该项目采用的“自有资金 + 银行固定资产贷款”模式是根据该 PPP 项目特点，充分发挥社会资本方自有资金优势，同时积极利用财务杠杆，通过获取具有价格优势的贷款融资来降低本项目的财务费用。项目交易结构见图 1 – 6。

（1）项目投融资结构。

①项目资金来源。本项目总投资估算为 297084 万元，其中资本金 95410 万元，约占总投资的 32. 1%；融资资金 201674 万元，约占总投资的 67. 9%。由社会资本方及项目公司负责通过多种渠道依法筹集融资资金，政府方予以配合。

项目资本金由项目公司股东按股权比例以货币出资方式共同出资，其中政府方出资代表占股 49%，出资金额为 46751 万元；社会资本占股 51%，出资金额为 48659 万元。

②项目公司股权结构。拟组建的项目公司注册资本金规模同项目资本金规模一致，按项目总投资的 32. 1% 计，即项目资本金为 95410 万元。项目公司中政府方出资代表占项目公司 49% 的股权，注册资金出资额为 46751 万元，中选社会资本占项目公司 51% 的股权，注册资金出资额为 48659 万元。项目公司各股东按照股权比例取得投资回报。

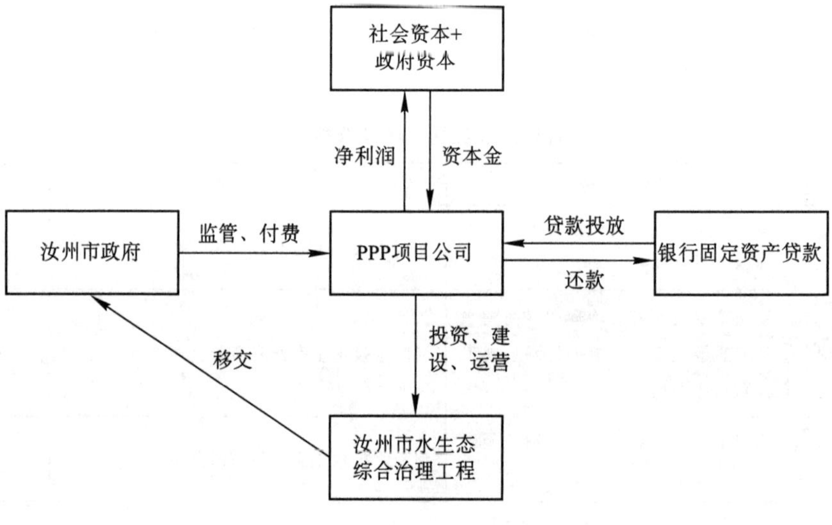

图 1 – 6　项目交易结构图

③项目资产的形成和转移。根据我国法律规定，权利人在处理土地使用权的时候，应连同地面上的房产一并处理；在处理房屋所有权的时候，应连同其所在土地的土地使用权一并处理。这也就是常说的“房随地走”和“地随房走”。因此资产权属通常有两种处置方式，即建设期内投资建设形成的项目资产以及项目运营期内因更新重置或升级改造投资形成的项目资产，根据社会资本是否拥有项目土地使用权来确定。如果社会资本和项目公司享有项目的划拨土地使用权，则项目公司相应拥有项目设施或资产的所有权；如果社会资本和项目公司不享有项目的土地使用权，政府方仅是将相应的土地提供给项目公司使用的方式，则社会资本和项目公司除了不能享有相应的土地使用权，也无法标记对项目地上建构筑物的权属。这种做法可以防止项目公司将项目土地及地上建构筑物抵押或用于其他方面的建设或经营。

在项目合作期内，对于符合土地使用权划拨要求的建设用地，项目公司通过划拨的方式取得土地使用权；并有权为本项目之目的合法、独占性地使用和合法出入本项目场地，且该等权利在整个特许经营期内一直保持有效。

市政府相关职能部门以划拨方式将本项目土地使用权划拨至项目公司，市政府相关职能部门应及时完成项目用地相关审批工作，市住建局及时向项目公司提供项目用地，保证项目正常开工建设。如果由于市住建局未及时项目公司提交项目建设用地，而导致项目公司工期延误，则项目公司不承担违约责任，且本项目各工程及实施特许经营期相应延期。市政府相关职能部门最迟不能晚于各工程约定开工日期向项目公司提供项目用地。

PPP 项目合作期满后，项目公司应将拥有的所有资产和权利（包括土地使用权）全部无偿、完好、无抵押质押地移交给城开办或政府指定机构。

④审计监督及总投资认定依据。本项目景观部分由北京北林地景园林规划设计院有限责任公司负责完成设计，水系部分由中水淮河规划设计研究有限公司设计完成，并经政府方审批通过后方可编制施工图预算。施工图预算经财政部门审核后方可实施。

由审计部门对本项目进行跟踪审计。工程竣工验收后，审计部门负责进行竣工决算审计并出具竣工决算审计报告。

本项目总投资最终以审计部门出具的工程竣工决算审计报告审定的金额为认定依据。

（2）项目回报机制。根据财政部《关于规范政府和社会资本合作合同管理工作的通知》（财金〔2014〕156 号）的附件《PPP 项目合同指南》第三章，“项目回报机制指的是项目收入的来源方式，主要包括政府付费、使用者付费、可行性缺口补助，由项目自身经营属性所决定。”

本项目的建设内容主要为河湖水系连通工程、滨河生态水系整治工程以及北汝河防汛路工程，属于公益性项目，无法进行商业化运营。因此项目的回报机制为政府付费。

①河湖水系连通工程政府购买服务费定价及调整公式。河湖水系连通工程政府购买服务费指政府为购买项目公司针对该工程所提供的服务所需支付的费用。

河湖水系连通工程政府购买服务费在第 2n+1 个及第 2n+2 个完整财务年度定价公式如下：

$$P_{2n+1} = P_0 * K\hat{}2n * (S_{2n+1} * 0.5 + T_{2n+1} * 0.5) \quad (n=0, 1, 2, 3, \cdots\cdots)$$

$$P_{2n+2} = P_0 * K\hat{}2n * (S_{2n+2} * 0.5 + T_{2n+2} * 0.5) \quad (n=0, 1, 2, 3, \cdots\cdots)$$

其中：

P_0 的取值以中标人在投标文件中报出的河湖水系连通工程政府购买服务费为基准，根据河湖水系连通工程实际决算金额、项目实际融资成本、年度审计运营维护成本等因素的变化，双方协商调整。中标人在投标文件中响应的河湖水系连通工程政府购买服务费，计人民币壹亿捌仟壹佰零捌万整（￥181，080，000.00）。

P_{2n+1}、P_{2n+2}分别为第2n+1个、第2n+2个完整财务年度适用的河湖水系连通工程政府购买服务费。

K为河湖水系连通工程政府购买服务费的调整值，根据河湖水系连通工程实际情况确定K=1.02。

S_{2n+1}、S_{2n+2}分别为河湖水系连通工程（水系工程）在第2n+1个、第2n+2个年度的绩效调整系数。

T_{2n+1}、T_{2n+2}分别为河湖水系连通工程（景观工程）在第2n+1个、第2n+2个年度的绩效调整系数。

②滨河生态水系整治工程政府购买服务费定价及调整公式。滨河生态水系整治工程政府购买服务费指政府为购买项目公司针对该工程所提供的服务所需支付的费用。

滨河生态水系整治工程政府购买服务费在第2n+1个及第2n+2个完整财务年度定价公式如下：

$F_{2n+1} = F_0 * L\hat{}2n * U_{2n+1}$（n=0，1，2，3，……）

$F_{2n+2} = F_0 * L\hat{}2n * U_{2n+2}$（n=0，1，2，3，……）

其中：

F_0 的取值以中标人在投标文件中报出的滨河生态水系整治工程政府购买服务费为基准，根据滨河生态水系整治工程实际决算金额、项目实际融资成本、年度审计运营维护成本等因素的变化，双方协商调整。中标人在投标文件中响应的滨河生态水系整治工程政府购买服务费，计人民币捌仟叁佰陆拾捌万整（￥83，680，000.00）。

F_{2n+1}、F_{2n+2}分别为第2n+1个、第2n+2个完整财务年度适用的滨河生态水系整治工程政府购买服务费。

L为滨河生态水系整治工程政府购买服务费的调整值，根据滨河生态水系整治工程实际情况确定L=1.02。

U_{2n+1}、U_{2n+2}分别为滨河生态水系整治工程在第2n+1个、第2n+2个年度的绩效调整系数。

③北汝河防汛路工程政府购买服务费定价及调整公式。北汝河防汛路工程政府购买服务费指政府为购买项目公司针对该工程所提供的服务所需支付的费用。

北汝河防汛路工程政府购买服务费在第2n+1个及第2n+2个完整财务年度定价公式如下：

$C_{2n+1} = C_0 * R\hat{}2n * D_{2n+1}$（n=0，1，2，3，……）

$C_{2n+2} = C_0 * R\hat{}2n * D_{2n+2}$（n=0，1，2，3，……）

其中：

C_0 的取值以中标人在投标文件中报出的北汝河防汛路工程政府购买服务费为基准，

根据北汝河防汛路工程实际决算金额、项目实际融资成本、年度审计运营维护成本等因素的变化，双方协商调整。中标人在投标文件中响应的北汝河防汛路工程政府购买服务费，计人民币伍仟柒佰陆拾万整（￥57，600，000.00）；

C_{2n+1}、C_{2n+2}分别为第 2n＋1 个、第 2n＋2 个完整财务年度适用的北汝河防汛路工程政府购买服务费；

R 为北汝河防汛路工程政府购买服务费的调整值，根据北汝河防汛路工程实际情况确定 $R=1.02$；

D_{2n+1}、D_{2n+2}分别为北汝河防汛路工程在第 2n＋1 个、第 2n＋2 个年度的绩效调整系数。

（3）相关配套安排。

①行政审批手续。市住建局应负责完成或指定各工程行业主管部门办理本项目各工程前期相关工作，包括场地的征地、拆迁、三通一平工作和项目用地的规划许可证、建设工程规划许可证、土地使用权证等报批工作。

为明确政府付费资金来源，增强社会资本方参与本项目的积极性，政府方需将本项目政府付费列入市政府年度预算和中长期财政规划。

②土地使用权。市政府相关职能部门以划拨方式将本项目土地使用权划拨至项目公司，并有权为本项目之目的合法、独占性地使用和合法出入本项目场地，且该等权利在整个 PPP 项目合作内一直保持有效，市住建局为此提供承诺，并承担项目公司因此可能导致的责任、风险和费用。市政府相关职能部门应及时完成项目用地相关审批工作，市住建局及时向项目公司提供项目用地，保证项目正常开工建设。市政府相关职能部门最迟不能晚于各工程约定开工日期向项目公司提供项目用地。

6. 项目愿景及推广价值

汝州市水生态综合治理 PPP 项目，项目总投资为 297084 万元，主要建设内容包括：河湖水系连通工程、滨河生态水系整治工程以及北汝河防汛路工程。

本项目的实施能够解决目前城市水系连通不畅导致的河道拦蓄水功能滞后、水生态恶化以及水安全保障能力不足的问题，也能够有效缓解北汝河的防汛压力，解决大水期间防汛抢险困难的问题。本项目的实施，将为汝州市打造生态景观廊带、提升城市形象和品位、支撑经济社会可持续发展奠定坚实基础。

本项目的推广价值在于：

（1）采用 PPP 模式运营此项使得政府避免了繁重的事务，有更多的时间对基础项目的实施进行监管，不仅保障了项目的质量，还能减轻汝州市政府财政预算。

（2）遵从城市发展规划，以提供基础设施建设和公共服务为前提，项目谋划合理，资金流良好；政府提供配套服务，为社会资本方创造良好环境，双方建立高度信任、平等关系；项目运作规范，社会资本方和政府利益、风险、责任划分清晰，项目运营考虑全面，为项目健康运转打下了良好基础。

（3）本项目的项目设施种类繁多，投资规模较大，各个项目的实施要点、难点均不相同，本项目的成功实施将为周边区县乃至河南省如何打包运作多个 PPP 项目提供积极的借鉴意义。

（4）本项目的运营绩效考核标准设定细致全面且符合国家现行标准，同时本项目中建立起可用性服务费和运维绩效服务费同时与绩效考核挂钩的机制，有利于提高项目运营水平。

（5）本项目能够有效推动当地经济的发展。该项目的实施将改善项目区投资环境，影响项目区域的社会和自然环境，提升周边未开发土地价值，更好地吸引外资和社会投资；有效带动旅游业及相关服务业的发展，产生积极的产业带动作用。同时，项目的建设、运营、维护能为社会剩余劳动力提供更多的就业机会，有力促进地方经济的发展。

四、信息技术在水利水电工程管理中的应用

（一）我国建筑工程管理中信息技术应用的现状

在我国，建设领域信息化是从推广应用计算机技术开始的。1996年，在原建设部颁布的“建筑技术政策纲要”中，有一项就是“大力推广应用计算机技术”，但还没有明确提出建设领域信息化的概念。2001年2月，原建设部在颁布“建设领域信息化工作的基本要点”中，第一次明确地提出了建设领域信息化这一概念。目前，建筑行业大多数企业都拥有了自己的计算机系统及软件，勘察设计用的管理信息系统可以对设计单位的人员、设计项目、设计过程信息和设计审核等进行系统化的管理；在施工管理中目前大部分企业采用的还是传统的信息管理方法，即信息从它的产生、整理、加工传递到检索和利用都是利用纸介质进行的，只有少数企业应用如P3、PROJECT等软件进行现场管理，在整个过程中，信息以一种较为缓慢的速度流动。因此，总的来说我国建筑工程管理信息化还处于初级阶段，只是部分企业不同程度地、独立地使用信息技术的某一部分，没有实现信息的共享、交流与互动。

（二）现代信息技术在水利信息化中的应用

《中共中央国务院关于加快水利改革发展的决定》（中央1号文件）提出：“推进水利信息化建设，全面实施金水工程，加快建设国家防汛抗旱指挥系统和水资源管理信息系统，提高水资源调控、水利管理和工程运行的信息化水平，以水利信息化带动水利现代化。”

现代信息技术在水利信息化中的应用集中体现在水利信息化综合体系中，水利信息化综合体系（见图1－7）是《全国水利信息化规划（“金水工程”规划）》提出的水利信息化的基本框架，由水利信息基础设施、水利业务应用和水利信息化保障环境构成。涉及的主要技术包括3S（GIS，RS，GPS）、信息自动采集、通信与网络、信息存储与管理、软件工程、系统集成、决策支持和办公自动化等，这些信息技术分别应用于水利信息化综合体系的某个层次或贯穿了多个层次，这些技术的广泛和深入应用在水利工作中发挥了重要作用。

1. 3S技术

具体到水利信息化，3S技术既包括属于信息采集层次的遥感技术（RS），也包括属于

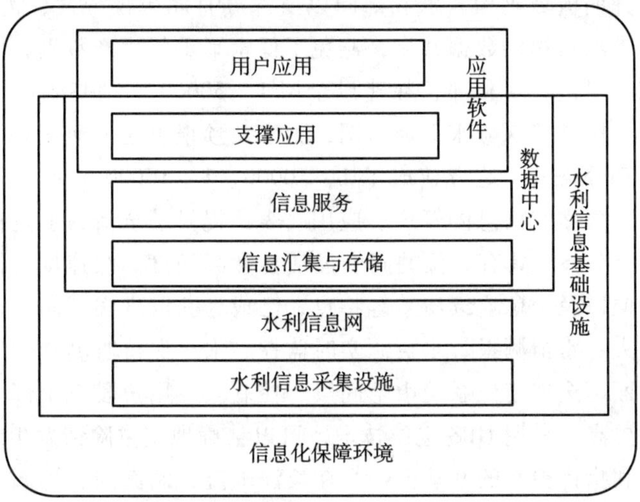

图 1-7　水利信息化综合体系结构

信息服务的地理信息系统（GIS），以及属于用户应用的全球定位系统（GPS）。

遥感技术如同传说中的“千里眼”，通过搜集物体表面的电磁波（辐射、反射、散射）信号，获得目标固有特征及状态信息的技术。遥感系统由空间信息采集、地面接收和预处理、地面实况调查、信息分析应用等子系统组成。遥感作为一种高效获取信息的手段，其蕴涵的信息量丰富、全天候、信息获取周期短和多光谱特性，在水旱灾害损失评估、大面积水体水质监测、水土流失监测等方面得到广泛应用。在防汛抗旱方面，遥感能在降水遥感监测、洪水灾情监测与评估、紧急救灾和灾后重建以及区域旱情监测与评估等业务中发挥突出作用，卫星提供的灾情信息比其他常规手段更加快速、客观和全面。目前，水利部每天接收 NOAA、风云、MODIS 等遥感数据，接收的 NOAA、风云卫星数据已成为日常防汛抗旱水情气象会商的重要数据源。水利信息中心组织开发的 MODIS 水利应用与发布平台每天接收 MODIS 数据。生产作物缺水指数模型等专题产品，能向行业广大用户提供服务，未来将深入开发研制和完善的基于卫星遥感的植被指数模型、热惯量模型、作物缺水指数模型、植被指数与地表温度特征空间模型、水文模型和气象模型等。卫星遥感、航空遥感在汶川地震特别是在堰塞湖的监测、处置中发挥了重要作用。水土流失监测评价方面，遥感以其宏观、快速、动态和经济的特点，成为土壤侵蚀调查的首要信息源，到目前为止，进行了两次全国范围的遥感水土流失调查，为我国水土保持规划和治理工作奠定了基础；同时，根据不同时期或年代土壤侵蚀强度分级分析对比，评价水保工程治理效果，指导今后水土保持规划和设计工作。

地理信息系统（GIS）是以地理空间数据库为基础，采用地理模型分析方法，适时提供多尺度的空间的和动态的地理信息，具有区域空间分析、多要素综合分析和动态预测能力，是信息管理和分析的强有力工具。地理信息系统包括空间数据输入、空间数据存储与管理、数据处理与分析、输出等子系统。地理信息系统在水利信息资源管理、防汛抗旱、水资源管理、水力工程建设管理等方面作用突出，效果显著。水利部建成了全国 1：250000 水利基础电子地图，并向流域机构、水利部门以及部分直属单位分发，为水资源综合规划、流域综合规划等重大项目提供数据共享，避免了低水平重复生产数据，并为基于空间的信息共享打下了基础。目前，水利部正在建设全国 1：50000 水利基础电子地图。建成了长江干流、洞庭湖、鄱阳湖等水域水下地形图，为水文预报、河道河床和湖泊演变分析等打下了坚实的基础。部分流域、地方建成了 1：50000、1：10000 的水利基础电子地图以及局部三维电子地图，为水利信息的管理、应用、表达提供了全新的手段和平台。

全球定位系统（GPS）具有定位的高度灵活性和高精度、快速度、提供三维坐标、全天候作业、操作简便以及全球连续覆盖等特点，已成为获取现实空间数据的重要手段，也广泛应用于防汛减灾、水情测报、水资源实时监控、水土保持监测与治理以及水利工程建设与安全监测等方面。全球定位系统由空间段、控制段、用户段三个部分组成，比其他无线电导航系统精度更高。采用 GPS 定位技术，可以精确地定位险情发生的地点，辅助通信技术后能实现现场和指挥中心的联动。GPS 在长江干流、洞庭湖、鄱阳湖等重要水域水下地形测量中也发挥了重要作用。

3S 技术在水利业务中常常集成应用，单独运用其中的某一种技术往往不能满足实际需要。实际上，以上介绍的防汛减灾、水土流失监测、水下地形测量等应用都是不同程度综合应用到了 3S 技术。

2. 信息自动采集技术

自动采集技术指能有效扩展人类感觉感官的感知域、灵敏度、分辨率和作用范围的技术，包括传感、测量、识别和遥感遥测技术等。

目前，全国省级以上水利部门已建成各类信息采集点约 2.7 万个，采集要素覆盖雨情、水情、工情、旱情、灾情、水质、水土保持、地下水、供水、排水等，对生态、海潮、风情等要素的监测也取得很大进展。体现信息化水平的非接触式采集设备大量使用，无人值守站点逐步推广，监测方式不断创新，信息采集的精确性、时效性和工程监控的自动化水平显著提高。据统计，83.4% 的雨量站实现了固态存储或自动测报，56.1% 的水文站实现了固态存储或自动测报。

同时，视频监控技术也得到广泛应用，据不完全统计，到 2007 年底，全国省级以上水利部门建成的各类水利工程监控系统的监控点达到 6430 个，远程视频控制比例达到 47%。在信息采集方式方面，水利部利用新一代天气雷达监测网，能快速获得降雨预报信息。长江水利委员会长江河道采砂管理远程可视化实时监控系统利用现代传感技术，对省际边界重点河段实现远程、实时、可视化监控，并通过远程监控与日常巡逻有机结合，提高监管和执法的准确性和有效性。广东省采用具有国际先进水平的测量系统测量重点水体水下地形，该系统集成了现代空间测控技术、声纳技术、信息处理技术，具有高效率、高精度和高分辨率的水下地形测量能力。另外，3S 技术在信息自动采集中也发挥了越来越重要的作用。

3. 通信与网络技术

水利信息网络是水利系统的信息高速公路，为水利信息的高效可靠传输提供了有力保障，把地理分散、种类繁多、信息量大的水利信息连接起来，保证语音、数据和图像信息能够高效安全地传输和交换。

水利通信系统的建设起源于“75·8”大洪水（即1975年发生在河南驻马店的大洪水），由于当时通信和网络的局限，水情、工情信息及指挥调度决策无法及时传递，酿成洪水泛滥、人身伤亡、财产损失的严重后果。随后，水利部决定加强通信网络建设，之后，随着通信技术的发展，水利通信网络先后采用了短波、超短波、模拟微波、数字微波、集群通信、卫星通信等技术。目前，全国已建成重点防洪地区微波通信电路15条，在公众电信网覆盖不足的地区配备了大量的短波、超短波电台，在重点防洪地区和大中型水库建立了200多个库区自动测报系统。全国初步建成了一个由水利部卫星通信主站、网络管理中心（北京）和600多个卫星通信小站组成的结构较完整、功能较齐全的防汛通信卫星网。值得注意的是，以卫星通信、微波通信及计算机网络通信于一体的防汛移动通信车在防汛指挥中作用显著，它能实现视频直播、视频会商、移动网上办公、广播扩音和照明等功能。同时，防汛通信网能在山洪、泥石流的减灾中发挥不可替代的作用。

水利信息网是水利行业各单位计算机与网络设备互连形成的网络系统，按业务范围和安全保密要求分为政务外网和政务内网。水利信息网按网络层次分为广域网、园区网、部门网和接入网4个层次，其中广域网又分为骨干网、流域省区网和地区网。2003年以来，随着水利信息化的发展特别是国家防汛抗旱指挥系统的实施，水利部组织建设了水利信息网骨干网，目前，水利信息网覆盖了所有省级以上水利部门，与地市水利部门联通率也达到了63.1%，北京、上海、江苏、浙江、广东等省市实现了区县级水利部门的全覆盖。同时，依托水利电子政务项目，建设了连接水利部、7个流域机构的水利电子政务外网。

视频会议系统作为依托与水利通信与网络的特殊的信息可视化应用基础设施，由于其在节约会议的经费、时间、提高开会效率、适应某些特殊情况等方面的巨大优势，逐步成为异地会议的首选方案，显示了重要作用和显著效益。水利部与7个流域机构、31省（区、市）、4个重点工程局之间以及23个省（区、市）与地市水利部门建立了实现区域覆盖的视频会议系统，部分省市已实现联通到了区县甚至乡镇水利部门。

4. 信息存储与管理技术

经过新中国成立60多年来的工作，各级水利部门积淀并形成了海量的水利信息资源，这些数据是国家空间基础设施的重要组成部分，是开展各项水利业务的重要支撑。为了充分发挥海量数据在水利工作中的基础作用，实现信息共享，各级水利部门积极利用先进的信息存储与管理技术，包括海量存储设备、服务器、数据库管理系统。

目前交互式虚拟超大容量网络存储（SAN）技术正在逐步取代老式的磁盘阵列存储（DAS）、网络存储（NAS）技术，它具备了DAS、NAS所没有的性能和特点，具有明显的技术优势。近年来SAN技术已逐渐成为结构化数据存储的首选方案。截至2007年年底，各级水利部门配备的各类存储设备形成了约133TB的存储能力。水利部正在实施的数据存储与备份系统将配置容量为30TB的在线存储、50TB的近线存储、100TB的离线备份以及30TB的异地数据备份存储，将为水利部各业务应用提供集成高效的数据存储、备份和恢复服务。

服务器指的是在网络环境中为客户机（Client）提供各种服务的、特殊的专用计算机，服务器不仅仅是网络设备的中枢，承担着数据的接收、处理、转发、发布等关键处理任务。按服务器的机箱结构来划分的话，可以把服务器划分为“塔式服务器”“机架式服务器”和“机柜式服务器”3种。由于服务器非常重要，对服务器提出了可扩展性、可用性、可管理性和可利用性等方面的高要求，目前，服务器集群、热备、负载均衡等技术在水利行业都有广泛的应用。据不完全统计，到2007年底，省级以上水利部门配置了2600多台网络服务器。

数据库管理系统是一种操纵和管理数据库的大型软件，用于建立、使用和维护数据库，它对数据库进行统一的管理和控制，以保证数据库的安全性和完整性。数据库管理系统提供多种功能，可使多个应用程序和用户用不同的方法在同时或不同时刻去建立、修改和询问数据库，使用户能方便地定义和操纵数据，维护数据的安全性和完整性，以及进行多用户下的并发控制和恢复数据库。数据库管理系统在水利信息化中得到广泛应用，目前已成为水利信息管理的主要工具，管理的数据类型包括文本、数值、地理空间、多媒体等。据不完全统计，到2007年底，省级以上水利部门正常提供信息服务的数据库达到469个，数据库内容覆盖了水利业务的方方面面。

5. 软件工程技术

软件工程（Software Engineering，简称为SE）是一门研究用工程化方法构建和维护有效的、实用的和高质量的软件学科。它涉及程序设计语言、数据库、软件开发工具、系统平台、标准、设计模式等方面。软件已经渗透到我们日常工作、学习、生活的方方面面，但是，由于缺乏快速开发各种满足质量要求、安全、可靠的软件的合用技术，软件的生产能力远远满足不了飞速发展的实际需求。软件工程就是将系统化的、严格约束的、可量化的方法应用于软件的开发、运行和维护，即将工程化应用于软件。

软件工程过程主要包括开发过程、运作过程、维护过程。它们覆盖了需求、设计、实现、确认以及维护等活动。需求活动包括问题分析和需求分析。问题分析获取需求定义，又称软件需求规约。需求分析生成功能规约。设计活动一般包括概要设计和详细设计。概要设计建立整个软件系统结构，包括子系统、模块以及相关层次的说明、每一模块的接口定义。详细设计产生程序员可用的模块说明，包括每一模块中数据结构说明及加工描述。实现活动把设计结果转换为可执行的程序代码。确认活动贯穿于整个开发过程，实现完成后的确认，保证最终产品满足用户的要求。维护活动包括使用过程中的扩充、修改与完善。伴随以上过程，还有管理过程、支持过程、培训过程等。

6. 信息系统集成技术

根据诺兰模型，信息化的阶段可被划分为初始阶段、普及阶段、发展阶段、系统内集成阶段、跨部门集成、成熟阶段等多个阶段（诺兰模型）。目前，我国水利信息化总体上处于发展阶段，同时，具有从发展阶段到集成阶段的过渡的需求。随着水利信息化的不断发展，各水利部门都根据自身的需要，建立了许多应用系统，这些系统的应用对减少工作人员的工作量、提高工作效率起到了积极的作用。但总的来看，现有系统中，信息的有效利用率不高，部门内部以及部门之间信息与业务流程衔接还不紧密，各类信息系统相对独立，信息系统建设水平较低，“信息孤岛”问题还比较突出。

信息系统集成主要包括三个层次：数据集成、应用集成、门户集成。

数据集成解决数据的共享问题，使数据得到更广泛的应用，尤其是数据的综合应用。在此基础上，随着应用的深入发展，还可以建立面向主题的数据仓库应用等。数据的规范化和标准化是数据集成的基础，XML已逐步成为数据集成的标准。

应用集成是基于业务流程的集成，它可以集成各种应用系统，除了解决各应用系统间的信息共享的问题，还关注各应用系统间的业务协同。应用集成主要包括Web Services、J2EE适配器体系结构、Java消息服务等标准，中间件服务器、消息服务器、业务流程管理等技术成为应用集成的重要技术和工具。水利部建设中的电子政务系统将初步实现综合办公、规划计划、国际合作与科技、人事劳动教育、网上监察等业务的协同。

门户集成是IT领域的新技术，门户集成技术的应用可以方便不同用户根据业务需求，利用应用集成平台生成的各种资源定制不同的应用。门户集成为用户访问不同来源的信息和应用程序提供入口。通常门户从本地或远程数据源（如数据库、业务系统、内容提供者或远程Web站点）获取信息。它们加工此信息并将其聚集到复合页中，用一种简洁、方便的使用形式为用户提供信息。几乎目前所有的门户实现都提供一种组件模型，它允许将称为Portlet的组件插入到门户基础结构中。

7. 决策支持技术

决策支持系统（OSS）是以管理科学、运筹学、控制论和行为科学为基础，以计算机技术、仿真技术和信息技术为手段，针对半结构化的决策问题，支持决策活动的具有智能作用的人机系统。它能够为决策者提供决策所需的数据、信息和背景材料，帮助明确决策目标，进行问题的识别，建立或修改决策模型，提供各种备选方案，并且对各种方案进行评价和优选，通过人机交互功能进行分析、比较和判断，为正确决策提供必要的支持。

（三）水利工程建筑施工企业信息化建设

建筑施工企业信息化建设不仅仅是企业升级的需要，也是未来企业发展的需要。企业管理信息化体系建成后，将形成统一的数据中心、所有成员可以通过内外门户到达每一个子系统，集成门户将整合所有的业务系统，形成一个完整的、高度集成的应用体系。

管理信息化建设以项目管理为核心，强调精细化管理、信息共享、协同、弘扬企业文化，促进企业的进一步发展。

（1）通过对项目管理、生产经营和多元化经营的信息化和网络化，实现多部门、多地区之间的协同办公，减少重复劳动，提高企业各项活动的效率，使得各项活动运转衔接得更为快速和顺畅，建立公司企业的虚拟化运营体系，提高了企业工作效率，节约了部分人力。

（2）通过信息化建设，带动公司管理规范化建设，实现现代的管理理念，促进企业管理模式的革新、机制的创新、结构的重塑，通过信息驱动的决策机制以快制胜，提高企业的集体决策水平和市场反应能力，实现企业的战略目标。

（3）提升员工价值。通过信息化建设，营造一个宽松的、个性化的、交流方便快捷的、知识高度共享重用的信息系统环境，将员工从繁琐的重复劳动中解脱出来，最大程度地发挥员工的潜能，从而提升企业的整体凝聚力，同时形成吸引外部优秀人才的强大力量。

（4）通过精细化管理降低工程成本，提高客户满意度，形成竞争优势。先进、适当开放的信息系统可以快速有效地获取繁杂的市场信息，有助于对客户和市场的及时响应。通过计算机辅助管理、多部门并行协同工作机制，灵活地对客户需求和意见做出响应，提高客户的满意度。以较低的成本提供高效优质的服务，同时，企业本身所具有的强大的技术优势，将极大地提高客户的忠诚度。

总的来讲，在实施管理信息化以后，企业可从中得到其直接和间接的效益。直接效益表现为：通过有效降低各种资源的无功消耗达到降低成本的目的、增加经营收入、缩短业务处理或服务周期等；间接效益则表现为向企业领导提供及时准确的管理、财务、计划和人力资源等方面的决策依据；增强企业对环境变化的反应能力和适应能力；减少决策的失误和事故；提高企业的技术创新能力和水平，不断提高产品质量和性能；提高企业的综合管理水平，缩短生产和服务周期，提高服务效率等。

信息化的实施，整合了各业务管理系统，加强了垂直管理，减少了管理层次，内部管理结构更加扁平化，管理内容更加规范化，可以获得各个层面及时、动态、真实可靠的数据信息，给企业的决策带来了深刻的影响。

首先是构建了各级人员都能参与沟通交流的信息化平台，奠定了企业全员参与企业决策活动的需求基础；其次是信息化技术能及时获得大量信息，有助于对问题进行逻辑的、辩证的和系统的思考，增强了企业决策的理性与能力；最后是增强了企业对全局的控制力，提高了企业决策的科学性与透明度，增强了企业的风险控制能力；还有就是倚重了信息系统对企业决策的参与，使得企业决策的方式从经验型向系统分析的理性思维转变，依靠可靠的数据库、应用软件和科学程序，通过信息化系统的分析综合，可以辅助企业领导层在对今后经营工作趋势动态准确预测的基础上作好决策，从而实现企业决策和实现决策的最终目标的可控性。

通过信息化建设，提高了企业的整体运营效率、决策的及时高效性，使“信息化”真正成为了企业科学决策的工具，在激烈的市场竞争中提升了企业的核心竞争力。

第二节　水利水电工程实践探索

一、水利水电工程新材料

（一）水利工程除险加固新材料

1. 混凝土防碳化新材料——赛柏斯

混凝土碳化是指大气中的 CO_2 或某些酸性气体与暴露在空气中的混凝土表面接触并且不断向混凝土内部扩散，与其中碱性水化物起反应的一个很复杂的多相物理化学过程。混凝土碳化会加剧混凝土的收缩，使混凝土表面产生拉应力而出现微裂纹，降低混凝土抗拉、抗折强度及抗渗能力。由于混凝土的碳化引起钢筋锈蚀，使工程遭到了破坏或降低了使用年限，特别是水利工程，造成了很大的经济损失。

加拿大赛柏斯公司生产的“赛柏斯”渗透结晶型刚性防水材料，能耐受强水压，可承受1.5～1.9MPa。赛柏斯防碳化工作原理是赛柏斯材料中特有的活性化学物质以水为载体，利用混凝土本身的化学特性和多孔性，借助水的渗透作用，在混凝土微孔及毛细管中渗透、充盈，催化混凝土中水泥微粒和水泥未完全水化的成分，使水泥再次发生水化和再水化作用，形成不溶于水的支蔓状结晶，并与混凝土凝结成整体，填塞毛细孔道，充分提高混凝土的密实度，从而防止 CO_2 或某些酸性气体渗入，达到防碳化效果，经过赛柏斯处理过的混凝土多年后遇水，材料中的活性物质还能重新激活，混凝土中未完全水化的成分再产生结晶，封闭后期形成的裂缝，达到长期防碳化效果（见图 1－8）。梅山水库、佛子岭水库等水利工程均采用赛柏斯对混凝土进行防碳化处理，使用赛柏斯处理水工混凝土防碳化施工方便、操作简单、省工省料、安全环保，具有较好的经济效益和社会效益。

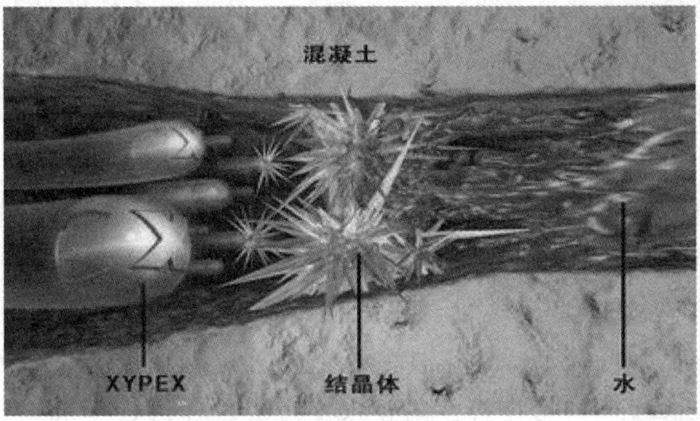

图 1－8 “赛柏斯”

2. 新型护面修补材料——丙乳砂浆

丙乳是一种高分子聚合物的水分散体，加入水泥砂浆后为聚合物水泥砂浆。这种材料具有优异的粘结性能，抗裂，防水，防氯离子渗透、防腐、抗冻、耐磨、耐老化，是一种新型的护面修补材料。

丙乳砂浆使用流程：（1）工艺流程。凿除混凝土—清洗湿润—丙乳净浆打底—丙乳砂浆抹压（丙乳净浆结合层—丙乳砂浆抹压）—喷雾养护—丙乳砂浆密封—喷雾养护。（2）混凝土基低处理。将混凝土凿除全新鲜混凝土面，然后用高压水冲洗，清除修补表面的污物、粉尘、碎块及松动混凝土，然后用清水冲洗、湿润，使混凝土基底处干面干饱和状态。（3）人工抹压。为保证质量，先用丙乳净浆打底，然后抹压砂浆，采用倒退法：加压方向与刚建砂浆层前进方向相反，厚度控制在 8mm～10mm，要求砂浆层密实，表面光滑。（4）养护。丙乳砂浆抹压后约 4h 便产生终凝，此时用农用喷雾器进行喷雾养护。养护一天后在用毛刷在丙乳砂浆面层上一道丙乳净浆。

丙乳砂浆用作水工建筑物除险加固具有优越性、成本低、施工方便，技术易于推广等优点，许多水闸、水库除险加固工程均采用此材料进行面层修补加固。

3. 水工混凝土裂缝堵漏材料——碳纤维、粘土固化剂、水泥基无收缩自流平灌浆材料

灌浆技术是大坝坝体坝基防渗中常用的技术手段和重要的工程处理技术。目前国内灌浆主要常用的材料为纯水泥、水泥砂浆、填充级配料、水泥浆和速凝剂、化学灌浆材料，采用这些灌浆材料的共同特点是水泥等材料消耗大，成本高，受施工场地和电力约束，特别是遇到坝身、坝基、渗漏严重的情况，灌浆中的浆液比例、灌浆压力、灌浆流量等施工参数均需要通过现场试验来确定，使得施工工期较长、工程投资较大且防渗效果难以保障。粘土固化剂、水泥基无收缩自流平灌浆材料就是在充分分析利用传统灌浆材料和灌浆技术的基础上研发的一种简便、高效、经济的防渗处理方法，可广泛应用于病险水库的防渗处理。

（1）粘土固化剂。粘土固化浆液是由粘土固化剂、粘土、水泥和水按照一定比例混合而成的浆液。其与传统的粘土浆液的区别在于以下几点：浆液的稳定性更好，粘聚性、保水性较好，浆液中的水不宜泌出，颗粒浆材不宜下沉，且能够稳定地分部在溶液中，不易分层离析；粘土固化浆液的流动性好，浆液流动过程中的压力损失较小、在地层中扩散也较远；粘土固化剂掺添量为水泥的15%时初始粘度较大，其粘度变化幅度在20s～50s之间，即浆液的可灌性好；粘土固化浆液结石体抗压强度比普通粘土浆液结石体抗压强度有大幅度的提高，最大可达到6MPa；粘土固化浆液不会造成任何环境、土壤及地下水的水质污染。

粘土固化浆液进行帷幕灌浆，能减少水泥的使用量，减轻对水体的污染；粘土固化浆液对粘粒含量的要求低，能就近采取灌浆土料，较少运距，避免征用优良的旱地；粘土固化浆液结石率高，具有膨胀性，减少浆液被动力水流稀释、破坏、带走，保证浆液使用率；和岩土体胶结好，强度较高，耐久性好，能保证水库长期正常蓄水，阻止坝体、坝基出现渗透破坏。所有这些节省了投资，防止水土流失，促进社会和谐，减少工程投资，发挥水库的最大社会经济效益。

（2）水泥基无收缩自流平灌浆材料。水泥基无收缩自流平灌浆材料为无收缩、自流平、高性能的预拌型水泥基灌浆材料，该灌浆材料还具有抗冲击、耐振动、无毒、无腐蚀性、不含铁离子和氯盐等特性。使用该材料对裂缝处理步骤为：①用冲击钻沿裂缝钻孔，孔径6mm、孔深10cm、孔距30cm左右。②用高压风水枪冲洗裂缝及周围混凝土表面，并用高压空气吹净缝内积水。③在钻孔处安放灌浆咀。同时用环氧砂浆封闭裂缝及灌浆咀底座。固化24h。④把分别包装的A、B两种材料按2∶1的比例在干净的容器内混合并搅拌3min。⑤用环氧注浆泵将拌合好的浆液注入裂缝内，竖向缝自下而上，水平缝自一端向另一端，逐孔灌注，灌注压力为0.4MPa～0.6MPa。⑥自然状态下养护，达到一定强度后用砂轮机把表面打平磨光。

该材料有大的流动性施工性好能够自流找平可操作时间长且完工后表面光滑平整，可以在任何需要填充但施工受限制的地方使用，该材料曾应用于小浪底水利枢纽灌浆工程。

（3）碳纤维材料。使用碳纤维材料对建筑物进行加固、补强，能够采用高性能粘接剂，将碳纤维布粘贴在建筑结构件表面，使两者共同工作，从而提高结构构件的（抗弯、抗剪）承载能力。

使用碳纤维布加固具有以下几个优点：强度高（强度约为普通钢材的10倍），效果好；加固后能大大提高结构的耐腐蚀性及耐久性；自重轻（约200g/m^3），基本不增加结构自重及截面尺寸；柔性好，易于裁剪，适用范围广；施工简便（不需要大型施工机构及周转材料），施工工期短，易于操作，经济性好，如图1－9所示。

（二）新型混凝土材料

混凝土作为一种传统的建筑材料具有悠久的历史。普通的混凝土材料系由胶结材料

图 1-9　碳纤维

（石灰、水泥）、细骨料（砂子）、粗骨料（石子）和水所组成。在性能及其应用与发展的普通混凝土基础上，根据添加材料和施工工艺的不同，派生出名目繁多、性能特异、用途不一的新型混凝土，本文介绍几种新型混凝土及其在水利工程领域中的应用。

1. 聚丙烯纤维网超高性能混凝土

聚丙烯纤维网超高性能混凝土是将用特殊工艺加工而成的聚丙烯纤维网掺入混凝土中，形成的一种高性能纤维增强水泥基复合材料。聚丙烯纤维网安全无毒，具有不被水泥成分及水气、空气、化学混合物侵蚀的能力。如图 1-10 所示。

图 1-10　聚丙烯纤维

聚丙烯纤维网超高性能混凝土在搅拌时，纤维网受到水泥、石料、沙冲击，逐步展开呈网形，且每根网丝裹着水泥，形成对混凝土的极强握裹力和混凝土内部的支撑体系。聚丙烯纤维网的掺入，大大改善混凝土早期的干缩性，减少和降低混凝土和砂浆的早期裂缝，并提高了混凝土浇筑体整个均匀性，阻止混凝土离析现象，消除了浇筑体的内部裂缝；聚丙烯纤维网的掺入，大幅度提高了混凝土的抗冲击和耐磨性能，比普通混凝土提高了 3 倍多。

2. 自密实混凝土

自密实混凝土不需机械振捣，而是依靠自重使混凝土密实。该种混凝土的流动度虽然高，但仍可以防止离析。配制这种混凝土的方法有：（1）粗骨料的体积为固体混凝土体积的 50%；（2）细骨料的体积为砂浆体积的 40%；（3）水灰比为 0.9～1.0；（4）进行流动性试验，确定超塑化剂用量及最终的水灰比，使材料获得最优的组成。

这种混凝土的优点有：现场施工无振动噪音，可进行夜间施工，不扰民；对工人健康无害；混凝土质量均匀、耐久；钢筋布置较密或构件体型复杂时也易于浇筑；施工速度快，现场劳动量小。

3. 变态混凝土

变态混凝土是指在碾压混凝土拌合物中加入适量的水泥灰浆（一般为变态混凝土总量的4% ~7%之间）使其具有可振性，再用插入式振捣器振动密实，形成一种具有常规混凝土特征的混凝土。如图 1 - 11 所示。

图 1 - 11　变态混凝土加浆

在水利水电施工时常用到碾压混凝土，它是低水灰比，坍落度为零的水泥混凝土，具有施工快、强度高、缩缝少、水泥用量少、造价低、减少施工环境污染等优点，经振动压路机振动、碾压成型，不论是大型工程，还是局部改扩建工程，施工方便快捷。但是在施工中，有些部位没法用机械设备碾压，这些部位的混凝土密实度是一个问题，为此可采用变态混凝土。

对这些部位进行浇筑，由于常态混凝土与碾压混凝土之间的优劣势各不相同，因此连接部位浇筑效果不理想，采用一种介于常态与碾压之间的混凝土，使其具备常态混凝土的可振捣性能，同时又具备碾压混凝土施工快、强度高等优势，保证浇筑质量。

4. 现浇植生型生态混凝土

现浇植生型生态混凝土是将特殊级配的混凝土骨料与 SR 系列植生型生态混凝土改性材料进行拌合并现场浇筑而成。

该材料由于 SR 系列植生型生态混凝土改性材料的特殊贡献，使植生型生态混凝土同时具有强度高、透水率高、孔隙率大、孔径合理的性能特点，作为坡面防护目的，又能适应多种植生方式，实现坡面的景观绿化。通过加入 SR 系列植生型生态混凝土改性材料，提高水泥浆体的内聚力和水泥浆体与骨料的粘附力，使水泥浆体不会因坍落而堵塞结构内的孔隙，确保孔隙在植生型生态混凝土护坡结构中有效形成、强固和均匀排布，便于植物根系穿过护坡结构并根植于坡体土壤中，具有整体透水、利于植生的功能。合肥市南淝河、巢湖沿岸部分护坡均采用生态混凝土护坡工程，并取得了良好的经济效益、景观效益、生态效益。

（三）新型护坡材料

1. 灌注型植生卷材护坡

灌注型植生卷材护坡是通过在坡面上铺设由特殊材料和方法编制的植生卷材，用锚钉固定后，把种子和特殊有机质资材以及特殊发育基础材料，通过专用注入到植生卷材内，从而在各类边坡表面形成长期稳定的植物生长基础层，植物生长迅速，绿化效果好，基本无需后期养护。该材料不仅能够实现混凝土、浆砌石、岩石等硬质坡面以及其他无土壤地带的永久性绿化，真正意义上实现传统河道硬质护坡生态恢复的目的；也能够提高土质边坡抗雨水侵蚀以及水土保持的能力；又能够实现水位变动区域坡面的保护及绿化；还能够与植生型生态混泥土护坡结合在一起，构建多自然型生态河道。

2. 雷诺护垫

雷诺护垫是由表面经防蚀处理的低碳钢丝机编而成的双绞合六边形金属网笼结构，在施工现场经合乎一定规格的石头填充，构成具有柔性、透水性及整体性等特点的扁平箱体结构。如图 1－12 所示。

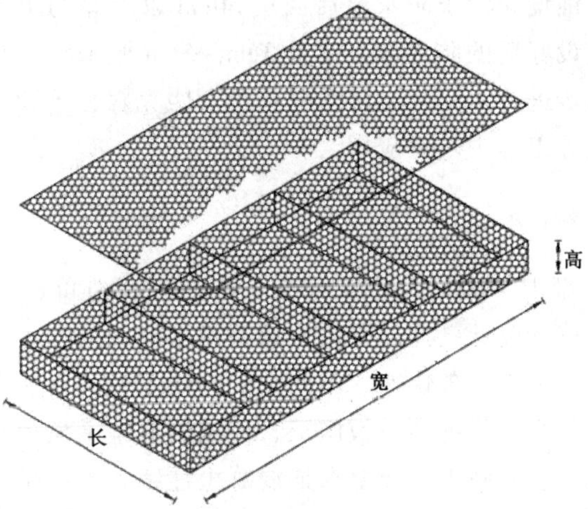

图 1－12 雷诺护垫构造

雷诺护垫不仅具有良好的透水性、抗冻性，还由于金属网笼中填充有石头，使结构抗冲刷能力强，能抵抗最高达 8m/s 的流速冲刷。雷诺护垫具有优良的镀层工艺和编织技术，保证了镀层厚度的均匀性和抗腐蚀性，一般情况下，使用寿命达到 50～60 年，此外雷诺护垫还具有成本低廉，施工简单快捷，具有较好的生态性及美观性等特点。

（四）新型土工材料——膨润土防水毯

土工合成材料分四类，土工织物、土工膜、土工复合材料和土工材料，其原材料主要是聚乙烯、聚丙烯、聚氯乙烯等各种高分子聚合物。近几年，在水利工程中使用较广泛的是土工织物、土工膜两种类型，其中，针刺无纺土工织物，具有孔隙率高、渗透性大、排水性能较好的特点，在大坝工程中常作为排水反虑设施广泛使用。土工膜防渗性能较好，垂直渗透系数小于1×10～11cm/s，价格便宜，但强度较低，对于防渗要求较高的工程部位不宜使用，一般常用于坝基垂直防渗。

膨润土防水毯是一种新型的复合土工合成防水材料。防水毯底层为土工纤维布，上层为无纺布，中间为经过处理的钠基膨润土，依靠针刺纤维把膨润土层固定在两层土工布之间。相比传统土工材料，膨润土防水毯具有以下几种特性：（1）防渗性好，由于膨润土是天然无机物，遇水膨胀也是物理变化过程。不会发生老化与腐蚀，因此可以永久保持其防渗能力。（2）抗冻性强，膨润土防水毯柔性极好，能很好地适应渠基的不均匀沉降。防水毯搭接处也多为柔性连接，当遇到不均匀沉降时，能保证结构的整体性不遭到破坏。而且由于膨润土遇水膨胀的性质，能有效填补2mm以内的裂缝，可以自动消除运行过程中的轻微损坏，具有较强的自我修复的功能。另外，膨润土防水毯在－20℃不产生裂纹裂缝，低温柔韧性在－32℃无影响。（3）施工简单，一般膨润土防水毯搭接时，只需将膨润土防水毯在长度和宽度方向搭接一定长度，然后用人工或机械方法铺条状膨润土粉末搭接在两层GCL中间即可。而且施工不受环境温度影响，且可在潮湿但无明水的基层施工。另外，与土工膜相比，膨润土防水毯具有良好的界面摩擦性，在坡度较陡的渠段也较易铺设。

对于小型渠道，在渠基上铺设膨润土防水毯后再铺设3cm～5cm水泥砂浆作为保护层。对于大中型渠道，铺设膨润土防水毯后回填50cm以上厚的土层作为保护层。当采用混凝土板砌护时，在铺设好后的防水毯上铺设3cm～5cm厚水泥砂浆垫层，砂浆垫层的铺设与混凝土板的铺砌同步进行。膨润土防水毯在奥利匹克森林公园人工湖防渗工程，宁夏惠农渠，汉延渠，陈渠等工程中均有应用。

（五）新型模板——翻身模板

在水利水电工程建设中，为缩短施工工期、降低工程造价、早日发挥工程效益，大坝、围堰等主要水工建筑物设计已经越来越多地采用全碾压混凝土结构。相应的工程施工中，这就要求碾压混凝土施工实现快速、不间歇的连续上升，而实现碾压混凝土快速、不间歇、连续上升的关键是改变传统的模板施工，传统的混凝土模板在结构型式和施工方法上只是适应于混凝土间歇上升施工，而要保证混凝土连续、不间歇、快速上升施工，则需要一种完全不同于传统模板的新型模板。如图1－13所示。

翻身模板采用悬臂结构型式，通过水平方向预埋的4根锚筋固定，无需在仓内设置拉筋，模板受力条件好，不易变形走样，便于碾压混凝土机械化、快速施工作业。

单块翻身模板主要由面板系统、支撑系统、锚固系统、工作平台以及其他辅助系统组成。面板系统为多卡D22面板，结构尺寸3m×3m；支撑系统为两榀支撑桁架，两榀桁架外弦杆间用3根ф48×3.5钢管通过扣件相连，形成空间整体结构；锚固系统主要由蛇型锚筋和锚锥组成。其中锚筋是长80cm、直径ф15的HRB580型蛇形筋，其末端加工成弯钩状；锚锥采用40Cr钢加工而成，长42.5cm，其与锚筋连接的一端为长5cm的锥型螺纹套筒，另一端为M30的螺杆。施工时蛇型锚筋预埋在混凝土中，锚锥与锚筋旋紧后在锥型套筒表面套上塑料套以便于拆除，周转使用，锚锥另一端通过螺帽和钢瓦斯将模板固定。每块模板在距上口45cm处布置1排4根锚筋，锚筋2根一组以30cm的间距垂直面板对称安装在每榀桁架内弦杆两侧。如图1－14所示。

图 1－13　翻身模板施工

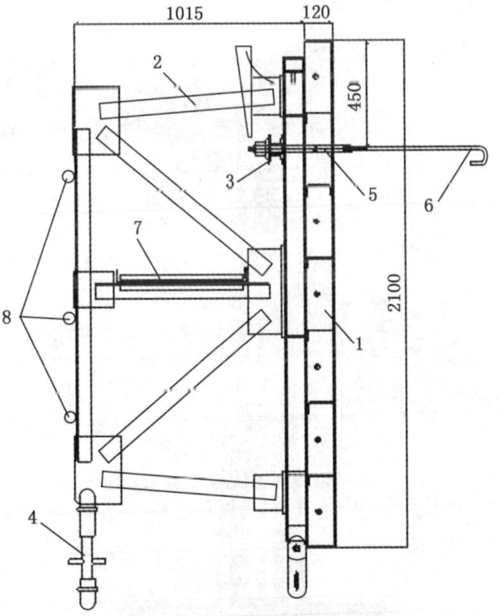

1. 钢面板　2. 桁架　3. 锚筋梁　4. 调节杆
5. 预埋螺栓　6. D15锚筋　7. 工作平台
8. 组装钢管

图 1－14　翻身模板构造

翻身模板垂直上每三块为一个单元，上、下层模板面板之间通过连接销连接，左右之间用U型卡连接；上、下桁架之间通过插销和调节螺杆连接，桁架与面板用连接螺栓固定。在转折处，可通过调节螺杆而实现变坡，不影响仓内混凝土连续浇筑。

翻身模板在工作状况时为悬臂结构，开始浇筑碾压混凝土后，混凝土侧压力通过面板系统传递给支撑系统的桁架部分，再通过支撑系统的竖向调节杆传力给其下一层模板的支撑系统，最后传力给锚固系统。作用在模板上的所有荷载最终转换为集中力由最下层模板的4根锚筋共同承担。模板拆除顺序由下至上依次进行，最下层模板拆除标准为：埋设中间层模板锚筋的该层碾压混凝土凝期满足要求（不同条件下，要求的混凝土凝期不一样），中间层模板锚筋达到设计要求的抗拔力。最下层模板拆除前，先将中层模板锚锥紧固，再拆除最下层翻转模板并安装到最上层，依次进行，实现模板连续交替上升。该模板在河南省灵宝是白虎潭水库工程中使用。

二、水利水电工程新设备

（一）振动沉桩机

1. 简介

用振动方法使桩振动而沉入地层的桩工机械。作业时，桩与周围土壤产生振动，使桩面的摩擦阻力减小，桩杆由于自重克服桩面及桩尖的阻力而穿破地层下沉，还可以利用共振原理，加强沉桩效果。如图1－15所示。

图1－15 振动沉桩机

沉桩机由振动器、夹桩器、传动装置、电动机等组成。主要工作装置是定向振动器，其激振部分是成对的水平转轴。在转轴上有若干块质量和形状相同的偏心块。每对转轴的偏心块对称布置，并由一对相同的齿轮传动，转速相同，转向相反，因此，两轴运转时所产生的扰动力在水平方向相互平衡抵消，防止沉桩机和桩的横向摆动，在垂直方向扰动力相互叠加，形成激振力促使桩身振动。转轴的转速可以调节，因而振动器的激振频率、振幅和振动力也是可调的，以适应各种不同规格的桩和不同性质的地层。振动器的变频有机械、气压、液压或电磁等多种方式。振动器下部是夹桩器，备有各种不同的规格尺寸，以便与各种不同截面的桩相连接，使沉桩机和桩连成一体。夹桩器的操纵有杠杆式、液压式、气压式等。

2. 具体操作

作业时，将沉桩机装于桩顶，使之连成一体，由起重机吊起就位。为了防止振动作用通过吊钩钢丝绳传到起重机构上，振动器上部的挂架中设有减振弹簧。振动沉桩机工作时，选用的频率和振幅随桩而异，一般情况下，低频大振幅适用于直径大的钢管桩和重量大的钢筋混凝土预制桩，且宜于砂石类地层施工。中高频、中幅适用于钢板桩。频率高则能和桩的自振频率产生共振，使沉桩速度快而噪声小，宜于城市施工。冲击式沉桩机适用于粘土地层。

沉桩机的基本技术参数是偏心力矩、激振力和电动机的功率。

（二）喷射钢纤维混凝土设备——麦斯特湿喷机

水工混凝土在长期使用过程中，由于受温差、冻融、水流冲击等因素的作用，容易产生表面裂缝，用钢纤维混凝土加厚坝面可以有效消除表面裂缝。但是，对于拱坝面层的加厚，由于场地狭窄、高度大、而且为曲面的缘故，往往工期长，成本高，所以安徽省在佛子岭水库除险加固工程中首次采用喷射钢纤维混凝土加固拱面的施工方法，它具有工期短、成本低、表面不易产生裂缝等优点，但其施工方法和施工质量受喷射钢纤维混凝土施工机械影影响较大，该工程采用麦斯特湿喷机，取得了理想的效果。

1. 麦斯特湿喷机原理

麦斯特湿喷机是由瑞士麦斯特设备公司生产制造的拖车型带外加剂罐混凝土喷射机。该机体重约 2t，输送管直径 10cm，输送容量 $0 \sim 14m^3/h$，输送距离 300m，输送高度 100m（输送距离和输送高度主要取决于骨料、水泥含量和混凝土的塑性）。如图 1-16 所示。

麦斯特湿喷机的工作原理是：钢纤维混凝土通过下料斗进入具有液压控制和冲程调节的送料缸体中，在一高达 75bar 的压力作用下通过一个自动换相的 S 形摆管回路进入送料管中。得益于缸体和冲程的最佳比例及极短的 S 形摆管回路切换时间，S 形摆管切换时损失的体积能够在 S 形摆管切换后极短的时间内由比例阀排出必要的混凝土输送量，从而使物料流动具有不明显的中断，避免了混凝土输送过程中的脉动现象。液体速凝剂在喷枪口雾化并与混凝土混合，在高压风的作用下高速喷射至受喷面上。

麦斯特湿喷机速凝剂控制原理为：根据指定介质（速凝剂）、混凝土配合比，在人机对话方式时输入控制参数，调节混凝土流量电位器后，混凝土的输出方量随之改变，变频仪内有一控制系统，它可以不断地将实际值与设定值进行比较，并通过变频仪调节电流大

图1-16 湿喷机

小来控制驱动电机的转速，使介质的掺量与所提供的混凝土容积成比例，从而达到控制速凝剂掺量的目的。

2. 麦斯特湿喷机性能

（1）外加剂计量准确。因该机有外加剂控制装置，外加剂掺量准确，误差较小，可以保证钢纤维混凝土的质量。

（2）输送距离。麦斯特湿喷机的水平输送距离为300m，垂直距离为100m，该机混凝土的输送距离可以满足大多数工程拱面喷射钢纤维混凝土的要求。

（3）喷射口出料均匀，得到几乎无脉动的喷射混凝土。由于该机混凝土输送泵采用的是双活塞泵，在两个冲程之间通过电子补偿，且在整个混凝土输送过程中都是由液压泵输送的，空气压力只是在喷口处加入，这样就保证了在喷口处喷射的连续性，使得钢纤维混凝土在输出过程中的脉冲降至最小值，保证了喷口处的出料均匀。施工结果显示无明显脉冲现象，这样既减少了混凝土的回弹量，又保证了喷射钢纤维混凝土的质量，取得了满意的效果。

3. 麦斯特湿喷机的作业

（1）喷射角度和距离。喷枪与受喷面的角度，通过现场试验得出喷枪口与受喷面夹角在80°以上时混凝土回弹量最少，喷射效果较优。

喷枪口与受喷面的最佳距离是按喷射钢纤维混凝土的最小回弹率和最高强度来确定的。现场试验表明喷射距离为0.8m～1.2m时效果最好。

（2）喷射区段和次序。喷射混凝土时应分段、分部、分块，自下而上地进行。喷射混凝土时需将喷枪反复缓慢地作螺旋形移动。这样，可防止溅落的灰浆粘附于未喷的基面上，而不会影响喷射钢纤维混凝土与老混凝土基面间的粘结力，使喷射的钢纤维混凝土均匀、密实而平整，并可使已喷部分支持上部刚喷混凝土下垂的重量，增加一次喷射的厚度。

螺旋形移动的转动直径约 30cm 左右，并需一圈压半圈地移动。喷射第二行时，要按次序从第一行起点开始，行与行间再搭接 2cm ~ 3cm。

（3）一次喷射厚度及间歇时间。一次喷射混凝土厚度应根据喷射效率、回弹损失、混凝土颗粒间的凝聚力和喷层与原混凝土基面间的粘结力等因素确定。

该工程拱的迎水面设计为喷射 15cm 厚钢纤维混凝土，拱的背水面设计为喷射 10cm 厚钢纤维混凝土，均采用一次连续喷射成型的施工办法，效果很好。

（4）机具设备的布置。拱的上游面喷射钢纤维混凝土时，要将喷射机布置于水库内紧靠大坝附近，以减少喷射混凝土在管道内的输送距离，减少喷射压力损失，提高喷射混凝土质量；拱的下游面喷射钢纤维混凝土时，要将喷射机布置于紧靠坝后的位置。

（5）喷射机操作。

①喷射作业开始前，要认真对喷射机及连接的输料管和速凝剂管进行检查和试运转，开始时，先送风、后开机、再给料（同时送速凝剂）；结束时，等喷射机、料斗和输料管内的混合料喷完后再关机。

②喷射机供料均匀是控制喷射钢纤维混凝土质量的因素之一，正常运转时，料斗和速凝剂容器内保持足够的存料。

③控制喷射机的喷射压力和喷头的压力，并根据输料管的长度和垂直输料高度及每小时喷射量等调整喷射机的工作压力，参照试喷资料、设备说明书以及以往工程经验选定。

④在喷射钢纤维混凝土过程中，喷射机操作人员与喷射手之间要密切配合，根据喷射作业区的实际情况进行开机、送风、给料和停机等操作，并及时调整喷射机工作风压。

⑤喷射作业完毕或故障停机时，要清除喷射机和输料管内的存料。

（6）喷射手操作。实践经验表明，控制喷射钢纤维混凝土质量及减少回弹量的关键性因素取决于喷射手的水平。

①要选择具有一定技术水平和一定喷射经验的技术工人作为喷射。

②喷射手在喷射混凝土之前要认真检查输料管及喷咀的连接是否紧密，连接处是否有胶皮垫圈，严防连接部位漏水。

③每次喷射作业之前，使用高压风水冲洗受喷面，并使受喷面老混凝土处于饱和湿润状态。

④喷射作业时，要使喷头出口与受喷面基本处于垂直状态，喷头与受喷面保持0.8m ~ 1.2m 距离。如喷射面还设计有密集钢筋，喷射手在喷射钢纤维混凝土时要缩短喷头与受喷面的距离，并调整角度，使钢筋与老混凝土面之间的喷敷密实。

⑤喷射手掌握喷枪移动速度要均匀，并按直径约 30cm 的螺旋状一圈压半圈呈 S 形由下向上移动，保持喷射面平整。

⑥喷射钢纤维混凝土作业容易出现堵管及其他机械事故，喷射手与喷射机操作人员之间要建立直接联系方式，当出现堵管及机械事故时能及时停机检修。

（三）振碾式渠道混凝土衬砌机

1. 振碾式渠道混凝土衬砌机组成结构（见图 1－17）

（1）主体结构。振碾式渠道混凝土衬砌机主体结构为一个大跨度的钢构桁架，利用桁架做布料平台和轨道，通过安装在桁架上的上下结构小车，分别完成渠道混凝土的布料、摊铺、振捣和整平。

图1-17 振碾式渠道混凝土衬砌机

（2）行走系统。振碾式渠道混凝土衬砌机行走系统采用四个电机同步控制，运用先进的变频调速技术，在0~10m/min之间可随意调整，使机械在行走过程中平稳运行，以避免因车辆晃动引起的结构变形。

（3）升降系统。振碾式渠道混凝土衬砌机升降系统采用四个独立的蜗轮蜗杆减速升降机进行升降控制，精确调整各结构尺寸，以适应各种作业面的坡比变化，满足衬砌施工的要求。

（4）布料系统。振碾式渠道混凝土衬砌机布料系统有三部分组成：一条主输送带，一台布料小车和一条用于给主输送带供料的副输送带；布料小车可根据施工的需要布下单层或多层混凝土，也可根据施工进度的要求进行速度调整，以提高工效。

（5）振捣系统。振碾式渠道混凝土衬砌机振捣系统为一套平板式振捣装置，即可进行混凝土振捣，还可进行混凝土整平。

（6）摊铺整平系统。振碾式渠道混凝土衬砌机摊铺整平系统有摊铺小车、螺旋分料器、压光滚组成，摊铺小车悬挂于主梁的两侧，利用链条传动进行上下行走，螺旋分料器将多余的混凝土分离出去，用压光滚进行压光整平，成型后的混凝土表面光滑平整。

（7）安全操作系统。振碾式渠道混凝土衬砌机全车共装置四套安全系统。①误操作急停按钮；②面板控制安全系统；③上下小车行程控制安全系统；④失控防撞安全系统。

2. 衬砌机施工原理

振碾式渠道混凝土衬砌机是以一个大跨度的钢构桁架为主体，桁架本身自带行走装置，通过安装在桁架上的上、下行走小车即布料小车和衬砌小车，分别进行渠道混凝土的布料、摊铺、振捣和整平。小车分别以桁架龙骨作为轨道，并自带行走装置。桁架上部小车即布料小车装有挡料刮板和下料斗，负责从混凝土传送皮带上分取混凝土料进行布料；桁架下部小车即衬砌小车装有搅笼、箱式振捣和整平。上、下两个小车即布料小车和衬砌小车可同时或单独作业，布料和摊铺振捣互不影响。通过将上述结构有机组合在一起，形成一套综合的渠道混凝土衬砌设备，实现利用专用设备进行大规模渠道混凝土施工。

3. 衬砌机安装调试

机械进场后，首先铺设两条 10m ~ 20m 长的轨道，调直整平待用，再进行主梁的拼装，现场必须按照加工编号进行组装。主梁拼装完成后，用两台吊车分别在渠底和渠坡同时起吊（25t 和 16t 各一台），放置于预先调平的轨道上，接着安装主输送带和布料小车；输送带粘接完成后，开始安装下部螺旋摊铺小车及振捣系统，最后完成整车的控制系统，做好各部位的安全防护设施和限位装置；然后进行初步运行调整，调整结束后，进行整机联动试车。在整机联动试车确认无误后，进入施工作业面。

4. 振碾式渠道混凝土衬砌机施工方法

（1）施工准备。围绕着渠道衬砌施工，衬砌前需完成建基面清理和验收、机械设备的安装调试、铺设保温层及防渗层、支立模板、混凝土料拌制和运输等。

其中机械设备的安装调试，由于浇筑机主桁架为多段拼装，安装前可依据衬砌坡长确定衬砌机的长度，从而确定轨距。轨道基准线控制误差以满足衬砌板混凝土厚度及结构尺寸允许误差要求。同时还需结合渠道混凝土的厚度调节上、下小车的运行速度。经调试合格后方可投入正常使用。

（2）混凝土衬砌施工。

①衬砌参数设定。结合衬砌混凝土的厚度通过生产性试验确定施工参数，当混凝土厚度小于 20cm 时，第一幅混凝土单趟振动碾压为 3 遍，之后的单趟振动碾压为 2 遍。每次挪位间距为振捣箱宽度的 2/3，约 50cm。由于渠道衬砌采用的是二级配常态混凝土，混凝土经衬砌机重复振捣碾压后，由专用的抹光机收面压 2 ~ 3 遍。施工过程应视天气气温情况调整相应的浇筑速度。

②混凝土布料。

a. 布料顺序从下到上沿浇筑机前进方向进行，安排专人负责指挥衬砌机进行混凝土布料；b. 整个布料过程由上布料小车完成，严格控制下料斗高度，混凝土的自由下落高度不得大于 1.0m；c. 混凝土罐车下料时，输送皮带上的料量分布需保持均匀，同时避免罐车出料口及皮带授料口堵料；d. 应控制布料厚度，松铺系数应根据坍落度的大小确定。当坍落度为 6cm ~ 8cm 时松铺系数控制在 1.1 ~ 1.15 之间；e. 布料应与振动碾压速度相适应，既不能在振捣箱前堆集过多的混凝土料，同时也不能使振捣箱因缺料而出现空振。

③混凝土衬砌。

a. 衬砌机应匀速连续工作，衬砌小车行走速度宜为 3m/min，可结现场振捣效果做适当调整；b. 衬砌施工过程中应经常查振捣棒及振捣箱的工作情况，如发现衬砌后的混凝土板面上出现露石、蜂窝、麻面现象，必须重新振捣，以防止漏振；c. 衬砌机振捣箱前应保持充足的混凝土拌和物，料位应高于振捣箱底面 2cm ~ 3cm；d. 衬砌小车行走过程中，出现局部欠料或露石现象时，应及时人工补料、填补原浆混凝土重新振捣，当出现壅料时，应及时进行人工整平；e. 应控制振动碾压时间，使混凝土不过振、漏振或欠振，达到表面出浆，不出现露石、蜂窝、麻面等；f. 当衬砌机行走前移时混凝土表面出现带状隆起，衬砌小车高度设置有误，应及时调整，并重新碾压；g. 渠坡衬砌的顶部及仓号四周出现缺料、漏振时，应及时人工补料，并采用平板振捣器辅助振捣；h. 进入弯道施工时，可通过调整轨道保持衬砌机始终与渠道轴线垂直的工作状态。

④衬砌施工停机处理。衬砌施工过程中停机中断施工时，进行以下操作：a. 停机同时应解除电控操作控制，升起机架，将衬砌机驶离工作面，清理粘附的混凝土，同时对衬砌机进行保养；b. 当衬砌机出现故障时，应立即通知拌和站停止打料，在故障排除时间内衬砌仓号内的混凝土尚未初凝，允许继续衬砌。当预计衬砌机故障在混凝土初凝前无法排除时，应将衬砌机驶离工作面，由人工继续浇筑，使其浇筑面宽度满足设缝分缝的宽度要求，或在出现故障的部位立即安装横向模板，在此部位设置横向通缝，对已铺筑的混凝土重新进行振捣、收面压光，并清除分缝位置以外的混凝土料，为恢复衬砌作业作好准备。

⑤抹面压光。衬砌成型后的混凝土在混凝土初凝前进行抹面，由人工操作电动提浆抹光机进行收面压光，边角部位由人工采用抹灰刀配合整平压光，并在收面结面结束后及时派专人对混凝土表面局部残留的气泡及划痕进压实抹光，以满足渠道混凝土平整度的要求。

⑥混凝土养护、切缝及检测。混凝土养护、切缝及检测要满足设计及规范要求。

5. 经济效益及应用

振碾式渠道混凝土衬机的研制，实现了大梯形断面渠道混凝土机械化衬砌的快速连续施工，使渠道混凝土衬砌质量和速度得以保障。同时，通过适当改进，该设备还可用于其他大面积混凝土工程施工，具有非常广泛的推广价值和应用价值。

三、水利水电工程新技术与新工艺

（一）生态混凝土护坡

近年来，河道治理工程建设逐渐树立了“保护、创造生物良好的生存环境和自然景观”的理念，把河堤由过去简单的圬工建筑改造方式转变为水体和土体、水体和植物或生物间的相互涵养，建造适合生物生长的仿自然状态河道。护坡是河道治理中一量大面广的基础设施，主要的形式有砌石、混凝土现浇、混凝土预制块护坡等，与传统护坡工程相比，生态混凝土护坡既具有较高的强度能有效的进行边坡防护、加强边坡的稳定性，提高防护年限，又具有很大的孔隙率便于植物在其中生长，融入了景观、文化和生态等多方面的内容，从而实现对自然生态系统的维护和恢复。如图1－18所示。

生态混凝土护坡的工艺原理：生态混凝土护坡是在护坡基面上浇筑普通混凝土框格，在框格内浇筑生态混凝土，填充营养土，种植植被。由于护坡本身具备的混凝土特性，使生态混凝土护坡能发挥传统混凝土护坡的维护边坡稳定、防止水土流失等功能。框格内的生态混凝土是一种有着连续孔隙的多孔混凝土，具有良好的透气性和透水性，有着适合微生物生长的生存环境；生态混凝土在水中富集的微生物、动植物形成了一个综合的生态效应从而取得良好的水质净化效果。生态混凝土在填充营养土、撒播植物种子之后，植被能够获得良好的生长，从而产生美化环境、融入周围环境和生态修复的效果。

生态混凝土护坡主要施工流程：

图 1-18 生态混凝土护坡

（1）护坡基面整修夯实。放样定位生态混凝土护坡位置，用挖机开挖整修，整修结束后，利用挖机再次对护坡进行碾压压实。

（2）生态混凝土格梗框架浇筑。模板采用胶木板用方木斜撑加短桩固定，中间用步步紧和方木固定结构尺寸，清除模板内的杂物后，封堵模板的缝隙和孔洞。格梗混凝土浇筑机械和人工配合进行，浇筑完毕覆盖并洒水养护，保持混凝土处于足够的湿润的状态，养护不小于 7 天。

（3）生态混凝土制备。按已确定的生态混凝土配合比现场搅拌制备生态混凝土，严格控制水灰比，控制水的加入量，水在搅拌中分 2～3 次加入，不允许一次性加入，注意搅拌均匀以保证生态混凝土质量。

（4）土工布铺设。清理框格内浮土、碎石及多余土等，根据格梗框格尺寸，确定土工布尺寸进行裁剪，裁剪尺寸应留有变形余量，人工铺设土工布，确保土工布布满格梗框格、松紧适度且布面平整。

（5）生态混凝土浇筑。生态混凝土搅拌成品后，利用小型翻斗车及时运到格梗框格处进行浇筑，将生态混凝土均匀摊铺在格梗框格中，按设计要求控制厚度和坡度，人工捣实，人工拍平表面，并安排专人洒水养护生态混凝土。

（6）填充营养土。生态混凝土初凝后，人工填充耕植土，辅以缓性肥料、保水剂等，清除或捣碎填充土中的块状土，翻耕填充土，搂平耙细，去除杂物，平整度与坡度向格梗看齐。

（7）种植植被。整翻生态混凝土覆土，覆土高度略低于格梗混凝土表面高度，使其具备种植条件后撒播草籽种并按要求养护。

（二）河湖淤泥脱水固化处理

河湖水环境的恶化影响到河湖周边地区社会经济的发展和人民的生活质量，特别是随着我国社会经济和城市化进程的加速发展，河湖水环境污染问题日显突出，河湖自身纳污能力和自身修复能力快速下降，河湖水体污染积聚，长期下来，河湖沉积了大量污染严重的淤泥，处理此淤泥是河湖整治的重要环节。相比传统的淤泥充填等方法，淤泥脱水固化处理具有工艺紧凑，吞吐量大，功耗小，处理淤泥效率高，施工方便，自动化程度高，安全环保等特点，与环保绞吸式挖船施工相衔接，可以实现河湖清淤、脱水固化连续施工作业，最大限度地降低对环境的干扰影响，是当今新型环保式施工方法。

淤泥脱水固化原理是针对淤泥由淤泥土体及不同性质水分构成的特性，综合运用物理和化学方法，将淤泥的含水量从大于液限的天然含水量降至40%以下，淤泥的形态从流态转变为硬塑状。难以处置的流态淤泥改变了形态后可以运用多种处理方式进行处置，如可以采取汽车运输、可以作为回填土加以利用等。

淤泥脱水固化施工工艺是根据淤泥的特性，采用泥沙聚沉剂及固结剂制作的复合材料对淤泥进行处理，由专用机械设备将淤泥迅速分离成清水和泥饼，达到对淤泥的减量化、无害化、稳定化和资源化处置要求。

具体工艺流程如图 1－19 所示。

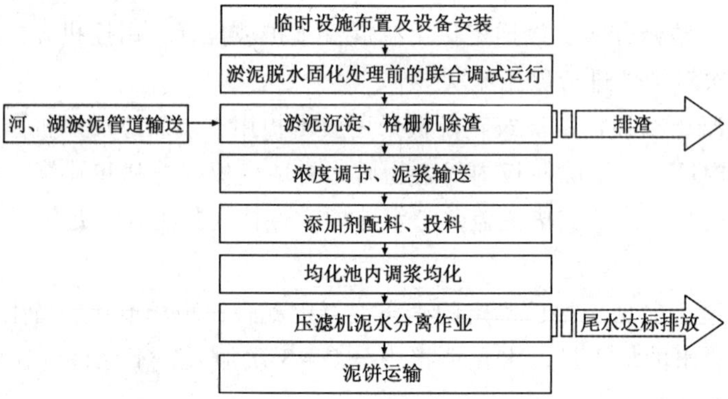

图 1－19 淤泥脱水固化工艺流程

（1）临时设施布置及设备安装。淤泥脱水固化场布置相应的生产性建筑物，包括：沉淀池、调节池、固化材料仓库及加料装置、均化池、泥水分离厂房、空压机房、尾水处理车间等。在满足生产工艺流程的前提下，将生产性建筑物按工艺流程纵向布置。根据当地地形条件，将沉淀池布置在地势较高的位置，充分利用淤泥的自流条件，节约能源。设备安装包括格栅机、立式泥浆泵、加料系统、卧式渣浆泵和压滤机。其中格栅机在沉淀池至调节池渠道工程完成后安装，位置距离沉淀池出口 2m～4m；立式泥浆泵在调节池集水 1.5m～2m 深时开始安装。

（2）联合调试运行。在所有设备单机调试正常后依据工艺要求进行联运调试。沉淀池泥浆达到渠道出口时启动格栅机，观察格栅机是否正常工作，调节池进泥浆达到池体容量 1/2 左右时启动立式泵运行，观察泵是否工作正常。在立式泵运行的同时启动加料设备，检验加料系统是否正常。当均化池容量达到 1/2 左右，启动卧式泥浆泵和压滤机，观察卧式泵是否运行正常，压滤机和外部辅助设备是否正常，若有问题停机检查，直至联运正常。

（3）淤泥沉淀、格栅机除渣。挖泥船通过管道将淤泥输送至沉淀池，采取重力分选措施，较大颗粒粒径的碎石、砖块等沉淀在沉砂池底，沉积一定量后使用机械清除。淤泥由沉淀池经格栅流入调节池，大量的垃圾及固体废弃物位于格栅附近，由专人清除。

（4）浓度调节、泥浆输送。调节池可以根据当地的地质条件确定是否采用混凝土衬砌，若地基土由砂砾石等组成，土体渗透性较大，则采用钢筋混凝土结构。若地基土渗透性小，则无需采取混凝土衬砌方式，但要采取必要防渗措施，如铺设土工膜等，根据淤泥处理进度安排，调节池布置 6 套 100LZB5 立式泥浆泵安装在浮箱上，并根据后续均化池的处理要求及时开启泥浆泵，将淤泥输送至均化池。

（5）添加剂配料、投料。使用螺旋输送机将泥沙聚沉剂及高强高耐水土体固结剂材料按比例要求通过管道输送至配料装置，再通过固液混合器与淤泥进行混合。添加剂投料设备与调节池中的泥浆泵同时开启运行，调节池中的泥浆泵输送泥浆的同时添加剂按配比要求添加到了淤泥之中。

（6）均化池内调浆均化。均化池为钢筋混凝土结构，将添加了泥沙聚沉剂及高强高耐水土体固结剂材料的淤泥在均化池内进行调理、调质、均化处理。使用 SAV30A 空压机供气，对泥浆进行曝气处理，促使添加剂与淤泥充分混合。使用了添加剂的淤泥在均化池内经过约 30min 的混合，逐步均化，淤泥泥浆的浓度达到均质要求。

（7）压滤机泥水分离作业。淤泥在均化池中完成调质处理后，开启渣浆泵，将均质化的泥浆输送至压滤机进行脱水固结，进入压滤机的淤泥泥浆经过约 60min 的压滤处理，即可分离成清水与泥饼。

（8）泥饼运输。采用自卸车运输的方式将泥饼运输至弃土场或根据设计要求用作其他材料使用。

淤泥脱水固化处理适用于河道及湖泊淤泥的处置，特别适用于土地资源稀缺、对环境敏感度要求较高的城市市区河湖淤泥的处理，在环保、节能和社会可持续发展等方面均有优势，具有显著的环境和社会效益，同时，在大城市城区征用土地用于冲填淤泥几乎是不可能做到的，传统的淤泥冲填施工方法无法实施，即使能征到土地填埋淤泥，其成本也十分高昂，不具备经济性，因此淤泥固化处理方法也具有明显的经济效益优势，可以减少淤泥的二次污染，改善河道沿线生态环境。

（三）液压升降坝

为了在河流上拦河蓄水，又不影响防洪安全，在河道上建活动坝是普遍做法，目前国内外传统的活动坝主要有三种：水闸、橡胶坝和翻板门坝。相比传统活动坝的成本高、可靠性差和使用寿命短等缺点，创新的液压升降坝具有经济性、可靠性、安全性、灵活性和美观性等特点。

液压升降坝的原理及技术特点：液压升降坝的构造由弧形（或直线）坝面、液压杆、支撑杆、液压缸和液压泵组成，每块坝面，以活动门板的最底部为铰链轴，将活动门板固定在拦水坝的基础上，形成扇形活动坝面；每块坝面由 2 套支撑系统支撑，一套为液压缸，一套为支撑杆，由液压泵控制坝面升降（见图 1－20）。其技术特点有：

（1）活动门板固定在拦水坝基础上，液压缸的下部以拦水坝的基础为受力点，液压缸的上部铰接在活动门板的背面，液压缸伸缩带活动门板作活页式扇形升降，达到升坝拦水，降坝行洪的目的。

图1－20 液压升降

（2）支撑杆下部安装滑轮，滑轮可以前后运动。

（3）控制支撑杆下部滑轮运动的是解锁装置，解锁装置是用小液压缸控制的，实现坝面固定拦水，解锁放坝行洪的目的。

（4）采用浮标开关，控制液压系统，实现无人管理，在洪水达到设定水位时，自动放坝行洪。

（5）采用电脑远程控制，实现一控多管。

液压升降坝施工主要工艺流程及操作要点：

（1）坝面制作，分为钢结构和钢筋混凝土结构两种坝面，按设计要求施工。

（2）液压升降坝安装。安装工艺流程为放样校核、埋件安装、吊装坝面、铰支座加固、油管路安装、液压缸安装、初调试、坝面及液压系统、止水安装、油漆防腐、坝面调试和自验收。坝面安装前应对各项尺寸进行复查，主支承部件的安装调整工作在门叶结构拼装焊接完毕后进行，所有主支承面需调整到同一平面，采用汽车吊吊装。止水橡皮的螺孔位置应与门叶或止水压铁的螺孔位置一致，其橡皮接头可采用胶热压等方法，坝面安装完毕后清除埋件表面和门叶杂物，在滑道支承面和滚轮轴套涂抹润滑油，再做静平衡试验，将液压升降坝坝面自由地向上游摆动15°，然后在向下游摆动15°，如此反复30°、45°、60°、75°。

（3）液压升降坝坝面试运转。坝面安装好后在无水情况下作全行程启闭试验，启闭前应在止水橡皮处浇水润滑，启闭过程中应检查滑道或滚轮转动部位运行情况。

液压升降坝适用于低水头挡水，可广泛用于省内外各地的农田灌溉、城市河道景观工程、环保工程和小水电站建设等，其技术先进，成本较低，经济、社会和生态效益良好，市场前景广阔。

（四）大坡度面板坝混凝土重力式滑模浇筑

近年来，国家大力提倡可循环经济发展，水资源得到了充分开发和利用，一大批水库水电站正在兴起，作为稳定性强的面板堆石坝进一步得到应用。传统的混凝土面板施工方式效率低、缺陷多，无法满足发展的需要，而日渐成熟的面板混凝土重力式滑模浇筑工艺逐渐得到推广，其与传统的模板施工法相比质量更可靠、进度更快、效益明显，混凝土浇筑、抹面成型并一次性到顶，无后续处理工作，可缩短工期40%，节约成本30%。

面板混凝土重力式滑模浇筑工艺原理：滑模利用两侧的侧模轨道和已浇完的面板来支撑、导向和控制大坝面板混凝土浇筑厚度，在浇筑过程中，混凝土的浮托力由滑模自重和附加配重来克服，利用卷扬机牵引重力式滑动钢模板沿大坝坡面边浇筑混凝土边滑移，一直连续把混凝土浇筑到坝顶，振捣密实的混凝土由滑动模板压抹成型。如图1－21所示。

图1－21　面板混凝土重力式滑模浇筑工艺

施工工艺流程：

（1）施工准备。包括收集相关资料，用人工风镐从下往上挤压边墙刻槽（顶宽550mm，底宽15cm，深20cm），铺筑砂浆垫（宽550mm，厚20cm），坡面整平及用喷涂乳化沥青或混凝土等方式进行坡面保护。

（2）分仓工作。用钢筋桩在仓面进行定位分区，根据设计要求安装分仓插筋及架立筋，再在插筋上焊接分仓钢筋。对仓面上的分缝待分缝基座砂浆达到75%强度后进行止水安装，同时将侧模和支撑安装到位，侧模采用定制钢木组合模板，其支撑采用定制型钢组合支撑。

（3）滑模及配重设施就位。滑模采用型钢定制，汽车吊就位在侧模上，并用25mm的钢丝绳与2台10吨卷扬机连接，由卷扬机将滑模放至上游坡脚，并开始往滑模自带的水箱内开始注水至满荷载，进行试滑试验，确认无误后将水箱内水放空，将滑模滑至坡脚就位，与趾板面的搭接长度不得少于30cm。

（4）溜槽安装。每仓架设主溜槽1条，上部与集料斗相连，下部至浇筑面10m～15m处开始分叉为2条。溜槽采用3mm厚德薄钢板压制成半圆型，单段长度2m，各段之间采用挂钩进行连接，溜槽分叉处设置分流插板，并安排专人进行清仓和冲仓处理。

（5）混凝土的浇筑及抹面。面板混凝土宜采用强制性拌合站集中拌制，混凝土罐车运输至集料斗卸料，溜槽垂直运输至仓面，人工摆动布料入仓。面板混凝土浇筑时，首先进行面板周边三角区混凝土和底部第一层混凝土的浇筑。水平段第一层混凝土，采用直接将滑模滑至趾板斜坡面上进行搭接，人工摆动溜槽入仓，第一层浇筑完成后，将配重水箱内水注满至设计水位，滑模进行正常滑升。周边两岸坡三角区混凝土，采用旋转法浇筑，沿趾板方向作一导向轨，滑模可沿趾板轨道定向滑移，滑模另一端通过卷扬机牵引绕导轨端转动。局部边角未覆盖部位采用翻转模板施工，从低端逐步向高端浇筑，并逐步提高滑模的较低一端，使滑模绕导向端转动，直到低端滑升至高端相平齐后，去掉导轨，滑模进入正常滑升。施工过程中保证面板混凝土浇筑与滑模滑升同步上升，并做好振捣，一般滑模平均滑行速度控制在 1.5m～2.5m/h，最大不超过 3.0m/h，具体参数可根据现场试验后进行调整确定。需要注意的是在面板混凝土表面脱水后，立即安排人工对混凝土表面进行二次压面抹光，以防止混凝土表面脱水形成细微通道，确保表面密实。

（6）混凝土覆盖及养护。二次压面后的混凝土，及时进行养护，防止表面水分过快蒸发产生裂缝，面板混凝土终凝后采用麻袋贴于混凝土表面，洒水管不间断喷水养护，养护时间宜为 28 天，并注意在养护期间保护混凝土表面不受损伤。

（7）表止水安装。表止水 V 形槽采用浇筑面板混凝土时将三角形木条固定在侧模上，面板浇筑完毕后去掉木条，自然形成 V 形槽。待面板混凝土达到设计强度 75% 以上时，将 V 形槽凿毛，清理干净后进行表止水安装。安装时缝内水分晒干或用喷灯烘干后，先涂上粘接剂，放入橡胶棒，将柔性填料按设计形状和尺寸进行填塞，锤击密实，外表面没有裂缝或高低起伏现象，并采用模具进行检查，合格后分段安装面膜。铺好面膜后，用 50×5mm 镀锌扁钢压紧，M10 膨胀螺栓紧固于混凝土上。表止水的安装从下往上进行，先进行趾板分缝的安装，再进行周边缝和接头的安装，后进行垂直缝的安装。

面板混凝土重力式滑模浇筑工艺适用于各种填料填筑的高 70 米以下及坡度 1：1～1：1.6 的坝、堤等坡面工程的混凝土面板施工，其浇筑、振捣、抹面一次完成，进程快，易保证质量，采用跳块浇筑，形成流水作业，便于安排工序，合理利用劳力，加快施工进度，滑模两侧支撑和导向，制作简单，其他机械为施工通用机械，工艺简单，易于推广。

（五）负压溜槽

负压溜槽是一种结构简单的混凝土输送设备，它能够在斜坡上快速、安全地向下输送混凝土，尤其是适用于碾压混凝土。在碾压混凝土筑坝施工中，混凝土拌和物经汽车或皮带机输送至溜槽集料斗，然后由溜槽输送至仓面接料汽车，这样就能完成整个大坝的混凝土运输任务。这种设备结构简单、不需要外加动力，输送能力很强，是一种适应于深山峡谷地形筑坝的经济高效的混凝土输送手段。负压原理的运用，有效地控制了物料的下滑速度，对防止混凝土骨料分离、保证输送质量起到了重要作用，同时也使得这一技术更加成熟完善。负压溜槽的适用坡度为 1：1～1：0.75，适用高差为 0～100m。如图 1－22 所示。

图 1－22　负压溜槽

负压溜槽的工作原理：在密封管道内通过定量流体，当外界条件发生变化时，管道内的压力同时发生变化。流速增大，压力减少；反之流速减小，压力增大。当混凝土在负压溜槽内流动时，由于重力作用，流速逐渐增大，导致密封的溜槽内压力减小，与外界大气压力形成一定压差 P 负。由于压差 P 负作用，使混凝土速度减小时，密封溜槽内压力增加，与外界大气压的压差减小，混凝土加速。当不存在负压作用时，混凝土下行，只有与刚性槽体的摩擦力阻止混凝土下行（忽略柔性盖的重量），混凝土呈等截面下行。产生负压后，混凝土就非等截面下行，而是呈周期性波浪形下行。在僵滞力的作用下，混凝土呈波浪形下行，有力地保证了混凝土的运输质量。

负压溜槽结构简单，成本低廉、安装方便、运行可靠、不需要起重动力、维修费用低，使用负压溜槽可少修入仓道路、节省大量土石方工程量、缩短水平运距、简化施工程序、节省工程投资。负压溜槽还可与高速深槽皮带机联合输送混凝土，并已在江垭大坝等碾压混凝土施工中得到成功应用。

第三节　水利水电工程项目管理

一、南水北调工程

（一）南水北调工程建设管理组织机构

正在建设的南水北调工程是一项长距离、跨流域的特大型调水工程。南水北调工程总体规划是分别从长江的下游、中游和上游调水约450亿m^3，通过东线、中线、西线三条调水线路，与长江、黄河、淮河、海河四大江河相连，形成“四横三纵”的总体格局，以实现中国水资源的南北调配和东西互济的目标。南水北调工程既具有公益性性质，又具有一定的经营性质，具有跨流域、跨地区、涉及范围广、投资大、周期长等特点。建设管理涉及技术、经济、环境、社会等诸多方面新问题。

南水北调工程建设管理组织机构由政府管理机构、专家咨询服务和工程建设管理三个层面构成，具体由南水北调工程建设领导机构和办事机构、专家咨询委员会、项目法人管理机构等组成。

1. 政府管理机构由中央建设管理组织机构和地方建设管理组织机构构成

（1）中央建设管理组织机构为国务院南水北调工程建设委员会。该组织是南水北调工程建设的高层次决策机构，其任务是决定南水北调工程建设的重大方针、政策、措施和其他重大问题。国务院南水北调工程建设委员会的具体办事机构为国务院南水北调工程建设委员会办公室。其主要职能为：研究提出南水北调工程建设的有关政策和管理办法，起草有关法律法规草案；协调南水北调工程建设的有关重大问题；负责南水北调主体工程建设的行政管理；负责主体工程投资总量的监控和年度投资计划的实施；协调、落实和监督主体工程建设资金的筹措、管理和使用；协调、指导和监督、检查南水北调工程建设工作，负责主体工程建设质量监督管理；负责南水北调主体工程的监督检查和经常性稽察等工作；具体承办南水北调主体工程阶段性验收、单项（单位）工程验收的组织协调工作及竣工验收的准备工作。

（2）地方建设管理组织机构为省市南水北调工程建设领导机构及办事机构。南水北调工程沿线7省市设立了南水北调工程建设领导机构及办事机构。其主要任务是：贯彻落实国家有关南水北调工程建设的法律、法规、政策、措施和决定；负责组织或协调征地拆迁、移民安置；参与协调省、自治区、直辖市有关部门实施节水治污及生态环境保护工作，检查监督治污工程建设；负责南水北调地方配套工程建设的组织协调，提出配套工程建设管理办法。

2. 专家咨询机构由国务院南水北调工程建设委员会专家委员会构成

国务院南水北调工程建设委员会专家委员会的主要任务：

一是对南水北调工程建设中的重大技术、经济、管理及质量等问题进行咨询；

二是对南水北调工程建设中的工程建设、生态环境（包括污染治理）、移民工作的质量进行检查、评价和指导；

三是有针对性地开展重大专题的调查研究活动。

3. 工程建设管理组织机构由项目法人（项目业主）和专业项目建设管理机构构成

（1）南水北调主体工程的项目法人（项目业主）主要有南水北调东线江苏水源有限责任公司、南水北调东线山东干线有限责任公司、南水北调中线水源有限责任公司和南水北调中线干线工程建设管理局（南水北调中线干线有限责任公司）。建设期间项目法人的主要任务对工程的质量、安全、进度、筹资和资金使用负总责。其主要任务为：依据国家有关南水北调工程建设的法律、法规、政策、措施和决定，负责组织编制单项工程初步设计，负责落实主体工程建设计划和资金，对主体工程质量、安全、进度和资金等进行管理，为工程建成后的运行管理提供条件，协调工程建设的外部关系。

（2）专业项目建设管理机构是指按照国务院南水北调工程建设委员会办公室《南水北调工程代建项目管理办法（试行）》以及《南水北调工程委托项目管理办法（试行）》选择的专业性项目建设管理单位。专业项目建设管理机构受南水北调工程项目法人委托，按照合同约定，代表项目法人对南水北调一个或若干单项工程的建设进行全过程或若干阶段的建设管理。

（二）专业项目建设管理机构

1. 实行代建制的项目管理机构

南水北调工程代建制是指在南水北调主体工程建设中，南水北调工程项目法人（项目业主）通过招标方式择优选择具备项目建设管理能力，具有独立法人资格的项目建设管理机构或具有独立签订合同权利的其他组织（即项目管理单位），承担南水北调工程中一个或若干个单项、设计单元、单位工程项目全过程或其中部分阶段建设管理活动的建设管理模式。南水北调工程涉及省（市）边界等特殊项目需要实行代建制的，经国务院南水北调工程建设委员会办公室（以下简称“国务院南水北调办”）同意，项目法人可以通过直接指定的方式选定项目管理单位。

南水北调工程项目管理单位实行资格条件审查，只有通过项目管理资格条件审查的，才可以承担相应工程项目的建设管理。项目管理单位按基本条件分为甲类项目管理单位和乙类项目管理单位，其中甲类项目管理单位可以承担南水北调工程各类工程项目的建设管理，乙类项目管理单位可以承担南水北调工程投资规模在建安工作量8000万元以下的渠（堤）、河道等技术要求一般的工程项目的建设管理。

甲类项目管理单位必须具备以下基本条件：

（1）具有独立法人资格或具有独立签订合同权利的其他组织，一般应从事过类似大型工程项目的建设管理；

（2）派驻项目现场的负责人应当主持过或参与主持过大型工程项目建设管理，经过专项培训；

（3）项目现场的技术负责人应当具有高级专业技术职称，主持过或参与主持过大中型水利工程项目建设技术管理，经过专项培训；

（4）在技术、经济、财务、招标、合同、档案管理等方面有完善的管理制度，能够满足工程项目建设管理的需要；

（5）组织机构完善，人员结构合理，能够满足南水北调工程各类项目建设管理的需要；

（6）在册建设管理人员不少于50人，其中具有高级专业技术职称或相应执业资格的人员不少于总人数的30%，具有中级专业技术职称或相应执业资格的人员不少于总人数的30%，具有各类专业技术职称或相应执业资格的人员不少于总人数的70%；

（7）工作场所固定，技术装备齐备，能满足工程建设管理的需要；

（8）注册资金800万元人民币以上；

（9）净资产1000万元人民币以上；

（10）具有承担与代建项目建设管理相应责任的能力。

乙类项目管理单位必须具备以下基本条件：

（1）具有独立法人资格或具有独立签订合同权利的其他组织，一般应从事过类似中小型工程项目的建设管理；

（2）派驻项目现场的负责人应当主持过或参与主持过中小型工程项目建设管理，经过专项培训；

（3）项目现场的技术负责人应当具有高级专业技术职称，主持过或参与主持过中小型水利工程项目建设技术管理，经过专项培训；

（4）在技术、经济、财务、招标、合同、档案管理等方面有较完善的管理制度，能够满足工程项目建设管理的需要；

（5）组织机构完善，人员结构合理，能够满足渠（堤）、河道以及中小型水利工程项目建设管理的需要；

（6）在册建设管理人员不少于30人，其中具有高级专业技术职称或相应执业资格的人员不少于总人数的20%，具有中级专业技术职称或相应执业资格的人员不少于总人数的30%，具有各类专业技术职称或相应执业资格的人员不少于总人数的70%；

（7）工作场所固定，技术装备齐备，能满足工程建设管理的需要；

（8）注册资金400万元人民币以上；

（9）净资产500万元人民币以上；

（10）具有承担与代建项目建设管理相应责任的能力。

2. 实行委托制的项目管理机构

南水北调工程建设管理委托制是指经国务院南水北调工程建设委员会办公室核准，南水北调工程项目法人（项目业主）将南水北调部分工程项目的建设管理工作直接委托项目所在地（有关省、直辖市）项目建设管理单位负责。负责委托项目建设管理的项目建设管理单位由项目所在地省（直辖市）南水北调办事机构指定或组建。

项目建设管理单位是委托项目实施阶段的建设管理责任主体，依据国家有关规定和建设管理委托合同对项目法人负责，对委托项目的质量、进度、投资及安全负直接责任。项目建设管理单位的基本要求：

（1）法人或具有独立签订合同权利的其他组织；

（2）派驻项目现场的负责人应当主持过或参与主持过大中型水利工程项目的建设管理并经过相关专项培训；

（3）派驻项目现场的技术负责人应当具有高级专业技术职称及相应的执业资格，从事过大中型水利工程项目建设技术管理并经过相关专项培训；

（4）技术、经济、财务、招标、合同、档案管理等方面有完善的管理制度，能满足委托项目建设管理的需要；

（5）组织机构完善，人员结构合理，具有各类专业技术职称的人员不少于总人数的70%，能够满足委托项目建设管理的需要；

（6）拥有适当的机构支持，以及办公场所；

（7）具有承担与委托项目建设管理相应责任的能力。

（三）代建制的项目管理

项目管理单位依据国家有关规定以及与项目法人签署的委托合同，独立进行项目建设管理并承担相应责任，同时接受依法进行的行政监督及合同约定范围内项目法人的检查。项目管理单位与项目法人在项目管理方面的主要职责划分：

（1）项目法人通过招标方式择优选择南水北调工程项目勘察设计单位和监理单位，其勘察设计合同和监理合同可由项目法人委托项目管理单位管理。

（2）项目管理单位通过招标方式择优选择南水北调工程项目施工单位以及重要设备供应单位。招标文件以及中标候选人需报项目法人备案。

（3）项目法人与项目管理单位、项目管理单位与监理单位的有关职责划分应当遵循有利于工程项目建设管理，提高管理效率和责权利统一的原则。

（4）项目管理单位在合同约定范围内就工程项目建设的质量、安全、进度和投资效益对项目法人负责，并在工程设计使用年限内负质量责任。项目管理单位的具体职责范围、工作内容、权限及奖惩等，由项目法人与项目管理单位在项目建设管理委托合同中约定。项目法人应当为项目管理单位实施项目管理创造良好的条件。

（5）项目管理单位应当为所承担管理的工程项目派出驻工地代表处。工地代表处的机构设置和人员配置应满足工程项目现场管理的需要。项目管理单位派驻现场的人员应与投标承诺的人员结构、数量、资格相一致，派驻人员的调整需经项目法人同意。

（6）项目工程款的核定程序为监理单位审核，经项目管理单位复核后报项目法人审定。项目工程款的支付流程为项目法人拨款到项目管理单位，由项目管理单位依据合同支付给施工承包单位。

（7）项目法人与项目管理单位签订的有关项目建设管理委托合同（协议、责任书）应当体现奖优罚劣的原则。项目法人对在南水北调工程建设中做出突出成绩的项目管理单位及有关人员进行奖励，对违反委托合同（协议、责任书）或由于管理不善给工程造成影响及损失的，根据合同进行惩罚。

实例一：南水北调中线京石段应急供水工程（北京段）北拒马河暗渠工程项目建设管理招标。

2008 年 5 月，项目法人南水北调中线干线工程建设管理局对该项目的建设管理进行国内公开招标。

（1）工程概况。北拒马河暗渠由河北省涿州市西村北起，经北拒马河至北京房山区大石窝镇北拒马河北支北岸止，是南水北调中线总干渠冀京交界的连接建筑物和穿越北拒马河中支、北支的大型交叉建筑物。工程为Ⅰ等工程，主要建筑物为 1 级建筑物。该段总干渠长度 1781.05m，由渠首枢纽、暗渠、退水系统三部分组成，暗渠设计流量 $50m^3/s$，加大流量 $60m^3/s$，退水建筑物设计规模为 $25m^3/s$。本工程计划总工期 23 个月。

（2）招标内容。南水北调中线京石段应急供水工程（北京段）北拒马河暗渠工程项目建设管理工作。

（3）资格要求符合甲类项目管理单位基本条件。实行资格预审，不接受联合体投标。

（4）资格预审文件的主要内容：

①投标人营业执照（需交验副本原件，留存加盖公章的正本复印件）；

②投标人从事过类似大型工程项目的建设管理业绩证明材料；

③拟派驻项目现场的负责人情况（需提交专业技术职称证书、主持或参加过的大型建设工程项目管理的业主证明材料）；

④拟派驻项目现场的技术负责人情况（需提交高级专业技术职称证书、主持过或参与大中型水利工程项目建设技术管理的业主证明材料）；

⑤投标人现有的技术、经济、财务、招标、合同、档案管理等方面管理制度清单；

⑥投标人组织机构、人员结构情况；

⑦投标人现有技术装备情况；

⑧投标人近三年财务报表及2004年审计报告；

⑨其他能证明投标人履约能力、业绩和信誉的材料。

实例二：南水北调中线干线工程京石段应急供水工程（石家庄至北拒马河段）代建项目建设管理Ⅰ标、Ⅱ标招标。

2008年8月，南水北调中线干线工程建设管理局对该工程代建项目建设管理Ⅰ标、Ⅱ标进行国内公开招标。

（1）招标内容。项目建设管理Ⅰ标（合同编号：ZXJ/DJ/HBD-001）包括京石段应急供水工程（石家庄至北拒马河段）直管或代建项目施工第三标、第四标的项目建设管理工作；

项目建设管理Ⅱ标（合同编号：ZXJ/DJ/HBD-002）包括京石段应急供水工程（石家庄至北拒马河段）直管或代建项目施工第九标的项目建设管理工作。

（2）工程概况。京石段应急供水工程（石家庄至北拒马河段）直管或代建项目施工第三标位于河北涞水县，自下车亭隧洞进口至西水北南沟排水，全长5.88km，计划施工总工期21个月；京石段应急供水工程（石家庄至北拒马河段）直管或代建项目施工第四标位于河北涞水县，自高子坨公路桥至七二六石公路桥，全长6.745km，计划施工总工期18个月。

京石段应急供水工程（石家庄至北拒马河段）直管或代建项目施工第九标为沙河（北）倒虹吸工程，设计流量$165m^3/s$，加大流量$190m^3/s$。工程由穿河建筑物、退水闸、连接渠及附属建筑物等组成，总长2834m，计划施工总工期25个月。

（3）资格要求符合甲类项目管理单位基本条件。实行资格预审，不接受联合体投标。潜在投标人可就上述一个或两个标段申请参加资格预审。

（四）验收管理

为加强南水北调工程验收管理，明确验收职责，规范验收行为，根据国家有关规定，结合南水北调工程建设的特点，国务院南水北调工程建设委员会办公室2006年和2007年先后印发了《南水北调工程验收管理规定》和《南水北调工程验收工作导则》NSBD10-2007。主要规定有：

（1）南水北调工程验收分为施工合同验收、设计单元工程完工验收、部分工程完工（通水）验收和南水北调东、中线一期主体工程竣工验收以及国家规定的有关专项验收。

（2）验收工作的依据是国家有关法律、法规、规章和技术标准，主管部门有关文件，经批准的工程设计文件及相应的工程设计变更、修改文件，以及施工合同等。

（3）国务院南水北调工程建设委员会办公室（简称“南水北调办”）负责南水北调工程竣工验收前各项验收活动的组织协调和监督管理。省、直辖市南水北调办事机构根据南水北调办的委托，承担相应监督管理工作。

（4）施工合同验收是指项目法人（或项目管理单位）与施工单位依法订立的南水北调工程项目施工合同中约定的各种验收。包括：

①施工合同验收包括分部工程验收、单位工程验收、合同项目完成验收。项目法人（或项目管理单位）可以根据工程建设的需要，适当增加阶段验收以及其他类型的验收并在合同中提出相应要求。

②施工合同验收由项目法人（或项目管理单位）主持，其中分部工程验收可由监理单位主持。项目建设管理委托或代建合同中应明确项目管理单位有关验收职责。

经南水北调办确定的特别重要工程项目的蓄水、通水、机组启动等阶段验收由南水北调办或其委托单位主持。

③施工合同验收工作由项目法人（或项目管理单位）、设计、监理、施工等有关单位代表组成的验收工作组负责，必要时可邀请工程参建单位以外的专家参加。

④施工合同验收的主要成果性文件分别是“分部工程验收签证书”“机组启动验收鉴定书”、“单位工程验收鉴定书”以及“合同项目完成验收鉴定书”。阶段验收的主要成果性文件是“阶段验收鉴定书”。

（5）设计单元工程按照批准的初步设计全部完成且通过所有施工合同验收后，项目法人应及时申请设计单元工程完工（竣工）验收（即《南水北调工程验收管理规定》中的“设计单元工程完工验收”）。

其中，南水北调中线干线工程中委托地方负责建设管理的项目，申请设计单元工程完工（竣工）验收前，南水北调中线干线工程建设管理局应组织进行设计单元工程项目法人验收。相关验收程序、工作内容和成果性文件格式等要求参照合同项目完成验收执行。验收完成后，南水北调中线干线工程建设管理局应将验收报告及时报送南水北调办，同时抄送相关省（直辖市）南水北调办。

（6）完工（竣工）验收可分两阶段进行，即先进行技术性初步验收，再进行完工（竣工）验收。技术复杂的工程应组织技术性初步验收。南水北调办或其委托单位根据需要确定是否组织技术性初步验收。

（7）完工（竣工）验收的依据是南水北调办、国家及行业有关规定，经批准的工程设计文件及相应的工程设计变更文件、施工合同等。

（8）技术性初步验收由完工（竣工）验收主持单位组织成立的初步验收工作组负责，工作组可以根据工程需要分设若干专业组按专业进行工程技术性检查。技术较复杂的项目，可以成立专家组或委托具有资质的单位承担技术性检查工作。

（9）工程移交包括施工单位向项目法人（或项目管理单位）移交以及项目管理单位向项目法人移交。移交的内容包括工程实体和其他固定资产以及应移交的工程建设档案。

通过合同验收的项目原则上应移交项目法人（或项目管理单位）管理并进入工程质量保修期，施工合同另有约定的除外。

实施委托或代建的项目，设计单元工程完工验收通过后，项目管理单位应将工程项目移交项目法人管理。

工程参建单位应完善工程移交手续。工程移交时，交接双方应有完整的文字记录并有双方代表签字。

（10）实行委托或代建管理的项目，工程项目“设计单元工程完工（竣工）验收鉴定书”或“合同项目完成验收鉴定书”是工程全面移交项目法人管理的依据。移交工作应在委托或代建合同约定的时间内完成。

（11）工程质量保修期以工程通过合同项目完成验收或完成工程移交后开始计算，但合同另有约定的除外。对工程不同项目可以根据项目完成情况分别计算保修期，也可以按全部合同项目完成后计算保修期。

（12）工程移交后，由于设计、施工、材料以及设备等质量问题造成的重大质量问题，应由工程项目接收单位负责组织处理，其他工程参建单位按照各自合同确定的责任承担具体处理工作和相应的处理经费。由于使用不当以及管理不善等原因造成的事故，应由工程项目接收单位负责处理，其他工程参建单位应协助处理。

二、太仓港区六期围滩吹填工程

（一）工程概况

苏州港太仓港区六期围滩吹填工程（简称“太仓六期工程”）位于江苏省太仓市璜泾镇，长江口南支上段，新太海汽渡与新泾河口之间。主要开发新泾河口以上长约2835m的长江岸线，本工程由西侧堤、纵向围堤、东侧堤组成，并形成圈围。工程完成后共形成围堤总长3996m，形成岸线总长2835m；圈围中吹填成陆，可为港区形成陆域面积280.97万m^2（约合4214.3亩），总投资约5.68亿元人民币。如图1－23所示。

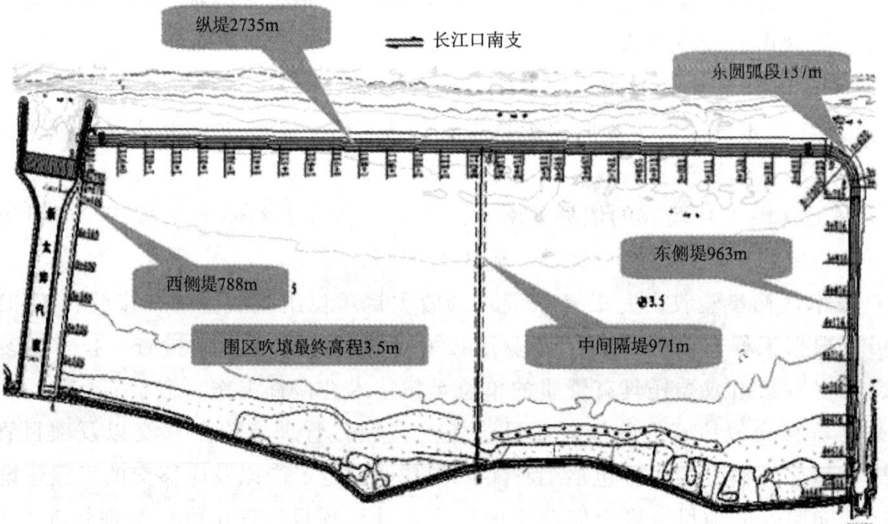

图1－23 工程总体布置示意图

根据《防洪标准》GB50201－94，太仓六期工程等别属Ⅱ等，防洪标准为50年一遇风暴潮。主要建筑物围堤的等级为2级，设计标准为50年一遇高潮位加50年一遇设计风速。龙口为临时建筑物，等级为4级。

主要工程项目包括堤基处理、抛石护脚、软体排、围堤填筑、滩地吹填、护坡工程以及防浪墙和路面等。工程于2005年11月19日开工，2007年1月9日完工。

本工程采用设计采购施工总承包（EPC）模式建设。EPC工程总承包的管理模式在国外较为普及，但国内目前的管理模式的主流依然是项目法人自行管理，即由项目法人成立工程建设单位负责整个项目的实施与管理。EPC工程管理模式的核心是承包商的管理模式，实行的是“交钥匙工程”。

太仓六期工程的项目法人是太仓华电开发建设有限公司（简称太仓华电公司），总承包单位是长江勘测规划设计研究院（简称长江设计院）。太仓华电公司主业是电力工程，而太仓六期工程属跨行业的工程，一是从缺乏水利工程经验，需要找一个经验丰富、实力雄厚的总承单位；二是从降低工程成本和保证工程质量两方面考虑，决定采用工程总承包（EPC）模式建设本工程。

在太仓前五期围滩吹填工程中，长江设计院曾分别参与了其中四期的设计，掌握了大量的第一手资料。长江设计院与太仓华电公司于2003年初签订设计施工总承包框架协议。

2005年11月18日，太仓华电开发建设有限公司与长江设计院正式签定了《苏州港太仓港区六期围滩吹填工程设计施工总承包合同》。本工程施工分两为分Ⅰ、Ⅱ两个标段，由两个施工分包单位承担。

（二）项目法人与总承包单位的职责划分

太仓华电公司的主要职责：

一是在前期项目决策阶段，组织项目建议书、可行性研究的编制及相关的报批立项等；组织初步设计审查，作出投资决策；负责政府关系的协调，办理各种许可证；建设资金筹措及风险管理，选择总承包单位并签订合同，提供施工条件；按规定向总承包商支付工程费用等。

二是建设阶段进行总体控制，监督和控制项目建设过程中的投资、进度、质量与安全，对工程项目管理多采用间接而非直接方式。

三是项目建成后负责人员培训、生产经营、归还贷款等。

总承包单位的工作分为项目策划、设计、采购、施工、验收等五阶段，各阶段主要职责：

一是项目策划阶段，参与建设单位的前期项目审查立项工作；分析承担EPC管理的可行性；做好投标报价等工作，提交履约担保，签订EPC总承包框架协议；现场考察、项目策划、合同谈判与签订。

二是项目设计阶段，配备专业齐全的设计管理部门与人员；进行项目的初步设计和施工详图设计等及其优化设计工作，开展全过程的设计与管理工作；对设计阶段的质量、进度和费用控制；对设计与采购、施工环节的交叉管理；编制设计变更控制程序等。

三是项目采购阶段，制订项目材料控制计划；建立材料控制基准；进行各类询价、议价、招标等活动，选定设备和材料供应分包商；设备材料的数量、质量、进度跟踪与控制；协调设计、采购、施工等部门之间在物资管理与控制方面的关系。

四是项目施工阶段，通过招投标选择施工分包商，审核各个分包商的工作；协调项目实施过程中各分包商之间的关系，保证工程的顺利进行；对工程项目进行全面的质量、进度、安全、环境保护等控制管理，达到规定的预期目标，并对其结果负责；针对总承包商所需承担的设计、施工、经济、自然环境、分包商等风险，制订风险管理及应对计划，并根据实际情况确定实施措施；项目实施过程中自觉接受建设单位（监理工程师）的监督检查；提供建设单位（监理机构）需要的各种统计数据和报表，及时完整地移交有关工程资料档案。

五是项目验收阶段，协助建设单位组织工程的竣工验收等工作，并对验收中发现的问题及时进行改进；修补工程缺陷，对已完工程做好保护工作，直至办理已完工程移交手续；及时办理验收移交手续等。

（三）总承包现场组织机构

总承包单位在现场成立项目部，项目部由项目经理、副经理、总工程师、副总工程师及工程部、质量安全部、技术部、综合部和施工标段项目部组成。其组织机构如图 1－24 所示。

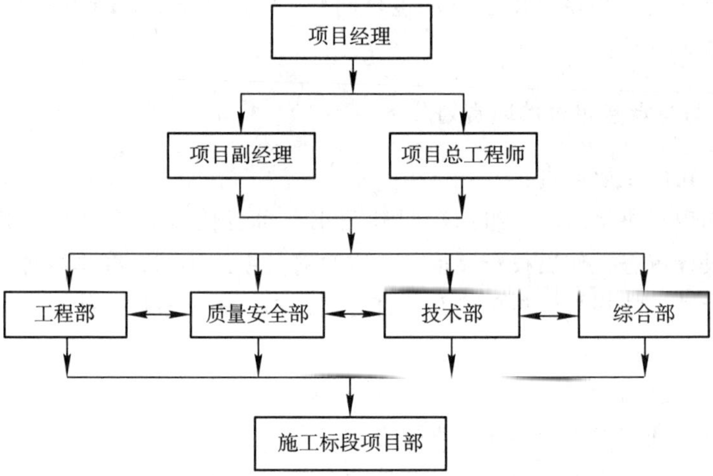

图 1－24 现场项目部组织机构图

项目部主要负责人及各部门职责：

1. 项目经理

代表总承包单位履行设计施工总承包合同，进行项目管理。主要岗位职责包括：

（1）负责项目生产组织协调及资源配置，对项目质量、进度、费用控制全面负责；

（2）确定建设工程总承包项目部的人员分工和岗位职责，负责制订项目部各项规章制度并监督实施；

（3）组织编制工程项目施工组织方案和项目总承包实施计划，负责总承包单位管理项目的日常工作；

（4）审查施工分包单位的资质，并提出审查意见；

（5）负责贯彻总承包单位质量管理体系文件，确保质量管理体系在本项目范围内有效运行；

（6）主持项目部的工作会议，签发项目部的文件和指令；

（7）负责质量目标的制订和考核；

（8）负责总承包单位授权范围内的合同签订。

项目副经理受项目经理委托，对分管的工作负责。

2. 项目总工程师

（1）采取有效措施保证总承包单位质量管理体系在本项目中的持续有效的运行；

（2）负责制订项目工程质量、生产安全、环境保护控制体系及措施，并监督实施；

（3）负责制订施工技术措施，负责处理实施过程中的施工技术问题；

（4）负责组织编制和审查施工组织设计；

（5）负责组织编制项目的工程结算与决算报告，审查施工分包单位提交的计量支付、合同变更、工程决算报告；

（6）负责审定项目的“施工月报”“质量安全月报”；

（7）负责审查施工分包单位提交的施工方案、措施、作业指导书等；

（8）负责审查施工分包单位提交的工程质量、安全事故报告；

（9）负责审查施工分包单位制订的施工质量安全目标、控制措施；

（10）负责审查施工分包单位制订的施工安全、环保、文明施工目标及控制措施；

（11）负责审查施工分包单位提交的技术总结、竣工报告等技术文件；

（12）负责施工过程中工程质量、安全事故处理；

（13）负责竣工验收资料整理、资料的归档工作。

项目副总工程师受项目总工程师委托，对分管的工作负责。

3. 工程部

（1）负责施工组织设计、施工进度计划、竣工报告等，对施工进度进行控制和协调，每周召开施工例会，检查和安排每周的工作计划，协调解决施工中存在的问题，确保每周计划按期完成；

（2）与项目法人、监理单位、施工分包单位、地方政府及相关单位进行沟通，协调施工干扰；

（3）审查施工分包单位报送单项施工方案及施工测量成果；

（4）施工现场管理，监督检查施工分包单位合同执行情况；

（5）合同管理，办理工程项目计量与支付，组织编制工程决算报告；

（6）办理合同变更与索赔；

（7）工程项目信息的收集、整理、统计和发布，组织编制《施工周报》、《施工月报》；

（8）组织编制技术总结、竣工报告、决算报告等技术文件。

4. 质量安全部

（1）对各标段的工程质量和安全生产进行统一管理，负责制订项目部的质量和安全工作目标、计划，并组织贯彻实施；

（2）对施工分包单位的工程质量、安全生产及环境保护进行监督管理，审查各施工分包单位专职质量和安全管理人员的资质，指导施工分包单位进行质量与安全生产管理制度建设，定期将质量和安全生产情况向项目部领导报告；

（3）组织开展质量、安全生产和环境保护宣传教育工作。协助项目部总工程师组织进行质量和安全生产规程、规定的学习，督促施工分包单位对新入场的施工人员的质量安全教育；

（4）定期巡视各施工作业面，对检查出来的质量和安全隐患及时提出书面整改意见，督促施工分包单位整改到位，并做好原始记录；

（5）督促施工分包单位的施工机械（机具）、交通车辆和水上作业船舶的施工安全，以及施工分包单位的防火防爆安全管理工作；

（6）不定期召开施工分包单位质量与安全工作的例会；协调Ⅰ、Ⅱ标施工分包单位的质量与安全工作；

（7）参加各类事故的调查处理工作，并做好质量安全报表；

（8）参与施工过程的质量跟踪检查和工程验收工作。

5. 技术部

（1）负责项目前期各阶段勘察设计工作；

（2）负责进行施工详图阶段设计工作，根据现场施工实际进度及时提供设计文件；

（3）提供施工期技术支持，参加设计交底，负责设计变更或变更设计工作；

（4）参与工程管理、质量管理和计量支付工作；

（5）参与工程各阶段的验收工作；

（6）负责编写技术报告，参加竣工验收报告。

6. 综合部

（1）负责项目部内部行政、人事管理、生活服务及保卫工作，内、外部关系协调和对外接待工作；

（2）负责管理项目财务及内部会计工作，办理纳税；

（3）负责项目工程资金的筹集、调度、结算支付和债务偿还及管理；建立健全各类统计台账，负责项目进度款支付；

（4）负责项目投资的核算和管理，协助项目工程竣工决算的编制，参与项目的经营决策和各类经济合同的洽谈、招投标工作；

（5）负责工程资料、文函管理、归档工作；

（6）负责办理工程及人身保险业务；

（7）负责印章管理，设备、资产购置及管理。

7. 施工标段项目部

施工标段项目部由标段项目经理负责组织本标段的施工，标段项目经理负责人员的调配，组织材料供应及现场施工，建立及落实各项规章制度等事宜。施工标段项目部的主要职责：

（1）负责本标段的项目工程质量、进度、生产安全、环境保护控制体系及措施，并监督实施；

（2）负责本标段施工技术措施制订和落实，处理实施过程中的施工技术问题；

（3）负责组织编制本标段施工组织设计；

（4）负责本标段项目的工程结算与决算报告，审查本标段提交的计量支付、合同变更、工程决算报告；

（5）负责本标段与其他标段及相关单位的协调；

（6）负责编制本标段的施工方案、措施、作业指导书等；

（7）负责本标段施工过程中工程质量、安全事故处理，提交工程质量、安全事故报告；

（8）负责确定本标段的施工质量安全目标，制订控制措施；

（9）负责本标段的施工安全、环保、文明施工目标及控制措施的落实；

（10）负责本标段的技术总结、竣工报告等技术文件编制；

（11）负责本标段竣工验收资料整理、资料的归档工作。

（四）施工质量管理

1. 工程质量目标

本工程质量总体目标为工程施工质量达到《港口工程质量检验评定标准》JTJ221－98规定的优良等级。其具体目标为各类原材料符合设计要求，合格率100%；各类检测资料齐全，砂浆、混凝土试件强度合格率100%；分项工程一次验收合格率100%，优良率达85%以上，无重大质量责任事故。

2. 工程质量管理体系

工程质量管理体系建立的原则是紧紧围绕质量目标，制订切实可行的质量措施，坚持“以人为本”，通过相应的组织保证措施和有效的质量管理体系，实现项目施工整个过程的动态质量控制。工程质量管理体系如图1－25所示。

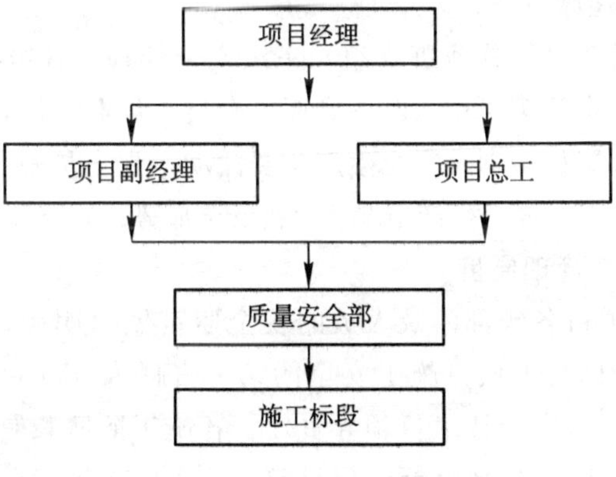

图1－25　工程质量管理体系图

3. 工程质量主要控制措施

（1）向施工分包单位进行质量交底，向施工分包单位落实施工控制工序和质量控制点；

（2）每天对施工现场进行质量巡查，并做好施工日记；

（3）督促各标段质量管理部门制订具体质量控制及保证措施；

（4）定期检查各标段项目部在施工过程中质量保证措施的落实情况，若有违规者，督促其整改，并做好书面检查记录；

（5）对原材料、中间产品进行鉴证取样、检测、验收；

（6）对各道工序进行验收；

（7）现场巡查过程中，发现质量隐患时，及时通知相应标段专职质量员，并督促进行现场处理，并做好现场记录；

（8）发现重大质量隐患，立即通知相应标段质量管理部门，并报告项目部领导；

（9）发现各标段有违章作业和违章指挥时，立即进行制止。

4. 工程质量验收程序

（1）单项工程验收。

（2）自检合格并有完整的施工记录。

（3）填写单项工程质量评定表。

（4）项目经理部验收合格。

（5）填写验收评定结果。

（6）总承包单位验收合格并申请验收。

（7）监理工程师验收。

（8）签署验收意见。

（五）施工安全管理

施工安全管理主要从施工全过程管理入手，认真贯彻安全生产方针、全面贯彻执行安全生产法等有关法规，建立健全各项安全生产管理制度，完善安全生产技术措施，加强对施工区和生活区的管理，创造良好的文明施工和安全生产环境。

1. 建立健全安全管理体系

实行项目经理部、施工队、作业班（组）三级安全管理，各级机构第一管理者亲自抓。安全作业层成立相应的安全管理机构，配齐专职安全员，负责制订安全工作计划，开展多层次、多形式的安全教育和岗位培训及安全生产竞赛活动增强全员安全意识。定期组织安全生产检查、召开安全会议，总结安全生产情况、分析安全形势，研究和解决施工中存在的问题。

2. 落实各项安全生产管理制度

安全生产责任制对项目各级部门及人员的安全职责做出明确规定，做到“安全生产，人人有责”。其中项目经理是本项目施工安全的第一责任人，项目副经理具体分管安全工作，总工程师对项目施工的安全技术负领导责任，各施工队队长是本队安全生产的第一责任人。总承包项目部与标段项目部、标段项目部与施工队、施工队与施工班组层层签订了安全责任书，同时与相关地方政府主管部门签订了安全协议。

在施工安全管理中进一步落实施工现场职工的健康检查与教育制度，安全培训制度、安全检查制度、事故报告制度和劳动保护制度。在安全生产管理中要重视加强安全教育，规范施工作业，落实安全防范措施和制定安全应急预案。

3. 安全应急预案

为保证太仓六期工程施工顺利进行，确保工程安全，成立由项目法人、总承包项目部、两标段项目部组成的联合安全应急领导小组，负责施工过程中遇到的一切安全事务。

落实每天 24h 值班制度，确保在发生问题时能迅速作出反应，减少事故损失。

本工程施工的安全应急调度流程如图 1－26 所示。

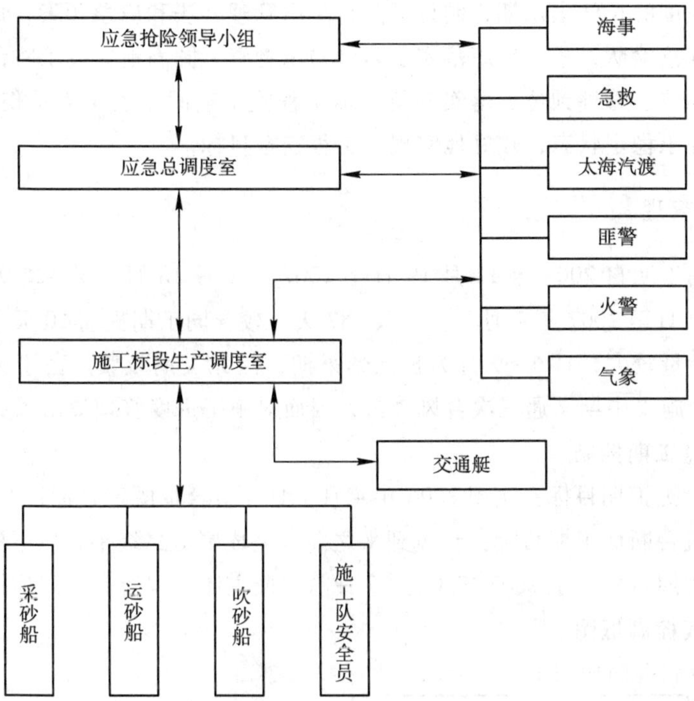

图 1－26　安全应急调度流程图

安全应急预案中包括水上安全应急预案、火灾事故应急预案、施工现场电器事故及施工人员触电的应急预案、发生海事事故时的应急预案等。在本工程中的防台防汛工作尤为重要，因此水上安全应急预案是其中的重要部分。

水上安全应急预案中的主要内容包括：

（1）建立现场安全总调度室，负责安全调度，总调度室设在总承包项目部，各标段成立分调度室；分调度室服从总调度室的调度；

（2）各标段成立应急抢险小组，并随时处于待命状态，各标段分别配备一艘满足救援要求的交通船；

（3）当遇到风力≥6 级时，立即相互通报，各标段调度室通告各自的施工船舶，每条船只必须明确回复，并准备应急措施的实施；

（4）所有投入正常施工的船舶及船上作业人员人数每天早上 8 点以前以报表的形式上报总调度室，备案待查；

（5）各级调度室每天作好安全值班记录，主要内容包括：天气情况、施工船舶的数量、特殊气候情况的处理等；

（6）总调度室、各标段调度室及每条作业船只必须配备高频电话一部，且 24 小时开通；

（7）发生大风（风力≥6 级）时的应急措施：

①采、吹砂船停止作业并作好撤离准备；

②交通船及时到达施工区域实施人员撤离；

③运砂船停止作业并采取就近避风措施。

针对一年一度的长江主汛期，制订了防台防汛管理办法和应急预案，成立了防台防汛工作领导小组和抢险队，积极组织落实了防台防汛物资，圆满地完成了防台防汛任务。

由于措施到位、管理到位、落实到位，本工程施工期间未发生人员伤亡及以上事故，工程区及大堤处于稳定状态，较好地实现了工程安全目标。

（六）施工进度管理

本工程合同工期自2005年11月19日至2007年1月18日，共425天，实际施工自2005年12月19日至2007年1月9日，共387天，较合同工期提前10天完成施工任务。

本工程采砂量较大，且6～9月为长江禁采期，因此工期较紧。由于施工初期审批的船机数量不多，施工中期又遇三次台风袭击，因而对施工进度管理提出了更高要求。

1. 关键节点工期控制

（1）龙口合拢工期目标：实现2006年4月7日龙口合拢既定目标；

（2）防汛抗台断面工期目标：台风到来之前，完成围堤二级平台以下的护坡工程；

（3）完工工期目标：于2007年1月15日前完成主体工程所有合同项目的施工。

2. 施工进度控制框图

施工进度控制框图如图1－27所示。

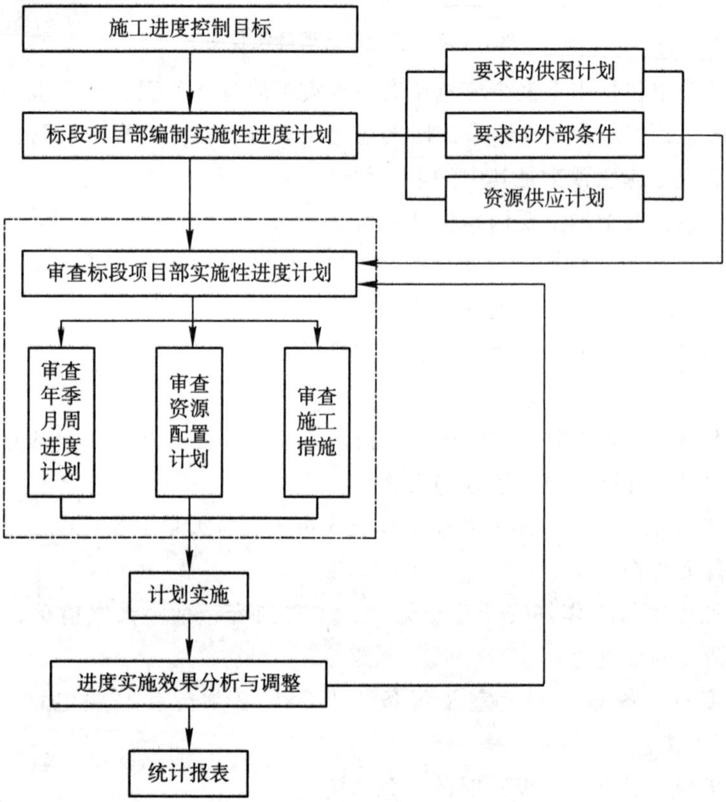

图1－27 施工进度控制框图

3. 施工进度控制程序

（1）确定施工总承包合同工期目标；

（2）标段项目部编制实施性进度计划；

（3）总承包审查批准实施性进度计划；

（4）周计划实施；

（5）周进度实施效果分析与调整；

（6）编制统计报表。

（七）工程成本控制

1. 工程计量与支付管理程序框图

工程计量与支付管理程序框图如图 1－28 所示。

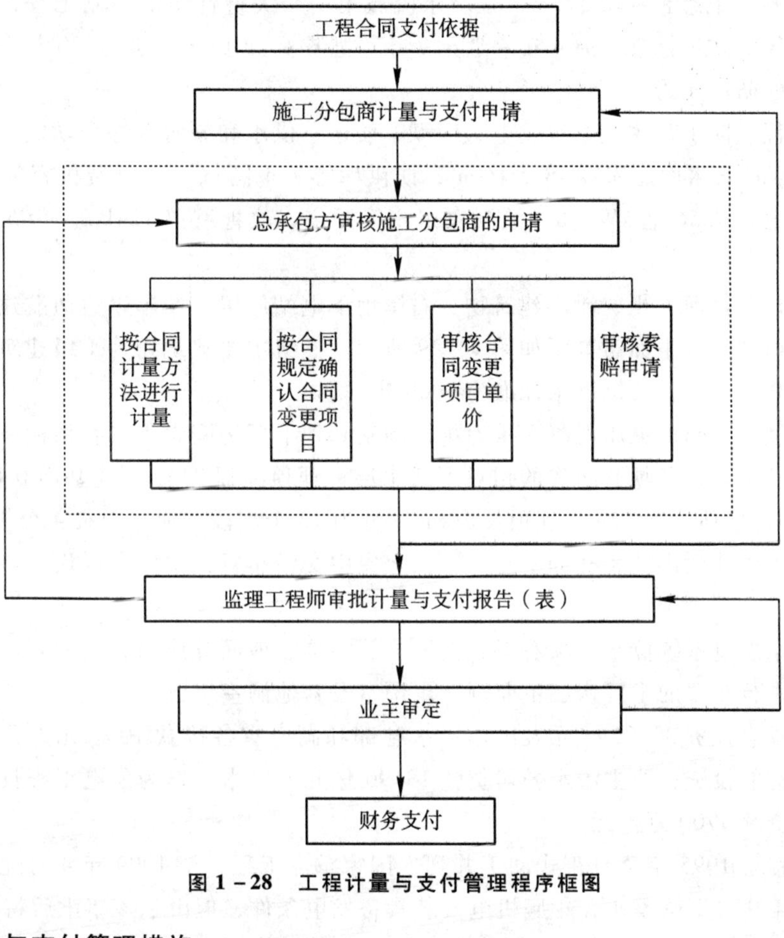

图 1－28　工程计量与支付管理程序框图

2. 计量与支付管理措施

（1）总承包单位项目部制订工程投资结算月进度款计划；

（2）总承包单位项目部制订完整的工程月进度款计量结算办法；

（3）各施工标段项目部提交月进度款支付申请；

（4）总承包项目部审查施工标段项目部的月进度款支付申请并上报监理单位、项目法人；

（5）监理单位、项目法人审批；

（6）总承包单位项目部审定支付给施工标段。

根据施工标段提交的月进度款支付申请表，对照生产日报表工程量统计及总承包质量管理人员验收、认定的合格工程量，核实各标段应申报的工程量与价款。

三、江垭水利枢纽工程

（一）工程概况

江垭水利枢纽工程（简称江垭工程）位于湖南省慈利县江垭镇上游5km的澧水一级支流溇水中游，距慈利县城57km，是澧水流域第一个关键性防洪控制工程，可将沿河两岸及淞澧平原的防洪标准由原4年一遇至7年一遇提高到17年一遇至20年一遇，大大缓解洞庭湖区的防洪压力。

江垭工程以防洪为主，兼有发电、灌溉、航运、供水和旅游等综合功能。工程控制流域面积3711km^2。水库总库容18.5亿m^3，防洪库容7.4亿m^3，电站装机容量300MW，多年平均年发电量7.56亿kW·h。灌溉农田8.7万亩。改善航道124km。为5万人提供生活用水。

江垭工程由拦河大坝、泄洪建筑物、右岸地下电站厂房、左岸岸边通航建筑物及灌溉渠首工程等组成，其平面布置图如图1－29所示。枢纽主要建筑物为1级建筑物，设计洪水标准为500年一遇，校核洪水标准为5000年一遇。

拦河大坝为全断面碾压混凝土重力坝，坝基和地下厂房围岩为二叠系栖霞灰岩，下伏相对隔水的砂页岩，是坝基防渗的相对不透水层。坝顶高程245m，建基面高程114m，最大坝高131m，坝顶宽度12m，坝顶长368m，分为13个坝段。河床中央4个坝段，布置4个表孔和3个中孔泄洪。表孔和中孔在平面上集中交错布置，采用高低坎大差动挑流空中碰撞消能。

主要引水发电系统位于大坝右岸，由地下洞室群、地面升压站、地面副厂房组成。地下洞室群由平行布置的主厂房、主变洞、尾调室及其他洞室组成。

江垭工程总投资33.96亿元人民币，水利部和湖南省各拨款10亿元人民币，作为防洪等社会效益的投资；业主澧水公司贷款13.96亿元人民币，作为发电工程投资，其中利用世界银行贷款9700万美元。

江垭工程于1995年7月正式动工并列入国家重点工程，至1999年4月完成大坝混凝土浇筑，同年9月下闸蓄水，年底机电安装具备发电条件，但由于该年汛后特枯，到2000年5月第一台机组才并网发电，并于同年年底竣工。

（二）项目管理

江垭水库大坝施工实际工期为3年多，比计划提前1年。投资费用基本控制在预算之内。在施工中设计变更大坝加高，增加了防洪和发电效益，显示了碾压混凝土技术的灵活性。

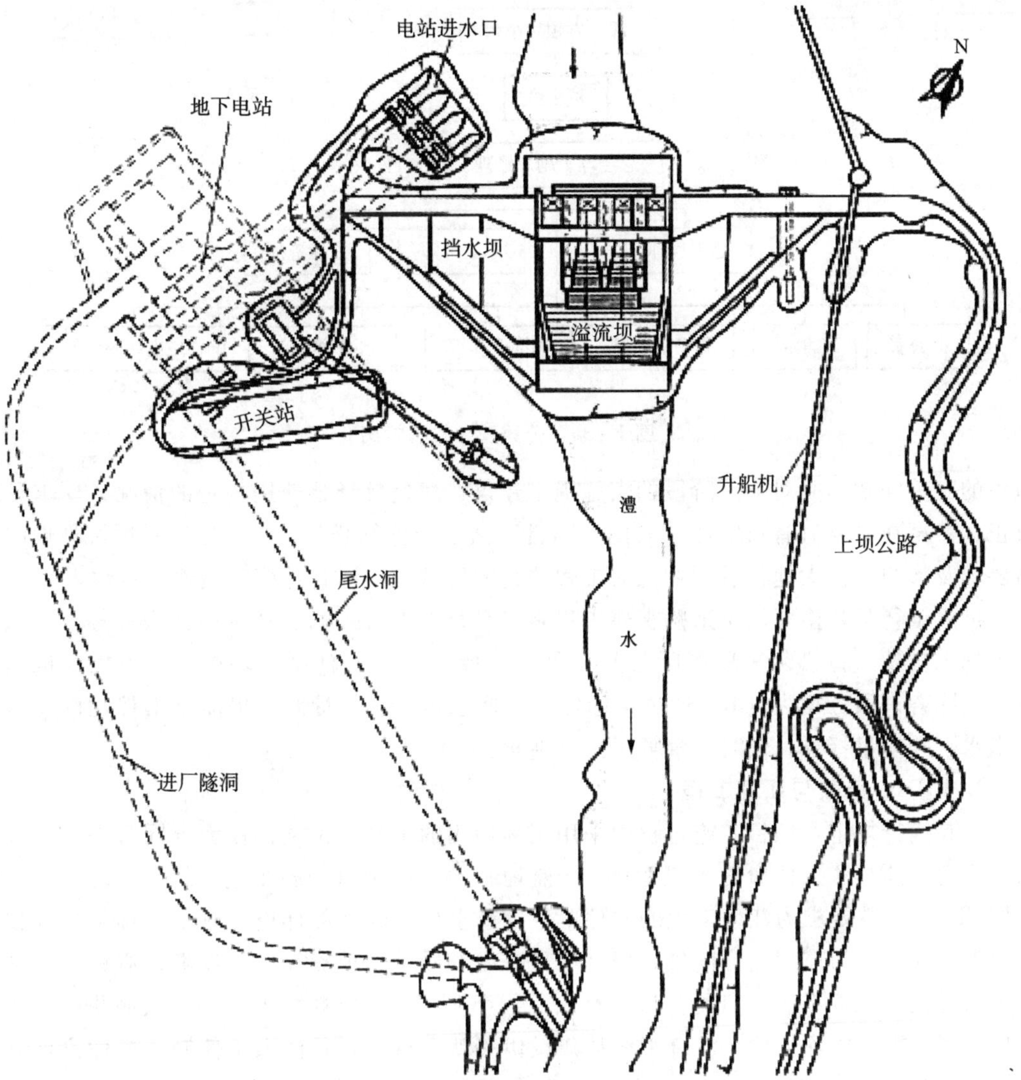

图 1－29　江垭水利枢纽平面图

1. 项目法人组织结构

江垭水利枢纽工程是部、省联合进行流域开发的第一个工程，为保证江垭水利枢纽工程建设的顺利进行以及建成以后的正常运行，实现澧水流域的综合治理和滚动开发，1992 年 10 月水利部和湖南省人民政府签订了联合开发澧水的协议，组建了项目法人“水利部、湖南省澧水流域水利水电综合开发公司”（简称澧水公司）。项目管理推行“项目法人责任制、建设监理制、招标投标制”。项目管理组织机构如图 1－30 所示。

2. 世界银行贷款在项目中的作用

世界银行向江垭工程提供的贷款占原总投资概算的 1/3，是江垭工程较快开工建设关键之一。世界银行贷款在本项目的特点一是利率低、还贷期长，二是手续明确、资金到位及时，三是带动内资到位等优点。世界银行要求项目单位每半年提供一份进度报告，且每半年或一年派出检查团到现场了解工程进度，核查进度报告的准确与完整性，帮助解决项目实

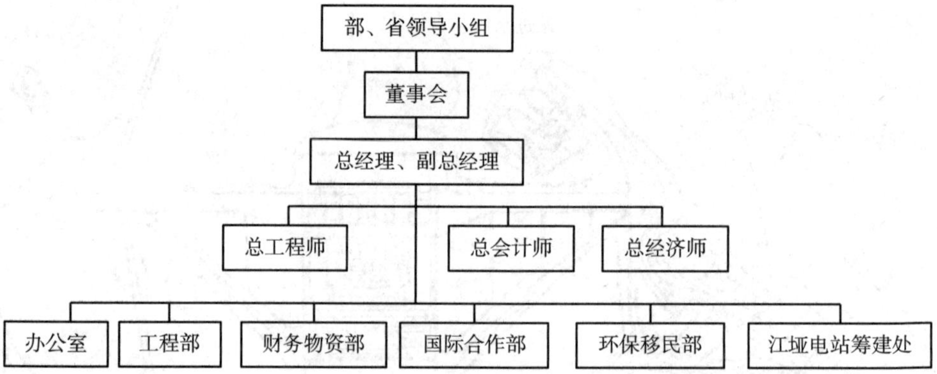

图1-30 公司管理机构框图

施中的有关问题，并对下一阶段的实施提出建议，对违反贷款使用规定的情况，要求迅速改正，甚至在必要时有权定性“有问题项目”或决定冻结贷款。世界银行对项目管理的严格要求及参与，极大地促进了业主对工程项目的管理与国际管理模式接轨的步伐。

世界银行贷款主要用于采购土建工程施工、永久设备采购、技术咨询服务等。其采购导则规定贷款项目必须采取国际公开竞争性招标（ICB）。江垭大坝施工、主机及机电设备、国际咨询服务均为ICB。通过招标择优选择承包商、供货商，提高了工程建设项目的技术水平和质量标准，同时也降低了工程造价。

3. FIDIC条款与江垭工程

世界银行规定在项目实施过程中采用国际通用的FIDIC条款，作为合同管理的基础条款，确定由项目法人任命的“工程师”（监理）对工程项目的施工进行合同管理。项目法人按FIDIC条款要求为江垭工程的监理单位创造了良好的外部环境，赋予监理工程师相应的职责和权力，为监理按合同规定控制项目进度、质量和投资提供了保障，避免了常见的业主和工程师职责不清的问题，初步形成了“小业主、大监理”的格局。按照我国的建设管理体制要求和国际惯例，江垭工程从建设伊始就实行“项目法人责任制、招标投标制和建设监理制”，并且参照FIDIC条款，实行全面的合同管理，通过国际国内竞争性招标，并以合同方式组织工程项目的建设。

江垭工程施工合同中不可预见的因素较多，承包商的索赔不可避免。由于我国业主对处理国际工程中的索赔问题经验不足，对FIDIC条款的熟悉亦不及发达国家，因而在国际工程中的索赔问题上常处于被动。项目法人在处理江垭大坝施工承包商的索赔时，充分发挥国际咨询专家的咨询作用，以弥补业主本身处理国际工程索赔经验的不足，同时将索赔和补偿连在一起考虑，既大大减少了商务工作量，又取得了双方均满意的双赢结果。

（三）目标管理

江垭工程主体项目及施工准备期比较长的项目，均按照《水利工程建设施工招标投标管理规定》和《湖南省建设工程招标投标管理条例》以及世行采购导则要求，实行规范化的招标投标制。通过国际、国内公开、公平竞争，从资质、报价、设备、技术水平、商务等方面择优选择施工承包单位，对保证项目进度和质量、控制工程造价起到了重要的作用。

1. 进度控制

总进度计划的调整。科学合理的进度计划是工期目标的按期实现的前提条件。江垭工程原招标文件中对工期的要求过高，在发布开工令时，实际上已不可能达到，但承包商为了中标而承诺，因而开工后进度严重滞后，陷入不能按合同工期施工的局面。1996 年上半年重新确定指导性进度控制目标，在不改变合同条款的原则下，将控制性工期加以调整。

监理单位要求承包商根据项目总计划，编报年度施工进度计划，按审批后的年度计划编报月进度计划。监理单位在审批月进度计划的同时，对承包商的质量保证体系、人员到位情况、设备运行状态、原材料供应及施工方法等条件一并考虑。

为检查监督计划的实施，采取了以下一些措施：

（1）月例会制。每月 25 日召开有业主、监理、设计单位和承包商参加的例会，在例会上检查承包商的工程实际进度，并与计划进度进行比较，找出进度偏差并分析偏差产生的原因，研究解决问题的措施，以保证工期目标的按期实施。

（2）现场协调令制度。通过现场协调会的形式，业主、监理、设计单位和承包商一起到现场解决施工中存在的各种问题，同时加强了相互间的沟通，大大提高了工作效率，确保了进度计划的有效实施。

（3）推行目标管理。根据工程实际进展情况，将总目标分解成分阶段的小目标，与承包商订立责任目标书作为合同的补充，如果承包商达到了目标则奖励，达不到目标则处罚。承包商针对责任目标编制实施计划，将责任目标进一步分解到月、旬、日，并分解到队、班、组和作业面。这样，工程建设形成了以日保周、以周保月、以月保季的目标管理体系。实行目标管理是江垭工程建设的一大特点，通过签订目标责任书，充分调动了各方的积极性，大大改变了工程施工的被动局面，抢回了原来滞后的 3 个月工期。

（4）及时解决施工中的“瓶颈”。对于施工中的重点、难点项目，要求承包商制订专项措施，集中人力、物力，突击攻关；对施工过程中出现的合同外资金问题，在坚持合同为依据原则的前提下，实事求是地解决承包商的困难，只要对调整后的大坝总进度计划实施有利的，决不在细枝末节上纠缠而拖延工期。

（5）大力推广采用新技术。在工程施工过程中，承包商创造性地开发了碾压混凝土斜层平推铺筑法，在确保施工质量的同时，大大提高了施工效率，降低了生产成本；在大坝上下游面模板、岸坡、止水片、电梯井和廊道周边等部位采用我国首创的变态混凝土代替常态混凝土，减少了施工工序，提高了施工效率；采用高速深槽皮带和负压溜槽联合输送系统解决了高陡边坡混凝土垂直输送问题，既提高了混凝土的输送效率，又大大节省开支。新技术的应用，为总进度计划的实施奠定了基础。

2. 投资控制

江垭工程建设管理在与国际惯例接轨过程中，以合同为纽带，实行动态投资控制，对江垭工程总投资控制不超概算起到了决定性作用。

（1）施工期投资动态控制模型方法。投资、进度、质量三控制是工程建设管理的核心，而这三者是对立统一、密不可分的。因此在建立江垭工程施工期投资控制模型（见图 1－31）时，统筹兼顾，充分考虑进度、质量因素，合理确定投资、进度、质量三大目标的标准，对项目进行投资分解和工期分解，确保项目建设整体目标的实现。

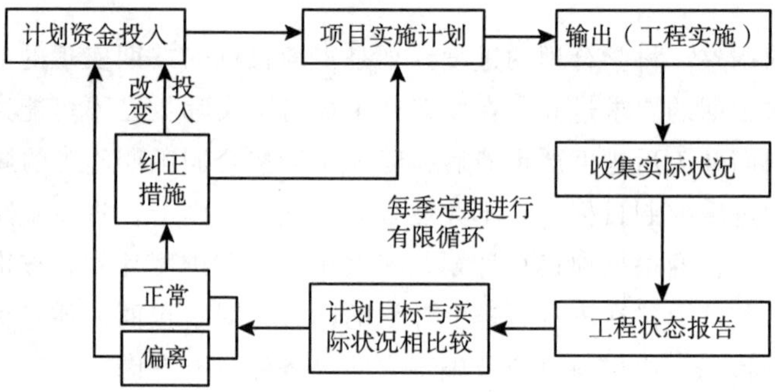

图1－31 江垭工程施工期动态投资控制模型

施工期投资控制的全过程是由单个周期性循环过程组成的。根据江垭工程的实际情况，该周期一般为3个月。每个循环控制过程可以简要归纳为编制资金使用计划，按计划保证投资顺利实施，搜集整理指标资料、分析比较偏差情况，制定行之有效的纠偏措施四个阶段。

（2）工程投资控制的具体措施。为较好地保证江垭工程施工阶段的投资控制，特别是加强对计量计价、工程款支付、工程变更、新增工程费、索赔等方面的控制工作，要求严格控制每个影响工程投资的关键环节，力求节约工程投资。

①计量、计价控制。由于江垭工程项目在施工过程中受地质条件变化、设计变更、外部环境等多方面的影响，合同工程量与实际工程量有较大的出入，加之主体工程建设工期长达5年，不利因素多，因此计量控制是进行投资控制工作的重点之一。实施过程中以合同工程量为基础，对承包商完成工程量报表进行实时计量。对于索赔计量则依据有关合同条款进行，计价则以合同为依据，根据现场实际情况，由监理工程师主持，项目法人、承包商参加，经过多次反复协商，最后依据合同双方都能接受的单价进行结算。计量程序采取承包商上报、监理工程师认证、项目法人审核的方式，做到公平、合理。

②工程款的支付控制。项目法人对监理工程师签发的工程款支付给予有限授权，并采取工程款支付的逐级审核方式。严格按照合同规定，支付工程预付款、扣还款及每月中期付款，对符合合同条件规定的款项给予及时支付，做到既如实支付又确保工程顺利实施。

③工程变更费用控制。由于水利水电工程的复杂性和设计精度等因素，工程变更是不可避免的，成为影响投资目标实现的重要因素之一。为此，根据项目的规模、特点等，首先正确分析和区分引起工程变更的原因，对因承包商引起的则由承包商自己负责；由其他原因发生的或不可抗力等原因造成工程费用变化的则由项目法人承担，并相应顺延工期。工程变更的单价，则采用合同工程量清单中已有单价；若没有适用于该变更工程的单价，则使用工程量清单中类似项目的单价加以调整或依据有关规定重新定价。

3. 质量控制

澧水公司按照“项目法人负责，监理单位控制，施工单位保证，政府部门监督”的总体要求，加强承包商、监理单位、质量监督机构的三级质量保证体系，努力强化建设各方的质量安全意识，实行质量一票否决制。项目法人严把工程质量关，坚决支持监理单位认真抓好施工各工序和项目的验收，未经质量监督机构等级核定或核定不合格的工程，不进行后续施工或投入使用。对不符合质量要求的工程坚决返工。监理单位质量控制手段齐备，质控设施和专业人员配备合理，较好地实行了隐蔽工程和大坝RCC、大坝帷幕灌浆等重点部位施工的旁站监理制度。各承包商加强质量组织建设，实行工程质量领导责任制，健全了以“三检制”为主的质量管理制度。

四、龙滩水电工程

（一）工程概况

龙滩水电工程是红水河梯级开发龙头骨干控制性工程，是西电东送的战略项目之一，位于红水河上游的广西天峨县境内，距天峨县城15km。是目前国内在建的仅次于长江三峡、溪洛渡水电站的特大型水电工程。工程主要由大坝、地下引水发电系统和通航建筑物三大部分组成，以发电为主，并有防洪、航运效益。

工程建设创造四项“世界之最”：最高的碾压混凝土大坝（最大坝高216.5m，坝顶长849.44m，坝体混凝土方量580.28万m^3）；规模最大的地下厂房（长388.5m，宽28.5m，高76.4m）；提升高度最高的升船机（全长1800多m，最大提升高度179m，分两级提升，高度分别为88.5m和90.5m）；最大的空冷水轮发电机组（单机容量70万kW，共9台）。

主体工程于2001年7月1日开工，2003年11月6日完成大江截流，2006年9月30日下闸蓄水，2007年5月第一台机组发电，计划2009年12月全部建成投产发电。

项目法人（建设单位）为龙滩水电开发有限公司（简称龙滩公司），由中国大唐集团公司（占65%）、广西投资（集团）有限公司（占30%）、贵州省基本建设投资公司（占5%）共同合资组建。

（二）工程项目管理

1. 工程建设管理组织模式

工程管理实行项目法人责任制，发挥核心主导作用。组建公司作为项目法人，负责工程的投资、融资、工程建设、生产运行、工程管理和对贷款还本付息等。公司设立总经理工作部、工程建设部、计划合同部、工程技术部、机电物资部、财务管理部、党群工作部、环保移民部、人力资源部等九个部门。公司明确各部门的职责范围、管理权限，落实责任制。公司的管理重心和管理力量向工程一线转移和倾斜，各职能部门加大了现场的管理和控制力度。工程建设部是公司的前方管理部门，负责对工程的质量、进度、投资、安全进行控制，负责协调公司与地方、监理、施工单位等关系，保证龙滩水电工程按里程碑目标和工程建设部主体进度完成工程建设。公司其他职能部门主要负责合同管理、机电物资采购、融资、工程重大技术保障和人员劳动保障等工作。

在重视自身优势发挥的同时，充分借用和发挥社会专业力量，将部分专业工程委托社会化的专业部门或机构对其的实施进行管理，如电站1、2号发变组和GIS设备的日常维护工作和排水系统、高低压气系统、厂房消防系统、厂房通风系统等公用辅助设备的操作、巡视和维护工作，形成了项目法人与社会专业机构以经济关系建立起来的具有特色的大型项目的工程管理模式。

公司利用市场机制为水电站建设管理提供服务，如水电站项目中部分设备的采购、货物的仓储、设备和大宗材料的运输、有关的辅助服务等均通过市场运作、社会化服务来实现，社会化管理大大减少了公司管理工作量，提高项目管理工作的效益，降低管理成本。

2. 工程招标采购

（1）工程项目招标投标。龙滩水电站工程招投标的主要特点是：①依法组建评标机构。招投标委员会由公司有关领导、责任人、专业人员组成，并邀请检察院有关人员参加。依据有关法规制订招标管理办法和相关制度等。②建立和完善评标专家制度。按照有关规定，每次招标从水电系统专家库选择，相关联的专家实行回避制度，确保评标的公正性。③形成严密、科学的招标操作程序和评标办法，实行无标底招标和综合评标方法。④邀请检察机关对招投标实行全过程监督。

对投资200万元以上的建筑安装项目，一般采用公开招标方式；对投资在200万元以下的建筑安装项目，一般采用邀请招标的方式，邀请对象为目前正在龙滩工地施工的六家大型施工承包人投标。对部分监理等服务项目和零星机电设备项目，采用询价后的邀请招标方式，邀请投标人不少于三家。

（2）无标底招标办法和综合评标办法。无标底招标办法是公司在严格保密的情况下，确定3～5个参考标底方案，开标前，在检察院的监督下，由公司领导集体讨论确定复合标底。综合评标办法是综合评价投标人的报价、分项报价和合理性、施工技术方案的合理性和先进性、项目管理的能力以及风险评价等因素。评标时不设立标底，采用最低评标价法。即由评标委员会对所有标书进行测算，测算投标施工方案所对应项目与投标报价的偏差费用总额，将投标价加上偏差费用总额构成评标价；投标单位中最低标价的获得标价评分项目的最高分，其他高于最低评标价的，按照一定比例扣分。

采用无标底招标和综合评标办法的优点有：一是减少了人为因素的干扰，保证了评标结果的客观性和公正性，二是有利于项目法人在合同管理中针对招投标方案中存在的各种偏差，采取有效措施，更好地控制工程造价，保证施工质量和进度。

3. 合同管理

项目管理以合同为核心，建立完善合同管理体系，合同管理从产生、执行、终止全过程始终处于有序和受控状态。合同管理从制度上规范合同管理，制定系统合同管理的有关工作制度和规定，对合同管理的组织、合同管理的程序以及合同的起草、谈判、审查、签订、履行、检查、清理等每一个工作环节均明确规定。选择符合水电站建设特点的工程承发包模式和合同结构，通过合理的合同结构实现和保证水电站项目管理组织的目标结构和运作。水电站的前期主要工程项目上均实行闭口总价合同，强化合同准备，采取有效技术和经济措施，为实施闭口总价合同的提供前提条件。坚持以施工图进行工程招标，最大限度地避免和减少工程实施过程中的不确定因素和随意性；提供较完备详细技术资料和现场环境条件，使承包单位在公平的环境下进行投标竞争，使其承担最小的风险。确定合理工程合同的界面与工程范围，事前做好风险分析，采取有效的防范风险措施，引导承包单位重视施工方案的优化，充分考虑和保证承包单位的利益。

合同管理的特点：

（1）严格合同的预管理。所谓合同的预管理，就是合同签订前，合同项目的计划立项、招标文件的编制及审查等。招标文件的编制和审查的原则是技术要求合理，商务要求严谨、公平，整体规划可靠。

（2）严格合同的签订程序。所有合同在签订前组织对合同进行研究，公司内部各业务职能部门会审，尤其研究合同的边界条件，合理规避风险，然后甲乙双方要进行平等协商，在相关问题达成一致意见的基础上签订合同，以减少合同执行难度。

（3）严格按合同办事。合同双方是平等的合同主体，一切事务的处理都以合同为准绳。建设单位在管理中树立合同观念，严格按合同办事，建立起甲乙双方互相依赖的关系，施工单位严格按合同约定加强质量、进度、安全、造价、文明施工等管理，监理工程师和设计代表，以及其他服务单位，都在合同规范的范围内履行职责。对于设计变更和自然因素造成的费用增加，依据合同条款规定，本着公平公正的原则进行处理。

（4）完善合同清算工作。合同履行结束，逐一对合同进行清算，一方面各建设相关单位提供符合国家档案管理要求的合同竣工所需的全部资料，另一方面及时对合同费用进行最终决算。

（三）工程管理特点

1. 通过优化设计、加大科技投入、招投标管理进行有效的投资控制

坚持以设计为重点，反复进行设计方案的比较和优化，减少了投资。如左右岸导流洞型经过优化设计，不仅节约了投资，也方便了施工。

坚持以现代科学技术应用为先导，在工程的设计、施工方案、设备选型等工作中，投入科研经费，进行课题研究和科技攻关，开展了大量科学研究、试验和实验，将取得的科研成果应用到工程实践中，既解决了工程难题，又为节约投资提供了条件。

围绕工程招投标工作，建立公平、公正、公开良好的竞争环境，以最合理的合同价，择优选择施工单位，为工程提供工程保障和优化的施工技术方案。

2. 坚持建设监理制，采取“小业主、大监理”的管理模式

工程管理采取了“小业主、大监理”的管理模式，通过招标投标方式择优具有甲级水电监理资质的监理单位。根据建设单位委托和监理服务的范围与内容对工程质量进度、投资、安全等方面进行严格控制，按照“公正、独立、自主”的原则开展工程建设监理工作。监理单位根据有关监理管理办法，制定监理规划、监理细则、监理职责。现场监理人员对项目进行全方位、全过程、全天候的监理。维护了委托人和被监理方的合法权益。

同时在所有的工程监理合同中规定：工程监理单位必须同时与施工单位各自独立平行地进行全部工程的质量检测，包括必须使用独立平行的检测仪器和工具；独立平行地实施质量检测；获取独立平行的检测数据和资料；提交独立平行的检测报告等。所有项目都由分别来自监理单位和施工单位的各自独立的两套质量检测与评估报告，可以切实掌握工程质量的真实情况，确保得到一流的施工质量。

3. 依靠科技成果和科学管理手段缩短建设工期

为了保证工程按期完工，首先分析论证进度目标实现的可能性以及存在的主要影响因素，针对关键问题，研究制定解决的方案，提前开展一系列技术实验和系统研究等；其次在工程的实施过程中，做好项目前期的各项准备工作，尤其是设计工作应为项目顺利创造条件；最后以进度里程碑作为控制的关键，保证其关键进度目标；建立工程协调制度，定期或不定期地协调各参建单位之间的进度关系；实施工程进度的动态控制，及时调整进度计划。科学的进度规划和有效的进度控制，确保了龙滩水电站发电目标的按期实现。

4. 加强文档资料的制度化、规范化管理

制订了有关工程文档资料、工程竣工资料等的管理制度和规定，对所有项目档案实行规范化管理。档案管理的成果作为工程合同尾留款的支付的条件之一；在工程合同中均约定，预留合同价款3% ~5%的工程尾留价款，作为工程保证金和工程竣工资料、项目档案的保证金。合同规定，工程参建单位必须严格按照要求搜集、整理、归档工程各环节的文件资料；工程竣工资料、项目档案经项目法人验收并签发归档交接单之后，才能获得最终尾留款的支付。

第四节　建设监理

一、建设监理的依据及同参建各方的关系

工程建设监理制是同项目法人责任制、招标投标制、合同制一起实施的建设管理制度。工程建设监理是监理单位受项目法人委托，以合同管理为中心，有效控制工程建设项目质量、投资、进度、安全生产和环境保护等为目标，采用信息管理、协调参加建设各方的关系等方法的技术管理行为。是监理单位受项目法人的委托，部分的承担了原来由项目法人负责的事务，属于建设管理的范畴。

建设监理制自1988年推广以来，经历20多年的不断发展完善，在工程建设中起到了很大的作用，保证了工程进度、合理确定和有效控制了工程投资、提高了工程质量，使工程建设基本避免了投资无底洞，质量无保证，工期马拉松的现象出现。建设监理制在工程建设中取得了很大的成绩，建设监理在工程建设中做出了应有的贡献。

（一）建设监理的依据

建设监理制的实行既有法律、法规的依据也有合同的依据。

1998年3月1日施行的《中华人民共和国建筑法》第30条明确规定："国家推行建筑工程监理制度。"第32条规定："建筑工程监理应当依照法律、行政法规及有关的技术标准、设计文件和建筑工程承包合同，对承包单位在施工质量、建设工期和建设资金使用等方面，代表建设单位实施监督。工程监理人员认为工程施工不符合工程设计要求、施工技术标准和合同约定的，有权要求建筑施工企业改正。工程监理人员发现工程

设计不符合建筑工程质量标准或者合同约定的质量要求的，应当报告建设单位要求设计单位改正。”

2000 年 1 月 30 日施行的《建设工程质量管理条例》第 12 条规定：“施行监理的建设工程，建设单位应当委托具有相应资质等级的工程监理单位进行监理，也可以委托具有工程监理相应资质等级并与监理工程的施工承包单位没有隶属关系或者其他利害关系的该工程的设计单位进行监理。下列建设工程必须实行监理：

（1）国家重点建设工程；

（2）大中型公用事业工程；

（3）成片开发建设的住宅小区工程；

（4）利用外国政府或者国际组织贷款，援助资金的工程；

（5）国家规定必须实行监理的其他工程。”

第 36 条规定：“工程监理单位应当依照法律、法规以及有关技术标准、设计文件和建设工程承包合同，代表建设单位对施工质量实施监理，并对施工质量承担监理责任。”第 37 条规定：“未经监理工程师签字，建筑材料、建筑物配件、设备不得在工程上使用或安装，施工单位不得进行下道工序的施工，未经总监理工程师签字，建设单位不得拨付工程款，不得进行竣工验收。”

《中华人民共和国安全生产法》《建设项目安全生产管理条例》以及水利部发布的《水利工程建设安全生产管理规定》，对监理单位提出了安全管理要求。《建设项目安全生产管理条例》第 14 条规定：“工程监理单位应当审查施工组织设计中的安全技术措施或者专项施工方案是否符合工程建设强制性标准。工程监理单位在实施监理过程中，发现存在安全事故隐患的，应当要求施工单位整改；情况严重的，应当要求施工单位暂时停止施工，并及时报告建设单位。施工单位拒不整改或者不停止施工的，工程监理单位应当及时向有关主管部门报告。工程监理单位和监理工程师应当按照法律、法规和工程建设强制性标准实施监理，并对建设工程安全生产承担监理责任。”

2010 年 2 月 1 日施行的《水利水电工程标准施工招标文件》（2009 年版），在合同通用条款中从材料和工程设备、施工安全、治安保卫、环境保护、进度、工程质量、变更和计量与支付及验收等方面规定了监理的权力和施工单位的工作程序。

由此可以看出，监理的权力和责任来自于法律、法规的要求和合同的授予，也是监理单位履行监理合同的根本要求，建造师应从思想上重视监理工作，配合好监理的工作，使工程建设顺利的进行。

（二）监理单位同参建各方的关系

水利工程建设中涉及的单位比较多，一般有建设单位、设计单位、施工单位、质量安全监督部门、水行政主管单位等单位，正确的认识和理解这些单位，有助于协调好各单位的关系。

1. 监理单位和建设单位的关系

依据《中华人民共和国建筑法》和《建设工程质量管理条例》的规定，受建设单位的委托监理单位代表建设单位实施监督。监理单位应当属于建设管理的一部分，只不过建设单位通过合同将一部分权力和责任委托给监理单位，因此监理单位同建设单位为委托和被委托的合同关系，而不是领导和被领导的关系，但是建设单位有权力要求监理单位履行合同，检查监理单位的工作。根据合同的授权，工程建设的进度、质量、造价、安全的控制与管理的权力和责任，建设单位通过合同授予了监理单位，监理单位应该在合同的授权范围内公正、独立、自主的开展工作。监理单位的公正性是由监理单位在工程建设中的地位决定的，因为监理单位不是工程建设施工合同当事人，同施工合同没有利害关系。监理单位独立、自主的开展工作是监理合同的要求，因为监理单位要承担监理合同责任，如果不能独立、自主的开展工作，责任难以承担，但是不能由此将监理单位看成独立的第三方，因为监理单位毕竟受建设单位的委托，为建设单位服务。

承包人应该明确建设单位和监理单位的关系，明确监理单位是工程质量、进度、造价、安全的管理者和责任者，需要报告的各种事宜应及时向监理单位报告，监理单位再根据事情的轻重缓急向建设单位报告，试图越过监理单位直接同建设单位联系沟通，只会造成不必要的矛盾，不利于承包人工作的开展。

2. 监理单位同设计单位的关系

监理单位同设计单位是通过建设单位联系的工作关系。《水利工程建设监理规定》（水利部令第28号）第14条规定："监理单位应按照监理合同，组织设计单位等进行现场设计交底，核查并签发施工图。未经总监理工程师签字的施工图不得用于施工。监理单位不得修改工程设计文件。"依据《中华人民共和国建筑法》第32条的规定："工程监理人员发现工程设计不符合建筑工程质量标准或合同约定的质量要求的，应当报告建设单位要求设计单位改正。"

承包人采用的一切工程设计图纸都应当是经过该工程的总监理工程师签字的文件，没有总监理工程师签字的设计文件不应用于施工。发现设计图纸中存在问题或者有好的建议应通过监理单位，由监理单位报告建设单位处置。

3. 监理单位同施工单位的关系

监理单位和施工单位是平等的主体关系，他们之间不存在合同关系，但是存在着监理和被监理的关系。监理单位受建设单位的委托，监督施工单位履行同建设单位的合同。接受监理是施工单位履行同建设单位签订的合同义务。建设监理是对人的行为的管理，监理单位主要检查资源的配置是否满足合同对进度的要求，原材料、施工工艺与施工方案等是否符合有关法规和规范对质量和安全的要求。审核工程结算资料。如果施工单位的资源配置可以满足进度的要求，原材料、施工工艺和施工方案等都能满足安全和质量的要求，监理单位不应对施工单位的施工安排、施工方法进行干预。即使监理单位有好的方法，也应以建议的方式提出。即使施工单位的方案存在问题监理单位也只能通过方案的审查提出修正意见，监理单位不能也不应把自己的方案强加于施工单位。

施工单位应虚心的听取监理单位的意见。其实从施工单位的角度来讲，监理单位的存在增加了质量、进度、安全的控制环节，保障了工程的进度、质量和安全。是建设单位为施工单位请来个参谋，有助于工程建设正常、顺利的进行。

二、施工准备阶段的工作

（一）监理工作的开始

从整个工程来讲监理合同签署后，监理工作就开始了。监理单位就应开始熟悉工程资料，制订监理规划和监理细则等工作。但是对施工单位来讲，监理工作开始于第一次工地会议。依据《水利工程建设项目施工监理规范》SL288—2014，第一次工地会议，应在合同项目开工令下达前举行，会议内容包括工程开工准备检查情况；介绍各方负责人及其授权代理人和授权内容；沟通相关信息；进行监理工作交底。

通常情况下，第一次工地会议，先由建设单位介绍工程的准备情况，介绍监理单位及总监理工程师、施工单位和项目经理。总监理工程师介绍监理人员和分工，介绍监理的工作程序和方法。施工单位介绍人员和分工，施工准备情况。此次会议以后，施工单位工作中需要同建设单位联系的事务就同监理单位联系，监理工作正式开始。

（二）施工单位人员的检查

开工前，施工单位应采用监理单位认可的统一表格向监理单位报组织机构和主要人员组成，监理单位主要核查项目部的组成人员是否同投标文件一致。若不一致，应事先经过建设单位的书面同意，否则给以后工程带来麻烦，因为项目部的人员组成是各级主管部门检查的重点。

（三）施工单位设备的检查

开工前，监理单位要对施工单位进场的施工设备的数量和规格、性能进行检查。施工单位应采用监理单位认可的统一表格，报监理单位核查。

（四）原材料及相关试验

工程正式施工前，监理单位需要对原材料检验及相关试验的情况进行检查。原材料包括用于回填土的料场土质及击实试验，用于混凝土的砂、石子、水泥、外加剂的检验，混凝土配合比试验，施工单位应当将相关资料报送监理单位审查。

（五）混凝土拌和系统

混凝土拌和系统安装调试结束后，施工单位应请计量检定机构对拌和系统的计量设备进行计量检定，施工单位应将检定结果报监理单位审核。

（六）工艺试验

工艺试验包括填土的碾压试验、地基处理的施工参数试验以及合同和规范要求的其他工艺试验等，施工单位应将试验结果报送监理单位审查。工艺试验容易被忽视，工艺参数的设置、试验的方法有时不能满足工艺试验的目的要求，达不到工艺试验的目的。

（七）施工组织设计

尽管工程投标文件已经包括施工组织设计，但是那时的施工组织设计是根据招标文件提供的有限资料和一般施工经验，为了获得工程为目的而编制的。工程开工前的施工组织设计应当是在认真的研究工程的基本条件和特点的基础上，针对本工程的更加详细的施工方案和总体构思，更有针对性的指导本工程的实施。施工组织设计完成后，履行签字手续后报监理单位审查。

（八）工程项目划分

监理单位组织施工单位根据施工图纸和《水利水电工程施工质量检验与评定规程》SL176—2007进行项目划分，征得发包人同意后，报工程质量监督机构认定。

经过工程质量监督机构认定的项目划分，单元工程可以适当的变动，分部工程和单位工程的调整应经过工程质量监督机构的同意。

施工单位报送的上述文件或者监理单位要求的开工必须的其他文件获得监理单位的批准后，就可以申请工程开工，开工报告获得监理机构批准后工程即可以开工。

另须注意，施工单位报送的上述有关文件，是否需注册建造师签署应符合有关规定。

三、工程质量控制

影响工程质量的因素很多，在此不全面介绍监理单位的工程质量控制方法，仅着重介绍工程建设中容易产生矛盾的几个方面，分析矛盾的原因及正确做法。

（一）原材料的检验

原材料经过检验合格后才可以用于工程，这是监理单位工作的基本原则也是保证工程质量的基本要求。尽管目前水泥产品质量相对稳定，但是这条原则仍然是监理单位的最基本的要求。这条各方都认可的基本原则，在工程实施过程中有时会遇到很大的困难，这是由于，如果工地采用的是散装水泥，那最少需要2~3个水泥散装罐。要保证工程的正常施工，水泥罐中始终有已经检验合格可用的水泥是基本的条件，而水泥的检验从进场到知道初步结果一般需要5~7天，如果没有足够的水泥罐，就不可能合理的周转，就没有时间对水泥进行检验。如果工程采用的是袋装水泥，那就需要有足够周转的水泥库房和水泥的合理的堆放位置，否则检验合格的水泥会被新来的水泥遮挡，无法使用。当出现因为周转问题或者工程进度紧张时期而使用检验结果未出来的水泥想法时，监理单位是不会同意的，为此，施工单位在工程的准备工作中就应当考虑材料的检验周转问题，配置足够的水泥罐或足够的水泥仓库，以满足工程原材料周转的最低要求。

（二）工序的检验

上道工序未经检验合格，不得进行下道工序，这也是监理的基本工作原则，但是施工单位往往用各种理由想突破监理的底线。除非遇到影响安全的情况，这道底线监理人员是不能容忍突破的。如果施工单位突破了这道底线，监理单位会采取返工、不予计量的措施，导致监理和施工单位的矛盾。为了避免这些不必要的矛盾，施工单位应当早做安排，提前通知监理单位，及时进行验收。如果通知监理单位，监理人员没有及时的进行验收，监理单位仍然有权进行再次检验。

（三）设备的检验

性能好、效率高、操作方便、安全可靠、经济合理且数量足够的施工设备，是满足合同规定的工期和质量的基本的要求。用于工程的设备的型号、参数都应当同工地的条件相适应。不但设备进场时监理人员要对设备进行检查，在使用过程中由于设备的老化，变形、磨损等原因，会影响设备的正常使用，从而影响工程质量，因此过程中监理人员会对设备的性能和状况进行定期和不定期的核查，尤其对计量设备。例如混凝土拌和站中的原材料计量设备，应经常检验计量设备的准确性，以避免由于计量不准带来的工程质量问题或者浪费。关于这一点容易被忽视。

四、工程投资控制

工程投资控制没有工程质量和进度那样受到人们的关注度高。但是其直接涉及施工单位的利益和建设单位的投资，而且还要面临审计、检查等，因此做好投资控制工作是监理的重要工作内容。由于水利工程为单价合同，因此合理准确的计量是投资控制的基础。必须的变更和变更单价的合理确定以及不可避免的索赔费用的合理确定是工程投资控制的重要内容。

（一）工程计量

工程计量的方法在《水利水电工程标准施工招标文件》（2009 年版）的技术标准和要求中有规定。2007 年 7 月 1 日施行的《水利工程工程量清单计价规范》GB50501 - 2007 中规定了每个项目的工作内容和计量规则。两个规定有矛盾时，以前者优先。建筑物工程的计量以设计图纸为计量依据。土方工程的开挖和回填需在开挖前测量天然地面，然后根据设计图纸的开挖和回填断面计算工程量。工程计量需要注意的是：在工程实施过程中就应完善计量资料，履行签字手续。监理单位应该遵循没有计量资料不予结算的原则。施工单位在过程中应积极完善计量资料，为尽快结算创造条件。

（二）工程变更

工程变更可能由施工单位提出也可能由建设单位提出，无论哪方提出都应履行完善手续。施工单位在收到监理单位发出的变更指示后，应向监理单位提交变更报价书。除专用合同另有约定外，依据中华人民共和国《标准施工招标文件》（2007 年版，水利水电工程标准施工招标文件全文引用）变更的价款调整原则如下：

（1）已标价工程量清单中有适用于变更工作的子目的，采用该子目的单价。

（2）已标价工程量清单中无适用于变更工作的子目时，但有类似子目的，可在合理的范围内参照类似子目的单价，由监理人与合同当事人协商确定或审慎确定。

(3) 已标价工程量清单中无适用或类似子目的单价，可按照成本加利润的原则，由监理人与合同当事人协商确定或审慎的确定。

工程变更是检查和竣工审计的重点，在变更的过程中应当收集完善资料，履行好签字手续。完整准确的变更资料是顺利通过审计的条件，这一点施工过程中容易被忽视。

（三）索赔

索赔是指在工程的建筑、安装阶段，建设工程合同的一方当事人因对方不履行合同义务或应由对方承担的风险事件发生而遭受的损失，向对方提出的索赔或者补偿的要求。索赔既可以由承包人向发包人提出也可由发包人向承包人提出。依据索赔的目的，索赔分为费用索赔和工期索赔。

承包人提出索赔的程序和期限，依据《水利水电工程标准施工招标文件》（2009 年版）23.1 条的规定：承包人在知道或应该知道索赔事件发生后 28 天内，提出索赔意向通知书并说明索赔事由，超过期限即丧失索赔权力。提出索赔意向通知书后 28 天内，向监理人正式递交索赔通知书并提供证据。若索赔事件持续影响，应按照合理的时间间隔继续递交索赔通知书。在索赔事件结束后的 28 天内，承包人向监理人递交最终索赔通知书。监理人收到承包人的索赔通知书后，42 天内将索赔结果通知承包人。承包人接受结果的则索赔结束。承包人不接受结果的，可以友好协商解决或者提请争议评审组评审。合同当事人友好协商解决不成、不愿提请争议评审或者不接受争议评审组意见的，可采用专用合同条款中约定的方式解决。

（四）计日工

计日工是指对零星工作采取的一种计价方式，按照合同中的计日工子目及其单价计价支付。工程实施过程中，发包人认为有必要时，由监理人通知承包人以计日工方式实施变更的零星工作。计日工的费用在暂列金中支付。承包人每天提交报表和有关凭证报送监理人审批，内容包括：工作名称、内容、数量、人员和数量、机械的型号和数量等内容。

工程实施过程中，发生计日工时，监理人应据实审核，承包人应完善资料，及时申报。

五、工程进度控制

对于水利工程来讲，度汛任务比较重要，进度受到人们的高度关注，但是进度控制中存在一些问题，一方面进度计划制定的不科学、不合理，也就难以完成；另一方面进度计划成了摆设，没有很好的指导工程的实施。

（一）进度计划

承包人应编制进度计划报监理人，经监理人批准的施工进度计划称合同进度计划，是控制合同工程进度的依据。承包人还应根据合同进度计划编制更为详细的分阶段或分项进度计划。工程实施过程中，除总进度计划外，还有年、季、月施工进度计划，在每周的监理例会上还有周进度计划。

（二）进度的保障措施

进度计划制订的目的是为了指导施工，根据施工的进度计划配置资源。为了实现进度计划，施工单位应从工序安排的逻辑关系、人力、材料、施工设备等资源的配置和施工强度的合理性以及工程的合同工期目标来编制进度计划，这也是监理单位审核进度计划的重点。要保证进度计划的落实，首先计划的制订要合理，配置的资源能保证计划的实现，否则进度计划只能成为摆设，不能起到指导工程的作用。

（三）进度偏差的调整

工程进度是动态的，由于各种原因，工程的实际进度同进度计划可能有偏离，这时应同总进度计划对比，应弄清偏离的状况，分析原因，确定适当的调整措施。保证工程的总进度计划的实现是调整的根本目标和要求。

六、安全生产与环境保护

（一）安全生产

《中华人民共和国安全生产法》作为建设领域安全的基本法律，规定了安全生产的原则、制度、要求和责任。《水利工程建设安全生产管理规定》规定了项目法人、监理单位和施工单位的安全责任。安全工作越来越受到人们的重视。建设单位授权监理单位按照合同的安全工作内容监督检查承包人安全工作的实施，组织施工单位和有关单位进行安全检查。监理单位应督促施工单位建立健全施工安全保障体系和安全管理规章制度，对职工进行安全教育和培训；监理单位应对施工组织设计中的施工安全措施进行审核，必要时要求施工单位编制专项安全方案。对施工安全措施进行监督检查。施工单位应加强安全管理，增加安全投入，保障安全生产。

（二）环境保护

环境保护受到人们的高度关注，但是具体到工程施工，同工程的质量、进度、安全相比，却是个软任务。监理单位应要求施工单位按照合同的约定，编制施工环境管理和保护方案，并对落实情况进行检查。施工单位应履行合同义务保护环境，对施工中的废水、废气、废渣进行妥善的处理，尽力减少粉尘污染。

七、信息管理

工程开始前，监理单位应对工程的文档资料搜集分类等提出统一的要求，研究制订统一的格式样本。工程施工的资料应真实的记录工程的过程和状况。工程资料是各级检查的重点。监理单位应在工程实施过程中检查落实，发现问题及时解决，达到资料同工程同步，资料同工程同时完成，这是工程建设中需要加强的环节。这里主要介绍几个需重点关注的问题。

（一）文件的发送和回复

工程实施过程中应做好文件的签字和签收工作，需要回复的应及时回复。例如，施工单位收到监理工程师通知时，若通知中指出某种存在的问题，施工单位应及时回复，说明对监理工程师通知指出的问题采取的措施和措施的效果。

（二）资料的搜集与整理

工程实施前应按照《水利工程建设项目档案管理规定》和工程的实际制定细则，明确资料的收集范围和内容。工程实施过程中应及时的收集、整理和归档这些资料。监理单位应定期或不定期的检查资料的收集情况，施工单位也应经常进行检查，保证资料的完整性。

（三）资料的质量要求

施工资料的真实、准确、完整是对资料的基本要求。资料要同工程进度一致，资料的填写应反映工程实际。但是在实际工作中存在种种问题。例如，日志记录太笼统，不能从记录中提供有用的信息。又如单元评定资料没有针对性，有点像通用表格，换个工程名称其他工地也可以使用，资料给人们的有用信息较少。为此监理单位应在工程实施前召开资料专题会议，明确对资料填写的统一要求。承包人也应认真对待资料，专人负责，事前认真研究。

八、工程验收

依据《水利工程建设项目验收管理规定》（水利部令 30 号）和《水利水电建设工程验收规程》SL223—2008 的规定，工程验收分为法人验收和政府验收。法人验收分为：分部工程、单位工程、单项合同工程等验收；政府验收包括阶段验收和竣工验收。竣工验收是工程建设的尾声，参建各方的精神有可能松懈、人员也会因为事情减少而调整，因此这里着重说明竣工验收前应注重的工作。

（一）工程的检查

验收前工程已经基本完成，监理单位应当组织有关单位对工程进行一次全面的检查，检查工程外观有无破损、有无污渍；沉降缝的变形情况；对电气、机械进行运行试验，对自动化设备再进行一次运行检验等工作。施工单位也应对每个环节责任到人，进行检查。发现问题及时进行处理。

（二）资料的检查

历次验收，资料和工程外观都是检查的重点。监理单位应组织有关单位对拟验收工程的资料进行检查整理，需要分析的资料应分析，提出初步结果。

（三）验收申请

当工程具备验收条件时，施工单位即可以向监理单位报送验收申请，监理单位收到施工单位的验收申请后，应审查申请报告的各项内容，不具备验收条件的应在合同规定的期限内通知施工单位。具备验收条件的应在合同规定的期限内提请发包人进行工程验收。这是正常的应该执行的程序，否则工作时常被动。

九、工程建设中易被忽视的工作

在工程建设中下列工作常常被忽略，却是非常重要的工作，也是工程验收专家关注的焦点，在此进一步说明，以使各方面更加重视。

（一）观测资料

水利工程的观测资料包括沉降、水平位移、测压管水位等资料。

沉降资料是衡量建筑物是否稳定的重要依据，尤其对置于软基处理地基上的建筑物，沉降资料是判别软基处理效果、地基是否完成固结沉降的重要依据。但如此重要的工作常常被人们忽视。例如某穿堤箱涵工程，在验收前进行了沉降测量。提交验收会的沉降资料显示某一沉降缝两侧的高程相差2cm，使验收组疑虑较多，后经现场检查，为测量错误。另一工程为一座水闸，由于沉降基准点选择不当，造成沉降资料自相矛盾，后虽采取了补救措施，使沉降资料可以解释工程实际，但某一时段的沉降曲线不完整。为避免这种现象的发生，使沉降资料准确、真实的反映工程的沉降情况，应于工程正式开工前详细研究工程的平面布置，设置合理的沉降观测基点，配置满足规范要求的测量仪器。在测量过程中，专人、定时进行测量，测量后应对资料及时进行整理分析，发现异常应分析原因及时复测。如此可以使沉降资料准确完整。

对于承受水平力的水利工程，应进行水平位移观测。有防渗要求的需进行测压管水位的观测。对于目前正在实施的水库加固工程，采用防渗墙加固的水库，测压管水位观测资料是对加固效果的最好检验。可惜这样重要的观测资料往往没有进行或不完整。

（二）工程资料的搜集与整理

工程实施前应按照《水利工程建设项目档案管理规定》和工程的实际制订资料管理细则，明确资料的搜集范围和内容。工程实施过程中应及时的搜集、整理和归档这些资料。真正做到资料同工程同步，最后验收时只是对资料的整理和完善而不是增补。资料存在的主要问题是：没有针对性、签字不完善、填写不规范、资料不完整。参建各方都应高度重视资料工作，认真搜集、整理、完善资料。

十、工程质量保修期的工作

缺陷责任期（工程质量保修期）从工程通过合同工程完工验收后开始算起。在合同工程完工验收前，已经发包人提前验收的单位工程或分部工程，若未投入使用，其工程质量保修期也从工程通过合同工程完工验收后开始计算；若已经投入使用，其工程质量保修期从单位工程或分部工程投入使用验收后开始计算。对工程质量保修期出现的缺陷，此时工程可能已经移交给了管理单位，承包人应及时的进行处理，并应积极满足管理单位的合理要求。

第五节 工程设计

工程设计是指根据建设工程的要求，对建设工程所需的技术、经济、资源、环境等条件进行综合分析、论证，编制建设工程设计文件的活动。国务院建设行政主管部门对全国的建设工程勘察、设计活动实施统一监督管理。国务院交通、水利等有关部门按照国务院规定的职责分工，负责对全国的有关专业建设工程勘察、设计活动的监督管理。县级以上地方人民政府建设行政主管部门对本行政区域内的建设工程勘察、设计活动实施监督管理。县级以上地方人民政府交通、水利等有关部门在各自的职责范围内，负责对本行政区域内的有关专业建设工程勘察、设计活动的监督管理。

一、工程设计的依据

工程设计单位编制建设工程勘察、设计文件，应当以下列规定为依据：

（1）规划审批文件；

（2）勘察、设计任务书；

（3）国家相关法律、法规要求；

（4）工程建设强制性标准及其他有关规范、规程及规定；

（5）国家规定的建设工程勘察、设计深度要求。

此外水利等专业建设工程，还应当以水利等专业规划的要求为依据。

二、设计单位同参建各方的关系

（一）设计单位与建设单位的关系

设计单位是依法与建设单位签订工程（勘察）设计合同，在项目实施前为建设项目进行设计的单位，具体设计的内容深度要根据双方所签合同内容确定。设计单位同建设单位为合同关系，而不是领导和被领导的关系。

（二）设计单位与监理单位的关系

监理单位同设计单位是通过建设单位联系的工作关系。《水利工程建设监理规定》（水利部令第28号）第14条规定：“监理单位应按照监理合同，组织设计单位等进行现场设计交底，核查并签发施工图。未经总监理工程师签字的施工图不得用于施工。监理单位不得修改工程设计文件。”依据《中华人民共和国建筑法》第32条的规定：“工程监理人员发现工程设计不符合建筑工程质量标准或合同约定的质量要求的，应当报告建设单位要求设计单位改正。”

（三）设计单位与施工单位的关系

设计单位与施工单位是平等的主体关系，它们之间不存在合同关系，都是为工程建设服务的单位，都与建设单位有合同关系。工程施工人员发现工程设计不合理或有好的修改建议，应当报告建设单位（监理单位），建议设计单位修改。

三、设计单位的质量责任和义务

（1）从事建设工程勘察、设计的单位应当依法取得相应等级的资质证书，并在其资质等级许可的范围内承揽建设工程勘察、设计业务。禁止建设工程勘察、设计单位超越其资质等级许可的范围或者以其他建设工程勘察、设计单位的名义承揽建设工程勘察、设计业务。禁止建设工程勘察、设计单位允许其他单位或者个人以本单位的名义承揽建设工程勘察、设计业务。勘察、设计单位不得转包或者违法分包所承揽的工程勘察、设计业务。

（2）工程勘察、设计单位必须依法进行建设工程勘察、设计，严格执行工程建设强制性标准，并对建设工程勘察、设计的质量负责。已实行注册执业制度的行业，有关注册执业人员应当在设计文件上签字并加盖执业证章，对设计文件负责。

（3）设计单位必须根据勘察成果进行工程设计。设计文件应当根据设计阶段的不同，符合国家规定的阶段设计深度要求。

（4）设计单位在设计文件中选用的建筑材料、建筑构配件和设备，应当注明规格、型号、性能等技术指标，其质量要求必须符合国家规定的标准。除有特殊要求的建筑材料、专用设备、工艺生产线等外，设计单位不得指定生产厂家、供应商。

四、设计为工程建设服务

（一）设计文件提供

建设工程勘察、设计单位应当按照与建设单位签订的勘察、设计合同，及时提供各阶段设计文件，保证工程建设进度需要。

（二）设计技术交底

建设工程勘察、设计单位应当在建设工程施工前，向施工单位和监理单位说明建设工程勘察、设计意图，解释建设工程勘察、设计文件，提出在施工各阶段应注意的关键问题和可能出现的技术难点。由于施工图是由设计单位完成的，设计单位对施工图会有更深刻的理解，由其对监理单位及施工单位作出说明是非常必要的，有助于监理单位和施工单位理解施工图，保证工程质量。

（三）施工配合及质量事故分析

建设工程施工过程中，勘察、设计应参加业主或工程监理单位主持召开的与设计有关的技术会议，参与重大施工技术方案的讨论，了解施工对设计的要求，配合施工单位解决施工过程中的技术问题。

勘察、设计单位应当参与建设工程质量事故分析，并对因勘察、设计造成的质量事故，提出相应的技术处理方案。

（四）设计文件修改

建设单位、施工单位、监理单位不得修改建设工程勘察、设计文件；确需修改建设工程勘察、设计文件的，应当由原建设工程勘察、设计单位修改。经原建设工程勘察、设计单位书面同意，建设单位也可以委托其他具有相应资质的建设工程勘察、设计单位修改。修改单位对修改的勘察、设计文件承担相应责任。施工单位、监理单位发现建设工程勘察、设计文件不符合工程建设强制性标准、合同约定质量要求的，应当报告建设单位，建设单位有权要求建设工程勘察、设计单位对建设工程勘察、设计文件进行补充、修改。建设工程勘察、设计文件内容需要作重大修改的，建设单位应当报原审批机关批准后，方可修改。

（五）工程验收

设计单位应按照有关规定，编写、整理设计单位的验收资料，参加工程建设过程中相关验收工作。

五、设计代表

（一）设计代表的派出

设计代表是设计单位派驻现场的设计人员，代表设计单位处理工程施工中出现的有关设计方面的问题。在工程施工阶段，设计单位应派专业设计人员作现场服务，较大的工程应有常驻现场设计代表，一般成立现场设代处（组），并刻制设代处（组）印章。设计代表人员确定后，应由设计单位正式通知建设单位。

（二）设计代表的职责

设计代表的服务内容主要有：

（1）在建设单位（或监理单位）的主持下进行设计交底；

（2）解答和处理建设单位、监理单位和施工单位提出的各种设计方面的问题；

（3）及时掌握施工现场的条件变化，对建设单位的合理要求（包括施工单位通过监理提出的合理建议）或设计条件发生变化需进行设计更改时，对设计进行优化和更改；设计更改前，设计代表应和图纸原设计人员进行充分的沟通，重要的设计更改，设计代表应向项目分管总工和分管领导汇报。

（4）深入施工现场及时解决施工中出现的设计问题；

（5）参加业主或工程监理单位主持召开的与设计有关的技术会议，了解施工对设计的要求，协助施工单位解决施工过程中的技术问题；

（6）参加重要隐蔽工程、分部工程等的验收，并代表设计单位在有关验收成果上签字；

（7）搜集工程施工质量和工程施工技术信息，及时向设计院（公司）报告现场工程施工过程中出现的各类问题，做好设代工作记录、工作日志和设代月报。

设计代表发现施工单位不按设计规定进行施工的行为，应及时指出并要求改正，如指出无效又涉及安全、质量等原则性、技术性问题，应将问题事实及处理过程用“备忘录”的形式书面通知建设单位。

第二章　水利水电专业典型工程

第一节　枢纽工程

一、淮河临淮岗洪水控制工程

（一）工程概况

临淮岗洪水控制工程位于淮河干流中游王家坝与正阳关之间，安徽省霍邱、颍上、阜南三县境内，是控制淮河干流中游洪水的战略性骨干工程，它与上游的山谷水库、中游的行蓄洪区、淮北大堤以及茨淮新河、怀洪新河共同构成淮河中游综合防洪体系，其保护对象是淮干正阳关以下淮北平原和沿淮重要工矿城市。工程的主要任务是当淮河上中游发生50年一遇以上洪水时，配合现有上游水库、中游行蓄洪区和河道堤防，调蓄洪水，削减洪峰，使淮河中游防洪标准由不足50年一遇提高到100年一遇。临淮岗洪水控制工程坝址以上流域面积42160km^2，遇百年一遇洪水，可减少1290km^{2}的淹没面积，一次性防洪减灾效益306亿元（1998年价格），是工程投资的10多倍，为京沪铁路、京九铁路、多条高速公路、煤矿、电厂、城市、600多万亩耕地及1000多万人口提供安全保障。在中小洪水及平常情况下开闸泄水，保证上下游正常的防洪安全、用水需要。

临淮岗洪水控制工程为Ⅰ等大（1）型工程，正常运用洪水标准为100年一遇，相应的坝上设计洪水位28.41m，滞洪库容85.6亿m^3，下泄流量7362m^3/s；校核洪水标准为1000年一遇，坝上校核洪水位29.49m，滞洪库容121.3亿m^3，下泄流量17965m^3/s。

临淮岗洪水控制工程包括主体工程、占地拆迁及移民安置工程、河南省淹没影响处理工程和安徽省淹没影响处理工程。其中主体工程建设内容包括加固并延伸主坝8.55km、南北副坝土坝共68.97km，加固改建副坝穿坝建筑物52座，加固改建49孔浅孔闸，新建12孔深孔闸、14孔姜唐湖进洪闸、500吨级临淮岗船闸，加固原船闸下闸首（100t级城西湖船闸），新建封闭堤，扩挖上下游引河14.38km等。

临淮岗洪水控制工程是至今淮河上最大的水利枢纽工程，国家“十五”计划重点项目和治淮十九项骨干工程之一，工程拆迁人口25635人，工程永久占地1.92万亩，临时占地1.74万亩，初步设计批复概算总投资22.67亿元。

（二）工程布置

临淮岗洪水控制工程从右岸至左岸布置南副坝、临淮岗船闸、城西湖船闸下闸首、深孔闸、上下游引河、49 孔浅孔闸、主坝、姜唐湖进洪闸以及北副坝等建筑物。主要水工建筑物布置如下：

1. 主坝

主坝位于霍邱县和颍上县境内，全长 8.55km，净长 7.02km，其中加固部分净长 3.90km，新建部分净长 3.12km，自城西湖船闸向北至颍上县陈巷孜接北副坝，主坝上由南向北依次布置有城西湖船闸下闸首、12 孔深孔闸、49 孔浅孔闸、姜唐湖进洪闸五座建筑物。主坝坝型为碾压式均质土坝，坝顶高程 31.60m，最大坝高 21.0m，坡比 1：2.5 ~ 1：3.0，上、下游在 27.60m 高程各设 2.0m 宽马道；坝顶宽度 10.0m，上设 1.2m 高混凝土防浪墙及 7.6m 宽混凝土路面；上、下游坡面采用 150mm、220mm 及 240mm 的开孔垂直联锁式混凝土预制块护面，见图 2－1。

图 2－1 主坝护坡

2. 副坝

副坝分为南、北副坝，采用碾压式均质土坝坝型。南副坝位于霍邱县境内，自城西湖船闸向南至大莫店，全长 8.41km。北副坝自陈巷孜起沿半岗保庄圩堤及古城保庄圩、润赵段保庄圩的沿岗堤，经润河集穿陶坝孜闸，沿南润段北堤至南照集、黄岗转向北，经狗刺园至杨庄转向西至张集闸，全长 60.56km。南、北副坝坝顶高程 32.11m ~ 32.85m，坝顶宽度 6.0m ~ 8.0m，坝顶设混凝土防汛道路，最大坝高分别为 11.0m 及 12.0m。

南、北副坝沿线共重建、新建、加固建筑物 52 座。

3. 49 孔浅孔闸

加固后的浅孔闸，闸底板顶高程由原 20.1m 抬高为 20.5m；闸墩厚度由 1.6m 增加为 1.8m，相应闸孔孔径由 10.0m 变为 9.8m，开敞式闸室结构、底板分缝，闸室总宽 566.6m，设双扉平面钢闸门及 $QP_Z \times 160kN-12.5m$（两台）启闭机。拆建公路桥总宽由原来的 8.0m 加宽为 9.0m，桥面高程 31.60m。新建工作桥宽 6.0m，顶高程 37.40m，工作桥上布置轻型钢结构启闭机房，房顶高程 40.90m。新建检修桥宽 1.2m，顶高程 31.60m。新建桥头堡位于闸两侧岸墙外，均为三层。见图 2－2。

图 2-2 49 孔浅孔闸

4. 姜唐湖进洪闸

姜唐湖进洪闸布置在主坝姜唐湖段中部。闸上游为何家圩，下游为姜唐湖蓄（行）洪区，设计进洪流量 2400m^3/s。闸室采用钢筋混凝土开敞式结构，整体式平底板，两孔一联，底板厚 2.0m，顶高程 19.70m，共 14 孔，每孔净宽 12.0m，中墩厚 1.5m，缝边墩厚 1.3m，顺水流向长 24.0m，垂直水流向宽 196.82m。上游铺盖及护底总长 40.0m，下游消能防冲段总长 112.0m。闸室顶部布置有人行便桥、启闭机房、公路桥等，闸室两侧布置桥头堡。工作闸门采用弧形钢闸门，尺寸 12.0m×7.92m，弧门半径 10.0m，配 QHJ-2×225kK-12m 弧门卷扬式启闭机。见图 2-3。

图 2-3 姜唐湖进洪闸

5. 深孔闸

新建深孔闸位于临淮岗浅孔闸与现有深孔闸之间，与浅孔闸相距约 746m，共 12 孔，单孔净宽 8.0m，开敞式闸室结构，三孔一联，中间设 3.4m 宽的分流岛，闸室顺水流方向长 18.0m，总宽 115.8m，底板顶高程 14.90m，中层设隔梁，梁顶高程 25.10m，顶部现浇公路桥、检修桥，公路桥桥面高程31.60m，闸室为钢筋混凝土结构，筏式底板，实体墩，上设钢筋混凝土排架、工作桥及启闭机房等，闸室两侧设桥头堡。上游铺盖及护底总长55.0m，下游消能防冲段总长75.0m。深孔闸每孔设一扇平面钢闸门，配QPQ－2×200kN卷扬式启闭机。见图2－4。

图2－4　深孔闸

6. 上、下游引河

引河开挖全长14.39m，上引河长3.71km，下引河长10.68km，上引河河底高程14.90m，下引河河底高程14.90m～14.10m，河底比降为0.7/10000，主槽河底宽160m，边坡1：4，扩挖后的引河能满足7000m^3/s的设计泄洪要求。

7. 临淮岗船闸

按临淮岗枢纽工程总体布置，将原有深孔闸拆除，在此位置新建临淮岗船闸，通航标准为500吨级，闸室净宽12.0m，闸室长130.0m，为V形坞式结构，底板顶高程14.80m，边墙顶高程28.50m，下闸首为整体箱式结构，人字钢闸门，短输水廊道。下游侧设公路桥，桥面宽度10.0m，上、下闸首两侧设桥头堡。

8. 城西湖船闸

城西湖船闸1958年作为临淮岗船闸（500t级）开工修建，1962年临淮岗工程停建后，1967年将其改建为城西湖船闸，其上闸首位于临淮岗主坝上，加固后通航标准为100吨级，闸室净宽8.0m，闸室长度108.65m，底板顶高程15.40m，边墙顶高程27.00m。上闸首中部布置上、下双扉钢闸门，两侧布置桥头堡。

（三）工程施工

临淮岗洪水控制工程主要工程量为：土方开挖1361万立方米，土方填筑1536万立方米，砌石83.4万立方米，混凝土及钢筋混凝土24.6万立方米，金属结构安装3810.4t。

临淮岗洪水控制工程规模较大，施工场区连绵70km，故施工总布置的原则以分散为主，集中为辅，充分利用当地金融、邮政、商业、供电、机修等条件为工程生产生活服务，并尽量减少占用耕地。各施工工厂设施就近布置在各个施工点附近。

工程施工导流方式为分期分段导流，一期导流除49孔闸的围堰导流标准取非汛期洪峰流量3210m^3/s外，其余均为全年10年一遇洪水，相应洪峰流量7510m^3/s。一期导流时段自第一年汛后至第三年汛前，共有5段围堰：加固船闸段、10孔深孔闸段、新建深孔闸段、49孔浅孔闸段、姜唐湖进洪闸段。二期导流利用已建好的深孔闸和浅孔闸泄洪。导流标准为10年一遇洪水，洪峰流量$2820m^3/s$。

工程原计划于2004年11月上旬截流，其5年一遇旬平均流量为$323m^3/s$。2003年11月23日淮河提前一年实施截流，截流施工时淮河水位居高不下，实际流量大于设计流量的21%，经测算，截流时最大流速超过每秒6m，截流后水位落差高达3.7m。针对上述情况，参建单位研究制定了“单戗堤、单向进占、定位沉船、双向合龙”的截流方案，确保了截流戗堤的稳定、安全，成功实现了淮河截流。见图2－5。

图2－5 工程施工截流

临淮岗工程于2001年12月2日开工建设。2007年6月20日，工程通过竣工验收。见图2－6。临淮岗工程经历了2003年和2007年两次淮河大洪水的考验，发挥了十分显著的防洪效益。工程荣获2007年度国家优质工程奖——“鲁班奖”。

图2－6 工程鸟瞰图

二、嫩江尼尔基水库工程

（一）工程概况

尼尔基水利枢纽是嫩江干流上第一座控制性水利工程，枢纽位于嫩江干流的中游，左岸为内蒙古自治区莫力达瓦达斡尔族自治旗尼尔基镇，右岸为黑龙江省讷河市二克浅乡。

坝址以上流域面积 66382km^2，年径流量 104.7 亿 m^3。水库正常蓄水位为 216.00m，设计及校核洪水位分别为 218.15m 和 219.90m，水库总库容 86.1 亿 m^3。

尼尔基水利枢纽地处寒温滞季风气候区，冬季寒冷干燥，长达半年，夏季炎热多雨，多年平均气温 1.5℃，极端最低最气温 -40.4℃，极端最高气温 39.5℃。坝址两岸山体低缓，河谷宽阔，呈不对称的 U 形谷，谷底宽约 1770m，嫩江主流靠右岸。在河床中部为埋藏谷，上覆以砂砾石为主的冲积层，厚度 20m～40m，埋藏谷两侧分布有掩埋基座阶地，上覆砂砾石层，主河谷基岩以花岗闪长岩为主。左岸为 2 级侵蚀堆积阶地，以黄土状土壤土、黏土为主，基岩以花岗片麻岩、花岗闪长岩和花岗岩为主。右岸为低矮的环形白土山台地，上覆冲洪积层，主要为黏土、粉质黏土，基岩由变质杂岩和花岗岩组成。枢纽区地震基本烈度为 6 度，大坝按 7 度设防。

尼尔基水利枢纽工程于 2001 年 6 月开始导流明渠施工，同年 11 月 8 日河床截流，第一台机组 2005 年 5 月发电，2006 年竣工。

（二）工程布置

尼尔基水利枢纽由拦河主坝、左右岸副坝、右岸岸坡开敞式溢洪道、右岸河床式电站及两岸灌溉输水洞（管）组成。

1. 拦河主坝

拦河主坝为沥青混凝土心墙壁砂砾石坝，最大坝高 41.5m，坝顶高程 221m，坝顶宽 8m，坝顶长 1658.31m。坝的上下游面均采用二级坡，在高程 205m 设一戗道，上游坝坡均为 1∶2.2，下游坝坡戗道以上为 1∶1.9，戗道以下为 1∶2。坝顶设 L 形混凝土防浪墙，下游侧设 1.5m 高的混凝土挡墙。

主坝坝壳料以砂砾石为主。料场砂砾石料最大粒径 60mm；40mm～60mm 的砾石含量一般在 1%～5%之间；5mm～20mm 的细砾石含量偏少，一般在 10%以下；小于 5mm 含量一般在 25%～50%之间。

坝壳砂砾石填筑压实设计标准为：$D_r \geqslant 0.80$℃，$C_u > 15$，小于 5mm 颗粒含量不大于 40%，小于 0.1mm 颗粒含量不大于 3%，含水率小于 5%，$\gamma_d = 2.15 \mathrm{t/m^3}$，铺层厚 0.5m，13.5t 振动碾碾压 8 遍。

心墙两侧各设 3m 厚砂砾石过渡带，过渡带采用料与坝壳砂砾石料相同，仅在心墙附近剔除 5cm 以上的大颗粒。铺层厚小于 0.25，$\gamma_d = 2.10 \mathrm{t/m^3}$，中型振动碾先静碾 2 遍，后振碾 8 遍。

主坝与厂房及左副坝连接段采用堆石料填筑，来源于溢洪道和厂房等开挖处的强风化中下部以下岩石。设计标准为：$C_u > 15$，$D_{max} = 60cm$，小于 5mm 的颗粒含量为 10% ~ 15%，小于 0.1mm 的颗粒含量不大于 3%。$\gamma_d = 2.15t/m^3$，铺层厚 0.8m，13.5t 振动碾碾压 8 遍，加水 10%。

由于当地大块石料短缺，上游坝面 192m ~ 216.75m 范围的护坡形式，由原干砌石改为混凝土板，垂直厚度 0.3m，其下设厚 0.3m 碎石垫层。高程 216.75m 以上采用现浇台阶式护坡，台阶垂直高 0.25m，水平宽 0.55m，下设碎石垫层，厚 0.3m。混凝土台阶式护坡与坝顶的水平栅栏板、防浪墙上的压浪板共同构成消浪设施，通过大连理工大学模型试验验证，其糙率大、消浪效果好、可以使浪花向库里反溅，且美观、易于施工，可以降低坝高 0.91m。此种结构在水库工程上首次采用。

2. 沥青混凝土心墙

主坝防渗体以碾压式沥青混凝土心墙为主，需要在一个冬季枯水期进行抢筑，在一期导流明渠段（长约 250m），采用了可在寒冷季节施工的浇筑式沥青混凝土心墙。

沥青混凝土心墙中心线位于坝轴线上游，距坝轴线 2m。碾压式沥青混凝土心墙厚度在高程 200m 以下为 0.7m，以上为 0.5m，心墙顶高程为 218.5m，高于设计洪水位（218.15m）。浇筑式沥青混凝土心墙采用复合结构，主心墙为浇筑式沥青混凝土，高程 200m 以下厚 0.4m，以上厚 0.3m；副心墙设在主心墙上下游两侧，各厚 0.15m，为沥青砂浆砌筑塑性混凝土预制块。

沥青混凝土心墙与基础混凝土防渗墙采用混凝土底座连接，即在混凝土防渗墙顶部设 2.0m × 2.4m 的混凝土底座，加厚的沥青混凝土心墙作用在底座上。沥青心墙与底座及防浪墙之间接触面上均设砂质沥青玛蹄脂层和止水铜片。沥青混凝土心墙、混凝土底座、混凝土防渗墙连同基岩防渗帷幕，形成一道整体防渗帷幕。

导流明渠段浇筑式沥青混凝土心墙施工时，将先期形成的碾压式沥青混凝土心墙斜面进行处理，使之能与浇筑式沥青混凝土心墙完好连接。碾压式沥青混凝土心墙从 50cm ~ 70cm 加宽到 80cm ~ 100cm，浇筑式沥青心墙直接浇筑在扩大的碾压式沥青混凝土心墙斜面上。

3. 坝基处理

主坝坝基砂砾石层 20m ~ 40m，采用混凝土防渗墙防渗，墙厚 0.8m，最大槽孔深度为 38.50m，防渗墙混凝土设计强度等级为 $R_{28} = 18MPa$，底部嵌入基岩 1m，顶部通过混凝土底座与沥青混凝土心墙相接。

两岸基岩进行帷幕灌浆，灌入 5Lu 线下 2m，单排孔孔距 2m，在一期导流明渠段主帷幕下增设一排辅助帷幕，孔距 2m，孔深 5m。

4. 工程监测

各监测断面主要设置在最大坝高处、导流明渠段、主河槽处、不同填筑料接合处及地质地形条件复杂处。内部变形监测兼顾外部变形监测，通过设置竖向固定测斜仪及水平固定测斜仪，监测沥青混凝土防渗心墙、坝体及基础混凝土防渗墙的水平位移及垂直位移，结合土位移计监测心墙下游坝体水平位移。通过竖向固定测斜仪锚固在基础一定深度，水平向固定测斜仪与外部联系水准点结合布置，监测坝体及基础的水平及垂直的绝对位移。

不同坝型及防渗体接合部位布设测缝计；混凝土防渗墙布设一个剖面，沿不同高程布设混凝土应变计、无应力计。

主坝渗流监测选5个剖面。在沥青混凝土心墙下游侧的L形排水体内布设渗压计，渗压计的布设形式也按L形布设。为了监测混凝土防渗墙的防渗效果，选取一个剖面，在混凝土防渗墙的下游侧，沿不同高程布设一组渗压计。并在其下游侧，沿不同高程也布设一组渗压计，监测基础渗流情况。在不同防渗体接合部位布设一定数量的渗压计，监测各接合部位的渗漏情况。

由于本工程坝基覆盖层深厚，采用在坝下游河床中布设测压管进行渗漏量监测，通过监测测压管内水位的变化借以推求渗漏量。

（三）工程特点

1. 设计

尼尔基主坝防渗形式采用碾压式和浇筑式两种沥青混凝土心墙，以适应寒冷地区冬季施工的要求；筑坝砂砾石最大粒径为60mm，小于5mm的细粒含量一般在25%～50%之间，坝料偏细，为此坝体内设L形条带式碎石排水体，同时通过现场碾压试验，合理选定了设计参数和施工控制指标。

正常蓄水位以上上游坝坡采用现浇混凝土台阶式护坡，与坝顶的水平栅栏板、防浪墙上的压浪板共同构成消浪设施，其糙率大，消浪效果好，可降低坝高，此种结构在水库工程上首次采用。

2. 施工导流及度汛

主坝（含厂房）施工采用两期导流方式，一期由布置在左岸的导流明渠过流，二期由布置在电站厂房安装间下的导流底孔过流。一期导流标准为大汛10年重现期洪水，相应流量为4880m^3/s，一期导流建筑物包括围堰和导流明渠。围堰为土石结构形式，筑堰材料主要为砂砾石料和开挖弃渣土石料，采用黏土斜墙防渗，堰基采用高喷墙防渗。导流明渠底宽190m，流速约3m～7m/s，采用钢筋石笼和铅丝石笼防护。明渠设有防护结构部位的外测周边设置了链槽铺塑防渗体，以保证能在旱地施工。二期导流标准采用截流时段标准，为汛后5年重现期洪水，相应流量为534m^3/s，二期导流建筑物包括二期土石围堰和临时导流底孔，堰体为堆石，黏土斜墙防渗，基础采用高喷灌浆防渗，两个导流底孔尺寸均为8m×8m。

坝体临时度汛在一期导流期间为大汛百年重现期洪水，相应流量为9880m^3/s；第二年汛前，非导流明渠段坝体填筑到高程195.13m；二期导流期间为春汛期200年重现期洪水，相应流量为4400m^3/s，要求导流明渠段坝体在第5年春汛前填筑高程207.82m。

3. 主坝施工

坝壳料取自天然砂砾石料场和溢洪道、厂房等开挖石料，砂砾石料用5m^3装载机装，32t自卸汽车运料，堆石料用4m^3挖掘机挖装，45t自卸汽车运料，上坝卸料后用推土机摊铺。国产13.5t自行式振动碾碾压，国产牵引式10t振动碾对上游坡面碾压，M10砂浆固坡。碾压式沥青混凝土施工采用10t保温车，自拌和楼运至现场，卸入装载机，由装载机卸至摊铺机内入仓摊铺，振动碾压密实。

三、埃及阿斯旺水利枢纽工程

（一）工程概况

阿斯旺水利枢纽（Aswan Project）是位于埃及尼罗河上的一座大型水电工程。阿斯旺高坝位于开罗以南约800km的阿斯旺城附近，距下游老阿斯旺坝7km（见图2－7）。

图2－7 阿斯旺水利枢纽

阿斯旺高坝坝基为花岗片麻岩。河床覆盖层很厚，最深处达225m。修建高坝后，形成长500km、面积6751km^{2}的水库，在埃及境内长350km称纳赛尔湖；在苏丹境内长150km称努比亚湖。最高库水位183m时，水库总库容1689亿m^3，有效库容900亿m^3，可进行多年调节，并可拦蓄上游来沙。

大坝为黏土心墙堆石坝（见图2－8），最大坝高111m，坝顶长3830m，坝体积4430万m^3。水电站布置在右岸，装有12台单机容量17.5万kW的机组，总容量210万kW。施工时用6条直径15m、长315m的隧洞导流，其上游有引水明渠，下游有泄水明渠，明渠全长1950m，深80m，最小宽度40m，可通过11000m^3/s的流量。施工后期，导流隧洞改建成发电和泄洪共用的引水洞。厂房布置在引水洞末端。每条洞向2台机组和底部泄洪孔供水。引水明渠和泄水明渠则相应成为电站引水渠和尾水渠。

坝基防渗帷幕灌浆深约170m，只达到第三纪不透水层，未达到基岩。帷幕上部宽40m，共8排灌浆孔，下部宽度减少到5m。两岸灌浆帷幕深65m。总灌浆面积54700m^2。用黏土、水泥、膨润土以3MPa～6MPa的压力灌注，灌浆总量约67万m^3。

围堰和坝体下部均在水下直接施工。首先向深水抛投块石340万m^3，最高月强度40万m^3。然后用水力冲填法将砂填入，共用砂1400万m^3，最高月强度达100万m^3。采用特制的插入式深层振捣器将砂振实。

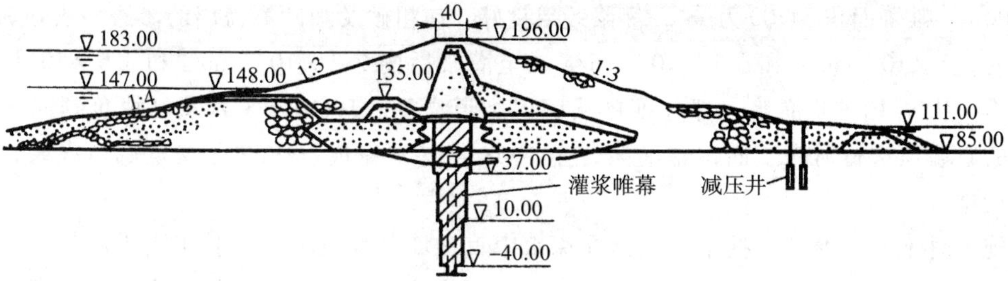

图 2-8 阿斯旺水库土石坝剖面图（单位：m）

工程于1960年开工，1967年10月开始发电，1971年全部竣工。

（二）工程施工

主体建筑物工程量为：土石方明挖1400万m^3，隧洞暗挖60万m^3，土石填方4300万m^3，浇筑混凝土115万m^3，帷幕灌浆总量26万m^2。工程最大日进度：土石方开挖每天2.3万m^3，浇筑混凝土每天4000m^3。劳力3.4万人，其中技工约1.7万人。工程总投资约10亿美元。

工程采取明渠导流方式，为了尽可能使河床截流和渠道过水时间靠近，以便截流后的一期工程有充分施工时间，要求河床截流与渠道过水同时进行。

为利用老坝水库的调节作用，并使龙口流速尽可能平缓，预先修筑一道水下调节棱体，顶高程113m，用自卸铁驳在水上抛投块石筑成，是大坝一期工程（河床坝段的前沿挡水棱体）的组成部分，于1963年10月开始施工。

大坝一期石戗堤预先束窄河床，从两岸采用立堵法向河心进占，并用自卸铁驳向水中抛石。合龙前夕，右岸戗堤进占长度350m，左岸戗堤进占长度50m，戗堤龙口宽度为120m。要完成截流准备工作，必须向龙口抛投块石123500m^3。高程达121m，龙口范围内戗堤顶宽35m，龙口流量1270m^3/s，龙口平均流速0.8m/s。

从1964年5月9日至13日晨6时，进一步用立堵进占法束窄龙口宽度，并且用驳船协助抛投块石48190m^3，将龙口缩至80m。当时龙口流量1150m^3/s，平均流速1.14m/s。

1964年5月13日上午11时龙口开始截流，5月15日午夜结束，历时62小时。共向龙口抛投75750m^3块石，其中从右岸抛投44760m^3，从左岸抛投21710m^3，从自卸驳船抛投8980m^3，最大抛筑强度达1980m^3/h，每昼夜抛筑强度达31280m^3。

当龙口流量900m^3/s、戗堤上下游落差为0.13m时，龙口最大平均流速为2.1m/s。最大落差0.77m，出现在开始合龙后12小时，通过渠道宣泄的流量增加到1750m^3/s。渠道过水及围堰冲开与河床截流同时进行，为加快围堰冲开速度，在围堰上挖沟埋设少量炸药炸围堰。

坝基防渗采用与心墙连接的上游水平铺盖加心墙下的帷幕灌浆。坝基排水由设于下游坝趾的排水减压井和反滤层组成。灌浆帷幕直抵新第三纪地层顶板，深达150m；从设于心墙内的灌浆廊道进行灌浆，采用水泥、黏土、膨润土及少量化学剂的混合液在3MPa~6MPa的高压下灌入透水地层中，共设8排灌浆孔，孔排距皆5m（在细砂中距离减半）。帷幕厚度自上而下逐渐减薄，由上部的40m依次渐减为30m、20m和5m。灌浆总进尺

109000m。帷幕面积54700万 m^2，灌浆效果良好，使粗砂及细砂覆盖层的渗透系数分别由灌浆前的 2.5×10^{-2}cm/s 和 6.1×10^{-3}cm/s 减至灌浆后的 2.3×10^{-4}cm/s 和 3.6×10^{-4}cm/s。1965年9月开始帷幕灌浆，部分帷幕从底层廊道灌注。1960年3月从已填筑到高于河床73m的心墙顶进行河床全面帷幕灌浆，至1968年基本完成。1969年又从廊道灌浆，1970年进行检查。

施工时不对围堰基坑抽水，而是在深水中直接填筑堆石坝，使施工大为简化。大坝心墙黏土采用重型羊足碾碾压，心墙以外的透水坝体：水上用石料填筑，水下抛石灌砂，或水下填砂再在浮筒上以震捣器施行水下震实，其干容重分别达 $2t/m^3$ 及 $1.65t/m^3$。共计向深水抛投块石340万 m^3，最高月强度40万 m^3，共用砂1400万 m^3，最高月强度达100万 m^3。

高坝在黏土心墙内布置灌浆和观测廊道是大胆创新之举。廊道净宽3.5m，高5m，为钢筋混凝土结构，厚1.2m，每段长40m，段与段之间的接头能适应不均匀沉降。廊道沉降量不大，漏水量不多。

（三）工程特点

1. 工程效益

阿斯旺水利枢纽是集防洪抗旱、灌溉、发电、航道改造于一体的综合利用工程。

水库有410亿 m^3 的防洪库容，加上容量为1196亿 m^3 的分洪区（分洪道在上游250km的左岸岸边），可完全控制尼罗河洪水，成功地经受了1964年、1975年和1988年的大洪水。

设计年发电量约100亿千瓦时，1996年8月埃及政府完成了对阿斯旺水电站的现代化改造，使埃及在此后的30年内可获得可靠的电力。

每年可引用的水量从原有的520亿 m^3 提高到740亿 m^3。水量中分配给苏丹使用的为185亿 m^3，可灌溉农田200万公顷。其余水量分配给埃及，可扩大灌溉面积100万公顷，并使埃及约40万公顷农田由一季灌溉改为常年灌溉。

尼罗河河道和航道水位的稳定，改善了航运，促进了旅游业的发展。

2. 环境影响

阿斯旺大坝对生态和环境确有一些正面作用。比如，大坝建成前，随着每年干湿季节的交替，沿河两岸的植被呈周期性的枯荣。水库建成后，水库周围5300m～7800m的沙漠沿湖带出现了常年繁盛的植被区，这不仅吸引了许多野生动物，而且有利于稳固湖岸、保持水土，对这个沙漠环绕的水库起了一定的保护作用。

但是，大坝建成后仅20多年，工程的负面作用就逐渐显现出来，并且随着时间的推移，大坝对生态和环境的破坏也日益严重。这些当初未预见到的后果不仅使沿岸流域的生态和环境持续恶化，而且给全国的经济社会发展带来了负面影响。

（1）大坝工程造成了沿河流域可耕地的土质肥力持续下降。大坝建成前，尼罗河下游地区的农业得益于河水的季节性变化，每年雨季来临时泛滥的河水在耕地上覆盖了大量肥沃的泥沙，周期性地为土壤补充肥力和水分。可是，在大坝建成后，虽然通过引水灌溉可以保证农作物不受干旱威胁，但由于泥沙被阻于库区上游，下游灌区的土地得不到营养补充，为此，埃及政府不得不从国外进口大量化肥，不仅增加了外汇支出和农业成本，而且使土地肥质降低，给农业生产带来许多不利影响。

（2）修建大坝后沿尼罗河两岸出现了土壤盐碱化。由于河水不再泛滥，也就不再有雨季的大量河水带走土壤中的盐分，而不断的灌溉又使地下水位上升，把深层土壤内的盐分带到地表，再加上灌溉水中的盐分和各种化学残留物的高含量，导致了土壤盐碱化。

（3）库区及水库下游的尼罗河水水质恶化，以河水为生活水源的居民的健康受到危害。大坝完工后水库的水质及物理性质与原来的尼罗河水相比明显变差了。库区水的大量蒸发是水质变化的一个重要原因。据埃及水利部统计，现在阿斯旺水坝每年垂直渗漏 60 亿 m^3，平行渗漏 10 亿 m^3，共渗漏 70 亿 m^3；湖面蒸发损失水量 100 亿 m^3，加上气候大风增加蒸发量 40 亿 m^3，每年蒸发损失达 140 亿 m^3，两项损失共 210 亿 m^3。

另一个原因是，土地肥力下降迫使农民不得不大量使用化肥，化肥的残留部分随灌溉水又回流尼罗河，使河水的氮、磷含量增加，导致河水富营养化，下游河水中植物性浮游生物的平均密度增加了，由 160mg/L 上升到 250mg/L。此外，土壤盐碱化导致土壤中的盐分及化学残留物大大增加，既使地下水受到污染，也提高了尼罗河水的含盐量。这些变化不仅对河水中生物的生存和流域的耕地灌溉有明显的影响，而且毒化尼罗河下游居民的饮用水。

（4）河水性质的改变使水生植物及藻类到处蔓延，不仅蒸发掉大量河水，还堵塞河道灌渠。由于河水流量受到调节，河水混浊度降低，水质发生变化，导致水生植物大量繁衍。这些水生植物不仅遍布灌溉渠道，还侵入了主河道。它们阻碍着灌渠的有效运行，需要经常性地采用机械或化学方法清理，这样，又增加了灌溉系统的维护开支。同时，水生植物还大量蒸腾水分，据埃及灌溉部估计，每年由于水生杂草的蒸腾所损失的水量就达到可灌溉用水的 40%。

（5）尼罗河下游的河床遭受严重侵蚀，尼罗河出海口处海岸线内退。大坝建成后，尼罗河下游河水的含沙量骤减，水中固态悬浮物由 1600ppm 降至 50ppm，混浊度由 30 ~ 300mg/L 降为 15 ~ 40mg/L。河水中泥沙量减少，导致了尼罗河下游河床受到侵蚀。大坝建成后的 12 年中，从阿斯旺到开罗，河床每年平均被侵蚀掉 2cm。再加上地中海环流把河口沉积的泥沙冲走，尼罗河三角洲水土流失日益严重，拉希德和杜姆亚特两河的河口每年分别被海水冲刷掉 29m 和 31m，海岸线不断缩进。

第二节　引水调水工程

山东济平干渠工程

（一）工程概况

济平干渠工程是南水北调东线向胶东供水东平湖—济南段输水渠道工程。济平干渠的工程任务是从东平湖引水，向东连接胶东输水干线其他输、蓄水工程，向济南、淄博、潍坊、青岛、滨州、东营、烟台、威海等 8 座城市供水。供水目标以解决城市生活和工业用水为主，兼顾生态环境及部分高效农业用水。在南水北调东线长江水调到东平湖以前，可引东平湖当地水至济南，缓解市区供水紧张局面；待南水北调东线第一期工程建成后，长江水将作为向胶东城市供水的稳定水源。工程规模为：设计流量 $50m^3/s$，加大流量 $60m^3/s$。

东平湖至济南段输水渠道长89.79km，因是在原济平干渠基础上进行扩挖，故称为济平干渠工程。该工程既是南水北调东线第一期工程的单项工程之一，又是山东省胶东输水干线的首段工程。

其中利用现有济平干渠扩挖段长42.11km，新辟渠道长46.93km，扩挖小清河长0.75km。沿途需穿8条较大河流，穿越6处山口与高地，穿过4处洼地。

济平干渠采用明渠自流输水，输水明渠与现有河渠的交叉均采用立交方式。

全线采用梯形明渠全断面衬砌输水断面，河道衬砌边坡1：1.5～1：2.5；设计水深一般为3.0m。

渠道衬砌考虑抗渗、抗冻胀、排水减压设计。抗渗措施主要为，土质渠床采用混凝土预制板加复合土工膜泡沫板；岩基渠床采用C15混凝土找平加喷0.01m厚M30聚合物砂浆；渠床局部为岩基段采用C15混凝土找平加复合土工膜加0.06m厚C20预制混凝土板。防冻胀措施采用全断面铺设聚苯乙烯泡沫板，渠坡厚度为2cm～4cm，渠底保温层厚度为3cm。排水减压采用暗管——逆止式集水箱排水降低渠床地下水位。

（二）工程施工

济平干渠主要项目如输水渠、排涝泵站、跨渠桥梁、渡槽、水闸等均为陆地施工，一般不需要考虑施工导流。渠首进水闸和输水渠穿越较大河流的10座倒虹工程需考虑施工期的围堰和导流，施工导流建筑物为4级，导流标准为10年一遇。

渠道土方开挖采用 $2.5m^3$～$2.75m^3$ 拖式铲运机挖运，排水沟开挖采用 $1.0m^3$ 反铲挖掘机开挖，74kW推土机推运筑堤，远距离调土采用8t自卸汽车。筑堤采用轮胎碾或拖拉机压实，74kW推土机整平及削坡。

石方开挖采用人工手持风钻打孔，人工装药，电雷管爆破。预裂爆破采用钻机钻孔，人工装药，电雷管爆破。弃渣采用 $1.0m^3$ 装载机装渣，5t自卸汽车运输。

混凝土及钢筋混凝土施工，各建筑物工程由于混凝土浇筑量较少，就近设置混凝土拌制系统。采用移动式JS500型搅拌机拌制混凝土，采用胶轮车和卷扬机运输。入仓后的混凝土采用插入式或平板式振捣器捣实。

济平干渠推广使用了机械化衬砌施工技术。随着大型调水工程的兴起，大断面渠道衬砌技术和施工设备也随之发展起来。一般有预制板衬砌和现浇混凝土衬砌两种方式。由于采用预制板衬砌存在砌缝砂浆开裂、缝内杂草丛生、衬砌体易失稳破坏等缺点，所以大断面渠道一般都采用现浇混凝土衬砌。为此，在济平干渠实际施工中，采用了人工现浇混凝土衬砌和推广机械化衬砌施工技术。使混凝土的均匀性、外观平整度明显改善，施工效率大大提高，确保了衬砌工程质量，工程实施效果见图2－9。

图 2-9　山东济平干渠工程

第三节　堤防工程

长江堤防加固工程

（一）工程概况

长江堤防加固工程共 28 个项目，涉及长江中下游湖北、湖南、安徽、江西四省。长江中下游堤防主要坐落在第四纪冲积平原上，堤基表层相对弱透水层厚一般在 1m～8m，下部通常为深厚的砂及砂卵石层。长江堤防加固工程建设内容包括防渗工程、护岸工程和穿堤建筑物工程。

防渗工程采用垂直防渗和水平防渗两种，其中大部分为垂直防渗。垂直防渗工程为垂直防渗墙和堤身锥探灌浆，垂直防渗墙深度一般 8m～20m，最深达 37m，防渗墙轴线主要布置在堤顶，少量布置在堤外脚。防渗工程施工内容包括开挖、回填，水泥土（或塑性混凝土）防渗墙、高喷防渗墙，堤身锥探灌浆，堤身斜面土工膜、混凝土预制块护坡、草皮护坡，吹填盖重、压浸平台、黏土铺盖、堤内外填塘固基，减压井（沟）及其排水系统，新防洪墙建设与老防洪墙加固，堤顶防汛道路和安全监测等。

护岸工程采用平顺护岸形式，工程布置以枯水平台为界，分为水上护坡和水下护脚两部分。施工内容主要有土方开挖、回填，干（浆）砌石、混凝土预制块护坡，导滤沟，混凝土系排梁浇筑；水下抛石、抛柴枕、沉放钢丝网石笼、铰链混凝土预制块沉排及模袋混凝土（砂），钢筋混凝土抗滑桩或水泥土搅拌阻滑桩等。

穿堤建筑物工程分为除险加固、改建和重建三种类型。穿堤建筑物除险加固内容包括加固闸室段，新建或扩建启闭机房，加固或新增消能设施，加固边坡，整治上、下游河道，加固或重建闸上交通桥（过闸公路），加高引堤，重建供配电、通信、照明等设备，更换启闭机和电气设备，更换闸门和埋件或对闸门进行防腐、加固等。改建或重建工程主要内容包括老闸部分或全部拆除，重建闸首、启闭机室、两侧翼墙，重建消力池及海漫，重建堤顶公路（或交通桥），重建闸门及埋件，更换启闭机和电气设备，重建供配电、通信、照明等设备。

（二）主要技术指标

1. 防渗工程

垂直防渗墙：水泥土防渗墙墙厚 20cm、25cm 和 30cm，塑性混凝土防渗墙墙厚为 25cm 和 30cm 两种。防渗墙轴线一般布置在堤顶距外堤肩 1.5m ~ 2.0m 处，部分堤段采用堤外脚垂直防渗墙接堤外坡斜面土工膜（其上铺设混凝土预制块护坡或铺盖黏土保护）。辅以堤顶锥探灌浆，土工膜为两布一膜，膜厚 0.5cm，土工膜规格为 $2\times150g/m^2$（或 $2\times200g/m^2$）。

水平防渗墙：填塘、盖重宽度一般不超过 200m，当宽度为 200m 的盖重仍不能满足要求时，在盖重末端设置减压沟（井），对于距堤 200m 以外的干渠出险部位，进行反滤衬砌。

土方回填：黏性土料回填应满足压实度不小于 0.92。

2. 护岸工程

干（浆）砌石护坡：干（浆）砌石护坡设计厚度为 30cm，砂石垫层厚度分为 10cm 和 15cm 两种。石料选用质地坚硬、不易风化的岩石，不允许使用薄片状石料。石料湿抗压强度大于 50MPa，软化系数大于 0.7，密度不小于 $2.65t/m^3$。石料最小边长不小于 15cm，单块重量大于 25kg。

混凝土预制块护坡：六边形混凝土预制块厚 10cm，混凝土强度等级分 C_{15} 和 C_{20} 两种；砂石垫层厚分 10cm 和 15cm 两种、部分标段为土工布上铺设 5cm 厚砂石垫层。

水下抛石护岸：抛投块石要求石质坚硬，遇水不易破碎或水解，湿抗压强度大于 50MPa，软化系数大于 0.7，密度不小于 $2.65t/m^3$；块石尺寸及单块重量要求各项目有不同要求。抛投厚度 0.6m ~ 2.4m，宽度 20m ~ 80m。

混凝土铰链预制块沉排护岸：系排梁为钢筋混凝土，宽 3m，高 0.7m ~ 1.0m；排体预制块为 C_{20} 钢筋混凝土，厚 8cm，长 80cm，宽 50cm。块与块之间用钢筋环和螺栓连接，排体搭接宽度 1.5m ~ 2.0m。铰链混凝土沉排水下防护宽度为 45.5m ~ 86.1m。

模袋混凝土（砂）护岸：所采用的原材料（土工布、混凝土、砂、扎绳线）各项指标应符合设计要求；模袋混凝土的厚度控制在 15cm ~ 20cm 之内；模袋混凝土中充填物为 C_{15} 或 C_{20} 混凝土。

抛柴枕护岸：每个柴枕由芦苇、树枝捆成，柴枕内裹直径为 0.1m ~ 0.2m 块石 $0.9m^3$，柴枕直径0.63m，长10m。自设计枯水位向江中5m起抛护，范围40m～60m。

土工布软体排护岸：土工布为长丝，350g/m²，断裂强度≥15kN/m，CBR顶破强度≥2.5kN，O_{95}≤0.15mm，撕破强力≥420N。压实技术指标同抛石护岸工程。

（三）防渗工程施工

1. 渗流险情

汛期长江堤防险情类型较多，渗流险情占绝大多数。例如1998年汛期长江中下游堤防险情总数为73825处，渗流险情为65139处，占88.2%，其中，长江干流堤防险情总数为9405处，流流险情为8304处，所占比例为88.2%。险情中的散浸、脱坡、漏洞、跌窝都发生在堤身，管涌则是因堤基遭到破坏而出现的险情。

基础的渗流管涌险情不仅出现频率高（在所有主要险情中，管涌占一半），而且是导致大堤溃决的主要险情。1998年汛期湖北省境内34处溃口险情中，管涌26处；长江中下游堤防的7处溃口，因堤基管涌溃决的有5处。

堤基管涌多表现为冒水翻砂、泡泉、土层隆起、大面积砂沸等。

2. 渗流控制和“三新”技术

所谓渗流控制就是控制堤身（基）内的渗流状态（渗流水头、渗流坡降）在允许范围内，免遭渗流破坏，保证大堤安全。渗流控制的总原则是“前堵后排、保护渗流出口”。渗流控制措施主要有：铺盖、斜墙、锥探灌浆、劈裂灌浆、填塘、吹填、盖重、反滤层、减压井（沟）等。

随着塑性混凝土、水泥土等新材料，及大量新设备、新工艺的出现，薄防渗墙新技术在作用水头低、洪水历时短的堤防工程得以推广应用。

3. 薄防渗墙技术

（1）薄防渗墙设计。针对长江堤防的实际情况，根据有关参数计算出的墙体厚度一般为15cm～20cm，综合考虑施工设备、精度控制、工艺水平以及土层性状等因素，设计防渗墙墙厚一般为25cm～30cm、少数为20cm。防渗墙墙体材料主要采用水泥土或塑性混凝土。

（2）薄防渗墙施工工法及主要设备。根据成墙方式的不同，可大致分为开槽置换法、深层搅拌法、高压喷射法和振动挤压法四种。其中高压喷射法，造价较高，主要用于堤身与穿堤建筑物的联接部位、老溃口段及施工场地狭小地段。

①开槽置换工法是在堤身（基）内开槽弃土并置换塑性混凝土或其他防渗材料从而形成一道连续防渗墙。开槽设备有抓斗、射水、锯槽及气举反循环四类，灌注混凝土工艺基本相同。

抓斗工法按工作原理划分，抓斗斗体可分液压式和机械式两种，液压式在土、砂地层中工效较高，而机械式可进行冲抓作业，较适用卵石和软岩地层。薄型抓斗成墙最大深度可达40m。因采取Ⅰ序槽、Ⅱ序槽的施工程序，接缝质量将直接影响造墙质量。

射水工法最大深度可达30m，其成型槽孔厚为22cm～45cm。射水法通常适用于砂层及含砾较少且粒径不大的砂砾石层。

锯槽工法可实现真正的连续开槽，成槽质量好，浇筑混凝土时隔离方法有刚性隔离及土工布袋隔离两种。锯槽法墙深一般在25m以内，墙厚0.22m～0.4m。

气举反循环工法所用设备的主要部分由喷导管及以该管为导向滑道的一对潜水钻（或冲击钻）组成。气举反循环工法也可实现真正的连续成槽，且适用砂卵石等多种地层。

②深层搅拌工法与开槽置换法不同，在搅头刀具快速旋转的条件下，土体在原处被破坏、粉碎并与注入水泥浆混合搅匀形成具有较低渗透性的水泥土。

深层搅拌法造墙深度一般控制在13m～15m，墙厚15cm～20cm，最大墙深达22m，厚20cm～30cm。深层搅拌法的优点是造价低、设备轻便，对深度小于20m的防渗墙具有较强的竞争力；缺点是对复杂地层的适应能力较差。

③振动挤压工法就是在振动锤的击打下将板桩或模板挤压到土体中，起拔时形成空间并同时注入浆体（水泥浆、砂浆或其他防渗材料）。板桩灌注墙、超薄防渗墙、振动沉模板、振切均属此类。挤压法的墙厚较薄，一般为15cm，而超薄防渗墙厚仅7.5cm。

（四）护岸工程新材料、新工艺应用

1. 混凝土铰链预制块沉排护岸

混凝土铰链预制块沉排护岸的整体性较强，基本能适应河床变形，但前沿冲刷严重会影响铰链沉排的稳定性。当铰链沉排中混凝土块之间间距较大时，为了提高铰链沉排的护岸效果及稳定性，加土工布垫层，且在前沿加抛块石镇脚。当铰链沉排中混凝土块之间间距小于8cm时，可不设土工布垫层。

2. 模袋混凝土护岸

模袋混凝土护岸的整体较强，但适应河床变形能力差。在前沿冲刷严重情况下，易使其折断和滑移，从而严重影响护岸效果。为改善护岸效果，应在前沿加抛块石镇脚。对于河床冲淤幅度较大地段的护岸工程水下部分，不宜采用模袋混凝土护岸。

3. 土工布软体排护岸

土工布软体排的护岸效果较好，一方面土工布垫层对河岸泥沙起到反滤作用，另一方面土工布垫层能抑制河岸变形，增强护岸工程的整体性。

第四节　水闸橡胶坝工程

一、耿楼枢纽工程

（一）工程概况

沙颍河是淮河最大的支流，发源于河南省伏牛山区，跨河南、安徽两省，于安徽省颍上县沫河口汇入淮河，河道全长620km。

沙颍河近期治理工程是国务院确定实施的治淮19项骨干工程之一，耿楼枢纽是其中最大的单项工程。枢纽位于安徽省太和县境内，结合河道裁弯取直平地建闸。耿楼枢纽的建成，使得河南省沈丘县刘湾港以下通航条件大大改善，也使得港口上游已建的沈丘船

闸、郑埠口枢纽发挥梯级效益，使航道里程延伸至周口，从而充分发挥沙颍河航运主航道的运输作用，其运量发展潜力巨大。同时增加蓄水量约4000万 m^3，增加灌溉面积50万亩以上，大大改善了当地地表水资源紧缺状况，进一步实现沙颍河水资源的优化配置，为当地经济的可持续发展及实现水资源的可持续利用创造了有利条件。

耿楼枢纽由节制闸和船闸组成。节制闸为Ⅱ等大（2）型工程，20年一遇设计流量3910m^3/s，50年一遇校核流量4770m^3/s；沙颍河航道等级为Ⅴ级，船闸按Ⅳ级标准建设，供500t级船队通航。

耿楼枢纽工程于2007年6月开工建设，2009年1月工程通过水下阶段验收，2009年9月全部单位工程通过投入使用验收，2009年12月工程竣工验收。耿楼枢纽工程获2011年全国优秀水利水电工程勘测设计银奖。

（二）工程布置

耿楼枢纽位于安徽省太和县境内沙颍河史老家至井孜弯道段的左岸两个反弯河道的弦线附近，工程结合河道裁弯取直平地建闸，人工河道的上下游与老河道平顺连接。枢纽南侧老河道弯曲度较大，为满足节制闸的布置要求，在上下游段需对原河道进行局部退堤，并对上游河道局部切滩。工程建成后，节制闸右侧老河道将废弃不用，在引河上下游右岸顺引河方向封堵老河槽并填筑封闭堤。

节制闸布置在船闸南侧，紧邻船闸布置。在节制闸与船闸之间设导流堤，导流堤长640m。船闸中心与节制闸中心距离201.8m。船闸布置于枢纽的北部，其引航道中心线与上下游河道中线平顺连接，上游引航道长600m，下游引航道长500m。

节制闸室采用钢筋混凝土筏式底板，平底堰流式，三孔一联双层框架式结构，配平面钢闸门，卷扬式启闭机。闸室总宽110.06m，共12孔，单孔净宽7.5m，顺水流向长24.0m，闸室底板顶高程21.00m，厚1.8m，中板顶高程30.00m，厚1.0m，闸墩顶高程39.50m。闸室采取闸墩分缝方式，每三孔一联，共用一块底板，缝墩厚2m×1.20m，中墩厚1.3m，边墩厚1.2m。每孔闸室上游侧设检修门槽，12孔共用两套检修闸门。闸顶上游侧布置有检修平台、启闭机平台、排架、启闭机房等，下游侧布置公路桥。闸室两侧分别布置桥头堡，桥头堡内布置电气设备及水闸集中控制系统。闸室两侧岸墙及上下游翼墙均采用钢筋砼空箱结构，上游翼墙采用圆弧形，弧面半径30.0m；下游翼墙呈八字形，水平扩散角8.0°，顺水流向投影长55m，岸翼墙墙后回填水泥土。闸室上游设防冲抛石槽、C20混凝土护底、C25钢筋混凝土护坦和C25钢筋混凝土铺盖。闸室下游设消力池，池后设C25钢筋混凝土海漫、C20混凝土海漫和抛石防冲槽，防冲槽与下游河底间以1：10坡度相接。

船闸位于节制闸北侧，上闸首与节制闸在同一轴线，引航道采取不对称布置。闸首、闸室均为钢筋混凝土坞式结构，钢结构人字形闸门，采用液压推杆式启闭机，启闭机房设在两侧的空箱内。上闸首底槛高程25.0m，下闸首底槛高程21.5m。上闸首为钢筋混凝土整体结构，帷墙空箱式底板、空箱式边墙。底板长22.0m，宽24m，闸顶高程39.5m。下闸首为整体式钢筋混凝土结构，平底板，空箱式边墩，底板长22.5m，宽24.0m，闸顶高程38.3m。闸室为钢筋混凝土坞式结构，净宽12m，闸顶高程37.26m，底板顶面高程

21.5m，厚2.8m。闸室总长130m，分7段，每段长18.0m～20.0m，分段之间设变形缝。上下游导航墙采用钢筋混凝土空箱式结构，后接扶壁式翼墙。

耿楼枢纽总平面布置见图2-10。

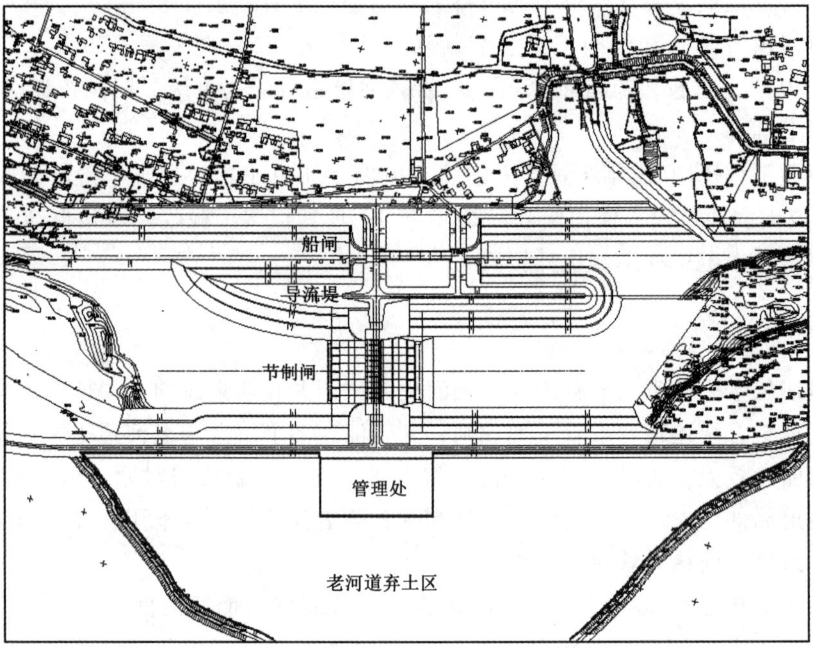

图2-10 耿楼枢纽总平面布置图

（三）工程施工新技术

1. 合理的总体布置方案，成功解决了在S形河道上集中布置水利枢纽的难题

耿楼枢纽工程建设区河段系窄深型天然河道，地形和水流条件复杂，局部冲淤变化大河势稳定性差。在长2.2km河段分布有两个连续S形弯道，闸址处于两个反弯河段的弦线附近，存在上下游航道连接段直线段短、弯道半径小等问题，另外，在下游左岸420m处有一支流万福沟，其侧向出流对枢纽的布置亦造成不利影响。

根据总体布置要求，枢纽运行既要满足船闸的过闸船只安全，又要满足节制闸过流能力及上下游流态要求，且节制闸的进出流和万福沟的侧向出流对船闸的影响较小。为此，研究的重点在于主体工程之间的相对位置及进出口连接段工程的布局，这也是本枢纽工程能否安全运行、正常发挥工程效益的关键所在。

在最初的方案布置中，选择节制闸布置于北侧，船闸布置于南侧，两闸间设导流堤的方案，该方案的优点是可以避免万福沟的出流对船闸运行的影响。模型试验的结果表明，在该方案中节制闸上下游水流较均匀平顺，满足要求。万福沟的出流被节制闸主流挤压，不会影响船闸的下引航道。但船闸的上下引航道内出现较大范围的回流，最大回流流速达0.55m/s，不满足规范的要求。

鉴于方案一的布置中存在的问题，在方案二中将节制闸与船闸的位置对调，即节制闸布置于南侧，船闸布置于北侧，两闸间仍设导流堤。该方案的优点是船闸中心线与上下游河道中心线靠近，上下游引航道均为直线，船队进出十分平顺。该方案的模型试验的结果表明，节制闸的过流基本平顺，仅上游出现小范围的回流，为此采取对上游河道右岸滩地局部切滩的措施以消除回流。船闸下游引航道由于受万福沟的侧向出流影响产生了小范围回流，通过试验比较，只需将万福沟出口下移 100m 同时出口与船闸中心线夹角小于 45°即可消除回流现象。

通过上述方案比较，最终采用耿楼枢纽节制闸布置于南侧，船闸布置于北侧的方案，该方案中两闸中心相距 201.8m，两闸之间设导流堤以避免水流的相互干扰，且导流堤进口部位根据模型试验优化调整为 1/4 椭圆型式，尽量缩窄导堤顶部宽度。并新开挖万福沟出口排水渠道，使之偏向下游，与船闸中心线交角 40°，有效消除了泄水时对船闸运行的不利影响，确保了通航的安全可靠。

耿楼枢纽工程建成运行近 7 年，期间经历了较大洪水考验，上下游河道及航道未发现冲刷、淤积等现象，过闸水流平稳，船舶运行安全有序，达到预期目的。

本工程的枢纽总体布置成果可推广至其他类似 S 形河道上总体布置设计中。

2. 通过节制闸岸翼墙墙后回填水泥土，大幅降低了墙后土压力，减小了岸翼墙断面结构尺寸，成功解决了土基上高挡土墙的设计难题

因沙颍河主河槽较深，故节制闸挡水高度较大，上下游连接建筑物要与其相适应，高度也较大。节制闸的岸墙设计挡土高度为 19.8m，翼墙最大挡土高度为 17.7m，由于岸翼墙较高，墙后水压力和土压力都相当大，若按常规空箱式挡土墙设计，墙体需有很大的重量来抵抗水平力，而为了避免墙体对地基土的压力不大于地基土的允许承载力，空箱结构尺寸势必设计的很大。

针对这一情况，设计决定采用墙后回填水泥土的方案，设计水泥土的水泥掺入比为 8%，根据水泥土的室内试验成果，经计算墙后回填的水泥土对前墙的土压力系数仅为 0.1 左右，大大降低了墙后土压力，从而减小了岸翼墙断面结构尺寸，较好的解决了土基上高挡土墙的设计难题。该方案比采用常规空箱式挡土墙节省投资约 400 万元，经济效益明显。

在水泥土回填施工中，严格控制水泥掺量不小于 8%，选用新鲜、未受潮结块的水泥，严格控制土料含水量，水泥土拌和均匀后方可用于回填。回填自下而上采用分层碾压法，每层厚度为 0.3m 左右，压实度不小于 0.94，回填后的水泥土需经检测，无侧限抗压强度不小于 0.9MPa，内摩擦角不小于 30°，凝聚力不小于 80kPa 时，进行上一层回填。水泥土回填施工时及结束后持续对岸翼墙进行水平位移观测，经测量，至岸翼墙墙后回填完成后 6 个月，总水平位移仅为 3.6mm 和 5.0mm，说明水泥土对前墙产生的土压力非常小，观测结果印证了设计的可靠性。

3. 节制闸岸翼墙后趾下设置灌注桩，成功解决了高填土边载对闸室底板结构的影响，同时有效控制了岸翼墙的后倾

为解决节制闸岸翼墙的稳定问题，采用了在墙后回填水泥土的方案，大大降低了对墙体的土压力。但水泥土自身会产生一定的沉降，而水泥土与岸翼墙之间有摩擦力的存在，势必会带动墙体一起向下沉降，因此会导致岸翼墙后趾处的沉降量比前趾处大。为解决这一不均匀沉降问题，在岸翼墙后趾处设置了一排间距约 5m 的灌注桩，该灌注桩并没有和普通灌注桩一样嵌入底板，而是根据沉降计算，桩顶与岸翼墙底板之间预留 3cm ~ 4.5cm 高度的空隙，控制岸翼墙的不均匀沉降量。由于岸翼墙采用了这一方案，有效的控制了墙体的后倾，根据施工期观测，直至工程竣工时，挡土墙的沉降差仅为 3mm ~ 5mm。

岸翼墙后趾下设置的灌注桩，同时有效减小了回填水泥土对闸室的边载影响，且边闸室和岸翼墙可同时施工，节省了工期和费用。

本工程这一实践成果可推广至土基上其他工程的高挡土墙设计中。

4. 船闸闸室两侧高边坡填土采用加筋土技术，有效减小土压力

船闸基坑开挖最大深度达 20.5m，最大填土高 17.0m。经分析，正常回填土条件下，闸室边墙底部截面配筋率达 0.58%，截面厚 2.85m。为有效减小填土边荷载对结构不利影响，回填土中分层铺设土工格栅混合碾压，形成加筋土。边墙底部截面厚度可减小为 2.5m，配筋率为 0.31%。据观测，加筋土最大减小填土荷载 12%，效果明显。

5. 船闸闸门设计中采用新型支承材料，启闭控制布置方案先进

船闸闸门最大尺寸宽 × 高为 7.11m × 15.90m，平面式人字钢闸门。顶、底枢主要受力构件轴衬和承轴巢采用铜基镶嵌自润滑新型的支承装置，具有高承载力，摩擦系数小，磨损量低，使用寿命长等新技术特点，可确保无油状态下摩擦对偶件之间良好的润滑效果。克服了传统的铜质球形摩擦付需定期灌注干油润滑，油膜难以形成、润滑困难、极易卡阻，需定期停航更换维护该部件的缺陷。

工作闸门启闭机为 QRWY - 2 × 160kN 液压结构，控制系统采用了目前国内先进的左、右岸分开布置方案，即左、右岸人字门、输水洞门分别共用一套液压启闭控制系统。该布置方案避免了以往液压控制中一对门需严格同步关闭的问题，可以做到左、右岸人字门超前或滞后到达关闭位置，而不影响闸门关闭效果。另外，较单门单机方案节省了两套液压控制站，技术和经济性十分明显。

6. 船闸闸室结构表面首次大面积采用 XYPEX 基层处理技术，显著提高结构防撞击性能和外表观感效果

在船闸工程运行中，经常发生闸室遭遇船舶撞击表面结构破损现象严重。本次设计中经对比以往工程中采用的 CT203 聚合物水泥砂浆、环氧树脂等结构表层处理技术性能和效果，首次在闸室、闸首及导航墙部位砼外表面采用大面积喷涂 XYPEX 保护层处理技术。该保护层通过与砼长期渗晶作用，充填表面微细裂缝，有效提高砼面层的密实度，达到提高强度和防船舶撞击作用。同时，XYPEX 涂层能致密表层裂缝，美化结构外表观感效果。目前，船闸运行近 2 年来，经受了各种吨位船舶撞击，表面无损坏发生，防护效果良好。

7. 节制闸右岸封闭堤采用水中筑堤法方案，节省了工期和费用

节制闸布置在裁弯取直的人工河道上，工程建成后，节制闸右侧老河道将废弃不用，在顺引河方向封堵老河槽并填筑永久封闭堤。工程在 2008 年施工期间沙颍河水运十分繁忙，航道管理部门最终批复的断航时间仅为 140 天，届时船闸尚不能投入使用，将影响沙颍河的航运。因此设计提出围堰与封闭堤相结合的填筑方案，将围堰与封闭堤水下部分合二为一进行施工，即直接在水中倒土，待填土出水面沉降基本稳定后再分层碾压填筑其上封闭堤。

本工程用于水下填筑的土为粉质粘土，但因水下填筑断面大，顶宽达 150m，因此不存在渗透失稳的情况。

施工结束后对该段封闭堤进行岩土工程勘察，通过取原状土的室内试验分析表明封闭堤压实度等指标满足设计要求。据此进行边坡稳定计算，封闭堤在各工况下的抗滑稳定安全系数均满足规范要求。

与建挡水围堰进行旱地施工封闭堤相比，该方案不仅节省了工期，且节约投资 175 万元，封闭堤在施工期及运行期未出现任何问题，取得了良好的经济、社会效益，可推广至类似工程中采用。

二、姜唐湖蓄（行）洪区退水闸工程

（一）工程概况

姜唐湖蓄（行）洪区退水闸工程是国务院批准的 19 项治淮骨干工程——淮河干流上中游河道整治及堤防加固工程的重要组成部分，为国家重点工程。姜唐湖蓄（行）洪区由姜家湖与唐垛湖联圩而成，位于淮河干流中游正阳关——临淮岗洪水控制工程之间、安徽省霍邱与颍上两县交界处。姜唐湖蓄（行）洪区是淮河防洪体系的一个重要组成部分，其主要任务是削减洪峰，保证正阳关以下淮北大堤及重要城市圈堤的防洪安全。

姜唐湖蓄（行）洪区退水闸是姜唐联圩工程的重要组成部分，工程将姜家湖和唐垛湖联圩改为蓄（行）洪区，提高姜唐湖蓄（行）洪区的防洪标准，并设专门的进、退洪设施，其中进洪闸已在临淮岗洪水控制工程中安排。工程建成后，可减少进洪年份，改善群众的生产生活条件，增加正阳关以上河道 7.6 亿 m^3 的有效蓄洪库容，对保证淮北大堤安全、降低正阳关的水位起到重要作用，防汛调度更加灵活。

姜唐湖退水闸具有挡洪、蓄洪、行洪、退洪及反向进洪的功能。其工程任务是：(1) 在姜唐湖蓄（行）洪区启用后，能满足退水的要求；(2) 当姜唐湖蓄（行）洪区蓄满后，若淮干来量仍超过河道过流能力时，能满足开闸行洪的要求；(3) 当颍、淠河来量较大，造成正阳关高水位时，能满足反向进洪，降低正阳关水位的要求。

姜唐湖退水闸工程位于姜唐湖蓄（行）洪区的末端，为Ⅱ等大（2）型工程，设计规模为 $2400m^3/s$，反向进洪规模为 $1000m^3/s$。

姜唐湖退水闸工程于 2004 年 7 月开工建设，2006 年 2 月工程通过水下阶段验收，2007 年 11 月工程竣工验收。工程获 2014 年度安徽省工程勘察设计行业优秀工程勘察设计金奖。

（二）工程布置

姜唐湖退水闸位于姜唐湖蓄（行）洪区下口门处，颍河与淠河入淮河河口之间的淮河左岸，2003 年汛期唐垛湖行洪区爆破行洪口门附近。为避开冲坑影响并考虑水流、地形及地质条件，将建闸处局部堤防改线，有效减小原冲坑影响的同时，改善了行洪、退水及反向进洪的水流条件。退水闸布置在圈堤上游湖内侧，闸轴线与圈堤中心线夹角 54.4°。闸上游为姜唐湖蓄（行）洪区，下游为淮河滩地。姜唐湖退水闸由闸室、防渗排水设施、消能防冲设施及两岸连接建筑物组成，其顺水流方向总长 250.0m，垂直水流方向总宽 520.0m。由于水闸上下游水面开阔，为使水流平顺过闸，在闸室上下游布置导流堤，其中下游左岸导流堤结合圈堤改线段布置。

退水闸共 16 孔，每孔净宽 10.0m，闸室采用钢筋混凝土开敞式结构，分离式底板。闸室顺水流方向长 19.0m，底板顶高程 19.0m，大底板厚 1.5m，宽 5.3m，小底板厚 1.0m，宽 5.96m，闸墩顶高程 28.025m，中墩厚 1.30m。闸室顶部布置公路桥、工作桥和人行便桥，闸室两侧分设桥头堡。工作闸门采用平面钢闸门，卷扬式启闭机启闭，因闸室经常处于无水状态，未设置检修闸门。

闸室及岸墙采用钻孔灌注桩基础，大部分翼墙地基采用水泥土搅拌桩处理。在淮河侧闸室底板齿槽下设水泥土搅拌桩截渗墙防渗，以防闸底板脱空造成的渗径短路，确保工程的渗透稳定。

闸室两侧的岸墙采用钢筋混凝土空箱式结构并兼作闸室边墩，为兼顾双向过洪的水流条件，上、下游翼墙均采用八字形与圆弧相结合的布置方式，其中首段八字形扩散角为 9.46°，翼墙采用钢筋混凝土空箱悬臂式结构。湖内侧翼墙墙后采用粉煤灰回填，其余岸翼墙墙后采用壤土回填。

姜唐湖退水闸具有挡洪、蓄洪、行洪、退洪及反向进洪的功能，因承受双向水头，因此在上下游侧均设消能设施。在反向进洪情况下，湖内无水，消能工况恶劣，湖内侧采用挖深式消力池，池长 30.0m，池深 3.0m，淮河侧消力池长 22.0m，池深 1.0m。

上游导流堤以半径 102.5m 的圆弧与两岸翼墙相接。下游左岸导流堤以半径 380.3m 的圆弧与翼墙相接，该段导流堤同时为圈堤改线段，连接闸上公路桥与原有圈堤。下游右岸导水堤以半径 76.76m 的圆弧与翼墙相接，其末端通过圆弧及椭圆与蓄洪堤平顺相接，形成一个面积约 20000m^2的平台。

姜唐湖退水闸总平面布置见图 2-11。

（三）工程施工新技术

1. 采用科学的选址及总体布置方案，成功解决了原行洪口门冲坑附近建设多功能蓄洪区水闸的设计难题

姜唐湖退水闸具有挡洪、蓄洪、行洪、退洪及反向进洪的功能。总体布置要求为：（1）正向行洪及退洪时上游来流基本对称，进出水流平顺；（2）尽可能建于蓄洪区尾部地势低洼处，以利于蓄洪区排涝及洪水后期退水；（3）反向进洪时对湖内的冲刷影响小，并不得对两侧的堤防及建筑物造成冲刷。为此，研究的重点在于退水闸的闸址位置、总体布局以及退水闸与堤防、原行洪口门冲坑之间的相对关系，这也是本工程能否安全运行、正常发挥工程效益的关键所在。

姜唐湖蓄（行）洪区下口门处地形复杂。2003 年汛期，淮河发生特大洪水，唐垛湖行洪区炸堤行洪，堤防被炸出长约 300m 的行洪口门，并形成大小不等的两个冲坑，冲坑最深处距地面达 19m 左右。且下口门处堤防轴线与行洪方向成 45°斜交，亦对退水闸的总体布置不利。

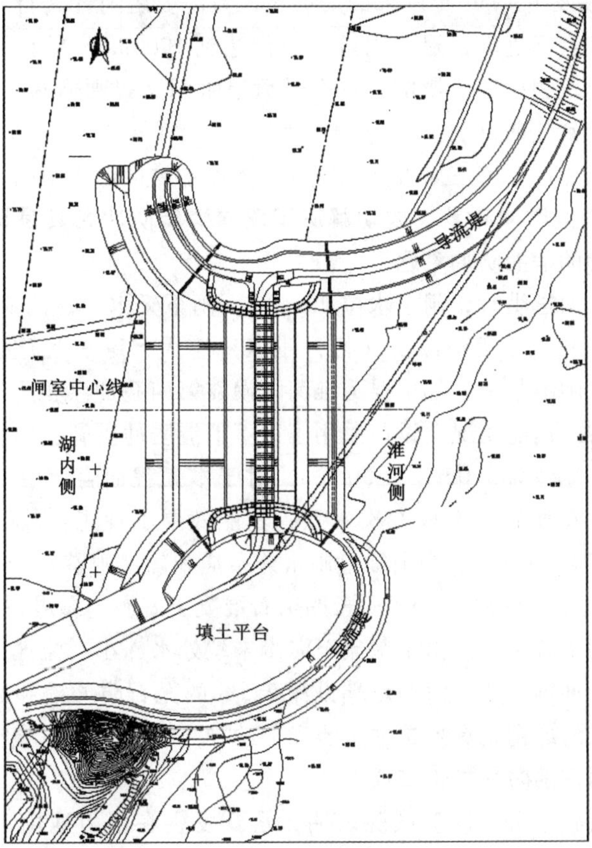

图 2－11　姜唐湖退水闸总平面布置图

在最初的方案布置中，选择避开冲坑建闸。比选了冲坑以北 2.0km 处和冲坑以南 2.5km 处两个总体布置方案，这两个方案的优点是远离冲坑且堤防轴线与行洪水流方向基本垂直，便于闸室布置。但冲坑以北 2.0km 方案闸址位于整个蓄洪区的东北角，堤内外地面高程相对较高，不利于排洪退洪及汛后排涝。另外，模型试验的结果表明，闸址位于行洪主流的侧向，水闸运行时有横向流速，水流条件不好。冲坑以南 2.5km 闸址方案距现有管家沟排涝站及防汛公路较近，防汛公路需局部改线，且行洪及反向进洪时水流会对排涝站产生冲刷。

鉴于以上两个总体布置方案存在的问题，闸址位置选择在下口门冲坑附近处，该方案的优点是退水闸布置在退水口门处，上游来流基本对称，进出水流较平顺，当反向进洪时，对湖内的冲刷影响较小，且该处堤内外地面高程相对较低，有利于排洪、退洪和湖地的排涝。缺点是距离 2003 年行洪冲坑较近，为此将闸室、岸翼墙等主体工程布置在冲坑以北，为避开冲坑的影响，将闸轴线调整为与圈堤堤顶中心线夹角 54.4°，水闸布置在圈堤上游（湖内侧），不仅使主体工程避开大冲坑，而且闸轴线与上游来水方向正交，仅下游左岸导水堤部分位于冲坑边。调整后水闸正对行洪区来流方向，利于行洪和反向进洪。模型试验显示，水闸运行时来流对称，水流过闸平顺，对两侧堤防和建筑物均无影响。

2007年淮河流域发生1954年以来最大洪水，为使姜唐湖蓄（行）洪区快速蓄水，同时启用了退水闸与进洪闸进洪，退水闸进洪流量达到1000m^3/s的设计流量，水闸过流平顺，对两侧堤防及建筑物未造成影响，一个月后退水闸又提闸退水，期间工程运行正常，无异常情况发生，达到预期目的。

本工程的选址及总体布置成果可推广至其他类似蓄洪区退水闸的总体布置设计中。

2. 通过合理的消能防冲布置，成功解决了双向消能防冲尤其是反向进洪时蓄洪区无水条件下泄水建筑物的消能防冲难题

姜唐湖退水闸反向进洪时，闸上水位26.43m，闸下无水，开闸泄流24小时要求达到设计流量1000m^3/s，因闸下姜唐湖蓄（行）洪区库容大，尾水上升缓慢，大流量小水深的运行时间长，且该闸地基土上部主要为淮河河漫滩第四系冲洪积土层，强度低，抗冲能力差。针对如此恶劣的消能工况，设计采用了以下消能防冲措施：（1）采用挖深式消力池消去能头。设计消力池池深3.0m，长30.0m，对于本工程而言，由于反向进洪时蓄洪区无水，综合式消力池在坎后易形成二次水跃，消能效果不理想，故设计采用挖深式消力池。（2）加强海漫的抗冲设计。为消除过闸水流余能和确保闸室安全，在湖内侧消力池后布设长15.0m的混凝土海漫和长30.0m长的毛石混凝土海漫，海漫坡比为1：20。（3）防冲槽与导流堤防冲槽结合布置。由于水流至海漫末端处水深小，流速大，并迅速向两侧扩散，闸下河床将会受冲刷，故在海漫尾端设深2.5m的抛石防冲槽和坡比1：4的反坡段。为减小水流对导流堤的冲刷、有效扩散水流和节约导流堤投资，在导流堤坡脚处沿导流堤布置防冲槽，且与闸室的防冲槽连接成整体。

上述消能防冲措施经水工模型试验表明，水跃发生在消力池内，池后不出现二次水跃，消力池消去能量90%左右，消能效果良好。防冲槽末端部位最大垂线平均流速均小于其相应河床不冲流速。

本工程所采用的双向消能防冲尤其是反向进洪时蓄洪区无水条件下泄水建筑物的消能防冲技术已通过2007年淮河流域特大洪水的考验，工程运行正常，并在淮河流域其他行蓄洪区口门如邱家湖进（退）洪闸、南润段进（退）洪闸中成功推广运用，效果良好，改变了以往蓄洪区水闸启用后下游受严重冲刷的情况。

3. 采用水泥土搅拌桩截渗墙防渗，成功解决了高水头作用下灌注桩基础闸室底板与地基土脱开带来的渗流问题

本工程闸室及岸墙地基下的中粉质壤土、淤泥质重粉质壤土的强度均较低，地基承载力及地基沉降不能满足要求，需进行地基处理。设计根据软弱土层的深度、特性及水闸工程的运用特点，确定闸室及岸墙采用钻孔灌注桩基础。

以往的工程实例表明，灌注桩承台（即闸底板）与地基相脱离的情况时有发生，施工期降水以及运用中水位变幅较大等均可能导致桩间土层变形并与底板脱开，后期灌浆处理困难。因此为防止桩基承台与地基土脱开形成闸底板下渗径短路，在闸底板下设厚0.2m的水泥土搅拌桩防渗墙，防渗墙桩顶与闸底板采用可靠的柔性连接方式，以确保闸基的渗透稳定。

2007年淮河流域发生特大洪水，退水闸在反向进洪前淮河侧水位达26.4m，且挡洪时间超过一周，工程运行正常，无异常情况发生。

4. 通过湖内侧翼墙墙后回填粉煤灰，大幅降低了墙后土压力，减小了翼墙断面结构尺寸，成功解决了土基上高挡土墙的设计难题

为满足反向进洪要求，湖内侧需设置较深的消力池，导致翼墙高度较大。由于工程场区地基土较软，为满足地基承载力和抗滑稳定的要求，采用常规的设计势必导致翼墙断面尺寸较大。

针对这一情况，设计决定采用墙后回填粉煤灰的方案，粉煤灰湿容重为 $10kN/m^3$，经计算墙后回填的粉煤灰对前墙的土压力仅为回填土的一半左右，大大降低了墙后土压力，因此湖内侧翼墙采用了空箱悬臂式结构，从而减小了翼墙断面结构尺寸，较好的解决了土基上高挡土墙的设计难题。该方案比采用常规空箱式挡土墙节省投资约 180 万元，经济效益明显。

粉煤灰回填施工时及结束后持续对翼墙进行水平位移观测，经测量，至翼墙墙后回填完成后 5 个月，总水平位移仅为 7.5mm，说明粉煤灰对前墙产生的土压力非常小，观测结果印证了设计的可靠性。

5. 通过对闸室混凝土结构施工期的非稳定温度场和应力场的三维仿真计算和温度场计算的混凝土热学参数的反演计算分析，提出多种相应的工程防裂措施，解决了泵送混凝土水闸冬季施工期防裂的难题

水闸存在裂缝是个普遍的现象，产生这些裂缝的主要原因是混凝土的温度变形、干缩变形等受到自身和外部的约束，混凝土的变形超过了容许的极限变形所致。本工程主体结构闸墩和闸底板在寒冬季节施工，为提高施工效率，选择了泵送混凝土，这为大体积混凝土施工期防裂问题提出了更高要求。

姜唐湖退水闸结合以往工程实例，对泵送混凝土结构冬季施工的裂缝成因进行了深入的分析和研究，运用非稳定温度和应力三维仿真计算程序对水闸混凝土结构进行了温度场和应力场的仿真计算，并应用改进加速遗传算法对温度场计算的混凝土热学参数进行了反演计算分析。针对以上混凝土结构的裂缝成因机理的理论分析，为有效减小混凝土早期内外温差和温升幅度，防止裂缝产生，提出表面保温和内部冷却相结合的温控防裂方案，采用相应的具体工程防裂措施如选用低热水泥、选用四级配和三级配混凝土、闸墩和闸底板外设挡风设施封闭、闸墩周围架设火炉保温、采用竹胶模板、设置后浇带和内部埋设冷却水管等，并运用有限元计算程序对各种防裂措施进行了具体的对比计算分析，比较了采用和不采用这些工程措施的不同结果，为温控防裂措施提供了科学依据。

通过上述综合措施，有效控制了混凝土温度应力裂缝的产生，经三年施工期的观测，严寒季节施工的所有泵送混凝土闸墩和闸底板都没有开裂。以上研究成果及工程实践，解决了泵送混凝土水闸冬季施工期防裂的难题，并可推广至其他工程。

三、高桥湾枢纽工程

（一）工程概况

霍山县地处安徽省江淮西部，大别山北麓，其行政区划隶属于六安市。高桥湾枢纽工程位于霍山县城北侧、淮河支流东淠河干流上佛子岭水库坝下约19km处，是以拦蓄环境水、改善水生态环境为主，结合发电及旅游等的综合利用工程。枢纽工程设计蓄水位为65.6m，拦蓄水量2000万m^3，形成水面面积340万m^2。坝址处设计洪水标准采用20年一遇，洪峰流量为4730m^3/s；工程区动峰值加速度为0.1g，地震基本烈度为Ⅶ度，工程按7度设防。

枢纽工程主要建筑物由橡胶坝、调节闸、水电站、进厂道路及城关圩自排涵等组成。橡胶坝坝型为充水型橡胶坝，共布置8跨，每跨长67.5m，坝袋全长540.0m，橡胶坝总长548.0m。充排水泵房布置在左堤与橡胶坝之间，平面尺寸为16.00m×16.00m（顺水流向长×垂水流向宽），控制8个坝袋。调节闸布置在橡胶坝与水电站之间，共3孔，单孔净宽4.80m，设计流量130m^3/s，闸室垂直水流向宽18.60m，顺水流向长96.50m。水电站紧临调节闸右侧，布置在右岸主槽内，设计引用流量130m^3/s，总装机5700kW，站内设3台GDJ810－WZ－290型轴伸贯流式机组，站身平面尺寸33.25m×34.00m（顺水流向长×垂水流向宽），水电站顺水流向总长96.50m。进厂道路改建范围为坝址至新天河河口，全长2200m，道路采用沥青混凝土路面结构。新建城关圩自排涵，设计自排流量9.73m^3/s，采用倒虹吸穿越新天河，其后接钢筋混凝土箱涵通至橡胶坝下游入东淠河，入河侧设防洪闸；倒虹吸与箱涵均采用单孔布置，总长2380m。工程布置见图2－12。

图2－12 工程布置图

枢纽工程于2012年10月上旬正式开工建设，2013年5月底完成橡胶坝及调节闸水下工程部分，2014年4月底完成自排涵及水电站，同年5月底首台机组正式并网发电。工程于2014年7月中旬全部竣工。

（二）工程施工特点和难点

1. 工程地质条件复杂，地基处理问题突出

本工程坝基持力层主要为中粗砂夹砾石层，下卧层为砾砂夹卵石层，这两层砂性土均已被人为扰动，均匀度差，且有架空现象，虽然地基承载力满足设计要求，但建

坝后易产生不均匀沉降，需对坝址范围内的地基进行加固处理。初步设计阶段主要对振冲挤密桩方案与强夯处理方案进行技术经济比较后合理确定。这两个方案技术上均可行，由于振冲挤密桩方案存在工程投资大、施工周期长、施工强度高及施工临时用电负荷大等缺点，最终选择采用强夯处理方案。按先点夯后满夯的工艺组合进行施工，点夯单击夯击能取 3000kN · m，夯锤直径 2.52m，满夯单击夯击能 1000kN · m；点夯间距 4.5m，正三角形布置，夯点的夯击次数应按现场试夯的夯击次数和夯沉量关系曲线确定，最后两击的平均夯沉量不宜大于 50mm；满夯分两遍完成，每遍两击，满夯夯点搭接 1/4 锤径。

2. 坝基为中细砂，防渗及防冲问题突出

橡胶坝底板座落在中细砂夹砾石层上，在挡水水头较高的情况下，坝基接触渗流及渗透稳定性均不满足要求，坝基需采取防渗处理措施；同时，由于橡胶坝塌坝期间水流可控性差，易造成水流集中下泄，对下游冲刷较严重，宜在消力池后布设防冲措施。为满足本工程上述防渗及防冲要求，在铺盖下设混凝土防渗墙，在海漫末端设钢筋混凝土防冲墙。防渗墙与防冲墙均采用液压抓斗机械开孔成槽，并采取泥浆护壁水下浇筑混凝土方法施工。

3. 调节闸、水电站基坑开挖与回填

调节闸与水电站座落在岩基上，岩基顶面高程 53.0m，而橡胶坝建基面高程为 61.0m，基坑开挖深度约 8.0m。由于坝址区的工程地质主要由粗砂夹砾石等组成，渗透系数 1×10^{-2}cm/s，为强透水地基，非汛期场区地下水位高程一般在 59.0m ~ 60.0m，水位差近 6.5m。如何在深基坑、高水头及强透水的地基条件下保证基坑干地施工，以及施工期间的开挖边坡的稳定是本次施工能否成功的关键。初步设计阶段主要选用高压小角度摆喷成墙并局部采取深井降水配合的方案，施工初期由于连续降雨及佛子岭水库放水的影响，场区水位达到 61.5m，若按原截渗方案实施，很难保证开挖基坑安全，最后经设计、监理、施工及建设单位等四方联合协商后选用抗剪强度较高的高压旋喷桩成墙方案，并与已经实施的上游防渗墙及下游防冲墙连接起来，形成封闭，保证了工程的顺利施工。高压旋喷桩采用三管法施工，桩径 1.0m，桩距 0.8m，平均桩长 10.0m。

电站主厂房建基面高程 49.0m，基岩开挖深度约 4.0m，由于电站施工单位进场较晚，调节闸及分流岛底板均已实施完成，正在进行闸墩及墙体浇筑，因此电站基坑无法采用浅孔爆破开挖。为了减少电站岩基开挖对调节闸的影响，施工单位先期采用了静态爆破法，由于岩石完整性好、强度高且当时正值 12 月气温较低，因此，静态爆破效果很差，开挖效率极低。最终，施工单位采用从德国进口的岩石切割机进行施工，岩石分层开挖，每层 0.5m，平面上分带状进行，每条宽 0.5m。根据施工图纸要求开挖，成形后直接作为站身一部分。

基坑回填主要为橡胶坝与分流岛连接部位，两建基面高差约 8.0m。根据施工进度安排，基坑回填于 2 月底开始，至 3 月底完成该跨橡胶坝施工，为 4 月初封堵导流明渠施工中间两跨橡胶坝创造条件。这就要求回填质量必须得到保证，以免在后续工程运行中出现较大沉降，从而危及工程安全。施工时，对底层砂填筑采用水力输送，振捣器振捣密实，填筑高度约1.0m；后续施工采用装载机运洒过水的砂砾石，分层铺筑，分层厚度0.4m，每铺完一层，注水后采用反铲压实，填筑完成后，做标贯试验，平均标贯击数大于26，满足设计要求。该段橡胶坝施工完成后，基本没有沉降。

4. 施工导流

本工程安排在二个非汛期内完成。第一个非汛期主要施工橡胶坝和调节闸，分三期实施，安排如下：一期施工安排在第一年10月~12月下旬，主要施工橡胶坝地下连续墙工程和导流明渠的开挖，利用右岸深槽导流；二期施工安排在第一年12月下旬~第二年3月底，填筑一期左、右侧围堰，施工右侧调节闸、水电站和3孔橡胶坝、左侧3孔橡胶坝，利用开挖的明渠导流；三期施工安排第二年4月~5月底，填筑二期围堰，施工中间2孔橡胶坝；并加高一期左侧围堰，作为中间两孔橡胶坝施工的进场通道，利用完建的右侧橡胶坝和调节闸导流；水电站跨汛期施工，汛期充许围堰过水。第二个非汛期施工自排涵和未完工的水电站。

（三）工程施工新技术

1. 坝袋防磨损设计

湑河为多悬移质泥砂河流，推移质含量小，根据类似工程的运行情况，在该河道上的橡胶坝坝袋磨损主要有以下两方面原因：（1）行洪时上游有树木或带有尖角的物体随洪水下泄。（2）频繁充坍坝造成坝袋堵头与两侧中墩的磨损。针对上述情况，可采取一定的预防坝袋磨损的措施，具体有：（1）适当增加坝袋外胶厚度、改进坝袋外胶层材料特性，提高抗磨性能；（2）坝袋端部与隔墙接触部位采用复合不锈钢板衬砌，以确保坝袋端部接触密实光滑，避免坝袋端部磨损，在坝袋下游塌落线范围内，坝底板表面采用水磨石处理，增加坝底板的光滑度，从而减缓坝袋磨损。

2. 充排水系统布置

本工程橡胶坝跨数多，总长度较长，已建成的相似规模工程通常采用在橡胶坝河道两侧分别设置泵房控制橡胶坝立坝、坍坝，此方法虽然简单，但由于需要分别在两侧泵房内各设置一套充排水系统，设备数量多，工程造价大，操作工作量大，并且需设置跨河交通工具供工作人员跨河去另一侧泵房操作、维护，运行管理不便；本工程采用在一侧设置泵房，采用母管、支管、阀门的配合只需设置一套充排水系统，设备数量少，工程投资省，操作、维护简单，且无需设置跨河交通工具，管理方便。

按照调度运行要求，在规定时间内及时坍坝对工程的安全起着至关重要的作用。除了充排水系统设置备用水泵、供电时设置柴油发电机组作为备用电源等措施外，在分流岛靠近橡胶坝侧设置应急管路与橡胶坝底板内管路相连接，管路出口与消力池联通，通过分流岛内的阀门控制管路的运行。在恶劣气象条件下，当供电线路出现故障，柴油发电机组亦不能正常工作时，可打开自排管阀门，并通过应急排水管路加速坝袋的自排，在最短时间内最大限度的降低坝袋高度，减少橡胶坝对洪水下泻的影响。

第五节　民生水利工程

××县 2009 年度农村饮水安全工程

（一）工程基本情况

1. 工程概况

××县地处淮北平原腹地，土地面积 2107km^2，耕地面积 200 万亩，辖 25 个镇（场）、394 个村（居）委会，总人口 150 万人，其中农村人口 130 万人，饮用浅层地下水的农村人口为 120 万人，取水方式以手压井为主。根据农村饮水现状调查和省发改委、水利厅批复，全县饮水水质不达标人口为 40 万人，饮水水质不达标原因主要包括高氟水、苦咸水、污染水、局部严重缺水四种类型。其中，高氟水问题最为突出，涉及范围广、人数多。

××县 2010 年度农村饮水安全工程解决饮水不安全人口 9 万人，涉及该县 10 个镇、31 个村委会、163 个自然村，11 个供水厂，受益人口近 10 万人，均采用集中方式供水。

2. 工程内容

××县 2010 年度农村饮水安全工程包括深井、井房施工、设备采购、管网采购与服务等。

3. 工程量

新建供水厂 11 处，其中打 225m 深井 11 眼，配置气压水罐供水设备 11 套，变频供水设备 7 套；建井房及管理房 11 处，面积 1900m^2；埋设管网 533km 及附属建筑物；建自动化水厂 2 处，配置自动化管理设备 2 台套。

（二）工程特点和难点

1. 工程特点

本工程管道网络路径长约 533km，跨 10 个乡镇，建集水供水工程 11 处，其中自动化控制 2 处，且有 16 家施工单位参加施工，工程线路长，施工单位多，且跨汛期施工，主管道要求必须从大田地埋设，青苗的补偿数量较多，清障困难，施工难度大，施工管理困难。

2. 工程难点

（1）测量放样。本工程管道网络较长，设计时难免会存在考虑不周或与现场条件不符等问题，因此，工程实施前必须按照设计要求，进行测量、放样、定线，发现问题及时调整，确保管线布局合理。

（2）深井施工。本项目需新打 11 眼 225m 深井，深井的成井质量直接关系到工程运行的效益，因此，成井质量非常重要，在深井实施过程中，必须把握住以下几点：①扩孔直径必须满足滤料的填充厚度，严格按《供水管井技术规范》实施；②滤料要使用颗粒均匀，磨圆度好、无棱角、无杂质的砾石，且级配合格，填充厚度满足规格要求；③深井成孔后要进行电测，根据电测资料估算出水量，选择透水管布设位置及长度，确定封闭位置和高度；④洗井要及时进行，洗井时间不少于 6 ~ 8 个台班，做到水位三上三下，水质三清三混，最后达到水清沙净，达到饮用水标准；⑤洗井完成后，要及时取水化验，达不到饮用水标准，要及时采取措施，确保群众用上安全水。

（3）管道布设。本工程管网长度达 533km，为确保工程质量，必须做到：①主管网（ϕ90mm 以上管网）必须走大田地，青苗补偿由施工单位协调并承担费用；②埋设深度必须达到设计要求；③闸阀水表井和主管道拐弯处必须设置镇墩，ϕ50mm 以上主管网必须安装伸缩节；④管道完成后必须进行试压、试漏，合格后试运行三个月方能交管理单位管理。

（4）地方协调。本工程需解决 × × 县 9 万人的农村饮水安全问题，跨 10 个乡镇，在施工过程中井房工程占地和管网开挖占地、管道线路清障等外部因素较复杂，必须和乡镇及当地群众搞好协调工作，否则将直接影响工程进度。

（三）工程施工

2010 年 6 月 6 日，在监理单位主持下，设计单位进行了技术交底工作，之后，建设单位成立了三个督察组，监理单位每组派一个监理工程师参加。每个督察组督察 3 ~ 4 个水厂。水厂施工内容包括井位确认、基础放样、开挖、验槽、砌筑、钢筋绑扎、浇屋面及管网埋设、设备安装、成井质量检查、隐蔽工程旁边、产品质量现场抽样、送检等，监理人员都全程参加。

在项目施工过程中，业主每十天组织一次调度会议，及时发现并解决施工中存在的困难和问题，方便了承包人与业主及监理单位的沟通协作，有利于及时制定出最优决策，有效的保证了工程工期，督察组每天对工程质量进行检查、督促，施工单位加强管理人员，有效的保证了工程质量，确保工程按期完成。本工程于 2010 年 6 月 20 日开工，2010 年 9 月 30 日完工，经历 102 天，实际工作日 89 天。

（四）质量检查与验收

本工程划分为一个单位工程，11 个分部工程，57 个单元工程，348 个工序，通过检查和评定，工程质量全部合格，达到设计要求。

质量检查采取专业监理与农民监督相结合的方式，隐蔽工程验收施工单位自检后，监理、建设单位复核。工程竣工验收分县级验收、市级验收、省级验收，其中县级验收由建设单位、监理、农民监督员、乡镇领导、施工单位等组成验收组验收；市级验收、省级验收分别有各县市抽调专业技术人员组成验收组验收。

第三章　水利水电工程质量与安全事故剖析

第一节　土石方工程

一、泄洪排砂洞坍塌伤亡事故

（一）事故经过

2005年2月11日，××单位承建的××电站排砂洞工程，在进行结合段改造施工过程中，在对桩号0+247.5~0+246段打完锚杆、支好钢支撑进行二次喷护和0+246掌子面钻爆打孔作业时，已喷护封闭的桩号0+246掌子面突然发生岩石坍塌，一块约3.5m×1.8m×0.35m不规则的片石坠落将施工现场搭设的钢管脚手架施工作业平台（平台上当时有20余人作业）砸垮，造成1人（通过作业平台下抬送氧气瓶者）当场死亡，2人（通过作业平台下抬送氧气瓶者1名，正在平台上作业人员1名）在送往医院抢救过程中死亡。另有2人重伤，8人轻伤。

（二）事故原因分析

1. 直接原因

施工地段围岩由含煤中厚层砂岩夹薄层泥质粉砂岩组成，岩层面及垂直于层面裂隙发育，相互切割岩体呈次块状或碎裂状，洞身围岩稳定性较差，属III、IV类围岩。由于该项工程所处位置地质条件较为复杂，该起事故在某种程度上具有难以预见的性质，事故发生前没有垮塌迹象，也未发现松动岩块，开挖掌子面受垂直于岩层层面的裂隙切割，形成松动岩块，在卸荷松驰及施工爆破等扰动的影响下失去稳定，扩挖后的掌子面应力释放推动岩石突然剥落坍塌砸垮作业平台，形成局部垮塌，砸垮作业平台，这是造成突发垮塌事故的直接原因。

2. 间接原因

（1）施工单位对洞挖改造施工过程掌子面岩层卸荷危险性预见不足，从而未落实好相应的防范措施。

（2）施工地段围岩由含煤中厚层砂岩夹薄层泥质粉砂岩组成，稳定性较差，属III、IV类围岩。在进行作业前采取了加强支护的工程措施，事故发生前没有任何垮塌迹象，现场施工人员和安全人员经排险处理、盯在现场观察监视均未发现松动岩块，破碎岩层卸荷松驰及扰动等情况确难预见。

（3）因相关单位在试验、设计等过程的推迟，该洞是库区唯一泄洪出口，工期滞后四个多月，且工程量增加许多。为保下游千百万人民的安危而必须抢工期、抢进度。

（4）该改造工程量大，时间紧、工序多、场地狭窄，洞身改造体型复杂，高标号抗冲耐磨混凝土质量要求高，交叉作业各工序之间相互干扰大，洞内交通管制又难以实施。

二、山体滑坡事故

（一）事故经过

2005 年 5 月 26 日，××单位负责电站进水塔混凝土施工的××协作队的 6 名施工工人，正在 330m 高程的进水塔 1#机基础部位进行混凝土浇筑施工，施工现场安全员张某某突然听到施工作业面上方边坡平台（高程 370m）的一名放料人员在大喊“石头塌方了，快跑”，张某某听到后意识到危险，便立即向正在混凝土仓内施工的 6 名工人大声呼喊，并示意工人赶紧撤离。就在工人撤离的时候，进水塔 1#机基础部位上部 370m～385m 高程的边坡局部发生瞬间滑坡，约 $200m^3$ 的土石滚落到进水塔 1#机基础混凝土仓内。土石滚落 1～2min 后，分局的现场安全员梁××和郝××、协作队的现场安全员张××在确定再无塌方迹象的情况下，迅速到混凝土仓内查看伤亡情况并组织施救，发现 6 名施工工人中有 2 人已经被当场砸死，2 人受伤，2 人安全撤离。于是他们迅速电话上报分局领导及建设公司、质安部等相关领导。建设单位、施工单位相关领导接到事故报告后迅速赶到了事故现场，组织人员立即将 2 名伤员送往当地镇医院急救中心进行抢救，其中 1 人经抢救无效死亡。随后，分局又通知派出所、监理、设计等单位的相关人员进行现场勘查，并安排人员进行现场警戒、保护现场。

（二）事故原因分析

1. 直接原因

（1）滑坡地段地质结构状况差。进水塔 1#机基础部位上部 370m～385m 的高程的边坡地段基岩是灰岩，偶含灰白、灰黑色燧石结核。下部为灰黑色、薄层灰质页岩，夹有少量炭质页岩及劣质岩线，中部为深灰色泥质灰岩，钙质灰岩层。

（2）存在着诱发山体塌方外在的非人为干扰因素。进入 5 月以来，大多为少晴多雨天气，最高降雨量为 17.8mm。该地段由于受连续不断降雨的影响，大量积水灌入高边坡土层和岩层之中，导致岩层中泥土发生膨胀使外层岩石移位，使移位后的外层岩石稳定性不够而发生滑坡。同时，滑坡地段与施工现场上下垂直距离高达 60m，信息传递不便，从而导致了瞬间无法避免的事故发生。

2. 间接原因

（1）建设、施工、监理、设计四方在地质灾害防治上虽然采取了积极的措施，但在地质灾害防治上能力不足，认识上、技术上存在着局限性。据调查：2005 年 1 月 21 日，工程设计代表处根据施工现场的情况，考虑到进水口右侧高程 375m 以上边坡卸荷和风化带较为严重，为确保边坡长期稳定，设计代表处向工程建设公司送发了《关于地下电站进行右侧边坡地质缺陷处理的通知》（以下简称《通知》）。该《通知》要求对进水口右侧385m ~407m 高程边坡即事故滑坡地段上方进行削坡处理。按照变更设计通知的要求，施工方于2005年3月进行了削坡处理施工。竣工后，建设、施工、监理、设计四方有关负责人到现场进行了勘查验收。4月8日，建设公司又主持召开了引水发电系统施工技术研讨会，对进水口高程375m以上边坡处理问题予以了明确。会议结合施工方提供的该段边坡施工安全监测资料分析后认为，高程407m平台2#井公路沿线裂隙所处部位不在引水渠（进水口）排架公路桥的桥面范围内，且后期不会影响引水渠进水口部位的混凝土浇筑施工安全，会议决定对已作削坡处理的引水渠进水口处高程为385m ~407m 的边坡下方即事故滑坡地段不进行开挖处理。

（2）建设、施工单位在汛期地质灾害防治上采取的安全防范措施不够全面。据调查：施工方对进水口右侧385m ~407m 高程边坡进行了削坡处理后，为确保引水渠进水口处施工安全，一方面，在高程为375m马道周边布设了安全网，以防边坡上掉落小石头危及下方施工人员安全；另一方面，结合以往同类工程表面监测经验，经建设、设计、监理、施工四方研究决定，施工方在进水口边坡407m高程平台（边坡崩踢的上方）设置了3个监测点，安排专业测量人员利用先进的全站仪TCR702（测角精度2，测距为2mm +2ppm），按照《土石坝安全监技术规范》SL60—94关于对土石坝永久岸坡在施工期的监测频率为3 ~6次/月（即5d ~10d 测一次）的要求，对3个监测点每2d ~5d 监测一次边坡变形情况。监测数据表明，该区域没有滑坡趋势，比较稳定。建设、施工单位由于认识上的差距，只考虑到对进水口右侧整个山体的监测，而忽视了对边坡局部地段稳定状态的仪器监测和施工过程中375m高程边坡以上范围局部地段的人工观测。

三、薄板岩层滑塌事故

（一）事故经过

××水利枢纽库区移民专业项目北线公路复建工程北岸线公路长度29.175km，等级为三级，设计行车速度30km/h，预算总投资7054.68万元，分六个标段施工，发生事故的第三标段长度7km。

2007年5月10日下午，第三标段施工单位正在组织施工人员在K16 +080 - K16 +150段施工，其中6人系着安全绳在高边坡上进行排险作业。15时24分，作业面上薄板岩层发生滑塌，将正在排险作业的3人及K16 +150侧面拉安全绳的1人砸倒，4人随同岩体一同坠落。造成了3人死亡，1人失踪（后发现已死亡）。

（二）事故原因分析

初步分析事故原因：一是工程地质条件复杂，施工难度大；二是施工单位未严格按照设计要求进行施工，安全生产意识不强，安全防范措施不完善。

第二节 模板工程

一、模板架设事故

（一）事故经过

2007 年 10 月 16 日上午 8:00 时左右，× ×水利枢纽工程溢洪道（含鱼道）施工现场，在溢洪道轴线 0 +020 处，有 4 名工人正在对鱼道顶部进行支模，其中 2 名工人在上部搭跳板，2 名工人在下部支立柱，上部搭跳板的 1 名人从上部坠落到鱼道口下部受伤，项目部经理立刻赶赴事故现场，并迅速组织救援车辆将伤者送往附近医院，经医院抢救无效死亡。

（二）事故原因

事故发生后，有关方面组成联合调查组，对事故进行了调查，认定为责任事故，事故主要原因：一是对安全生产工作重视程度不够，作业人员的岗前培训教育落实不到位；二是安全生产规章制度执行不严，安全监管力度不足。安全生产监督管理局对事故责任人和责任单位做出了经济处罚的决定。

二、模板支撑体系坍塌事故

（一）事故经过

2005 年 9 月 5 日 22 时许，× ×工程在进行高大厅堂顶盖模板支架预应力混凝土空心板现场浇筑施工时，模板支撑体系坍塌，造成 8 人死亡、21 人受伤的重大伤亡事故。

（二）事故原因分析及责任追究

× ×工程土建总工程师、项目部总工程师、项目经理、项目部监理员、项目部总监等 5 人涉嫌犯重大责任事故罪接受法院审判。

检方指控：上述五人在× ×工程施工期间，明知模板支架施工设计方案未经审批，项目土建总工程师仍要求劳务队施工；针对模板支架施工设计方案存在问题仍进行施工搭建的情况，项目部总工程师未采取措施，从而使模板支撑体系存在严重安全隐患；项目经理对模板支架施工未予制止，并组织进行混凝土浇筑作业；项目部监理员、项目部总监未切实履行监理职责，对不符合安全要求的模板支架施工未予制止。由于他们的上述行为，导致 2005 年 9 月 5 日 22 时许，发生模板支撑体系坍塌事故，造成现场施工工人 8 人死亡、21 人受伤的严重后果。检方认为，5 名被告人的行为已构成重大责任事故罪。

法院认为，由于上述 5 人的违规行为，导致 2005 年 9 月 5 日 22 时许，在进行高大厅堂顶盖模板支架预应力混凝土空心板现场浇筑施工时，发生某部支撑体系坍塌事故，其行为构成重大责任事故罪。

三、施工排架垮塌事故

（一）事故经过

××水电站工程砂石料系统10#成品料仓是地下竖井工程，竖井直径10.8m，高38m，底部高程1224m。6月开挖工程完工后，进行混凝土浇筑施工，由××施工局协作分包单位××建筑安装公司负责施工。6月9日，开始搭设钢管排架平台，6月13日排架完工，平台高程1262m。6月14日、22日进行了二次竖井顶部锁口垫层钢筋钢模板安装和混凝土浇筑施工。6月24日11时，10名施工人员开始拆除钢模板，同时进行混凝土凿毛作业，将399块拆下钢模板堆放在平台一角，14时47分在接凿毛风管时，突然排架垮塌，10名施工人员随排架平台坠落至竖井底部，造成2人死亡，3人负伤。

（二）事故原因

1. 直接原因

（1）排架设计存在缺陷。排架平台搭设未按设计规范施工，大多使用旧钢管扣件，验收不认真，排架稳定性不够。

（2）违章作业，材料存放不当。平台荷载过于集中，拆下399块钢模板，共6.13吨集中堆在一角处，致使平台荷载失衡垮塌。

2. 间接原因

（1）安全教育培训不够，施工人员缺乏安全操作技术和技能，对排架平台安全使用基本知识缺乏。

（2）施工现场缺乏安全检查监督，致使排架存在隐患未能及时发现和整改。

（3）项目安全管理失控，对分包单位排架搭设、验收和使用安全未能有效监控和指导。

第三节　起重吊装工程

一、水电站门机运行倾覆事故

（一）事故经过

2006年6月28日上午，位于基坑的MQ600B门机负责3#机尾水扩散段混凝土浇筑任务，入仓混凝土罐为6m^{3}卧式混凝土罐。浇筑前，仓面指挥人员首先对起吊大钩进行了28m内回转半径的确定，然后开始浇筑。上午浇筑混凝土约100m^3，12:00时3#机基坑吊装压力钢管，因场地限制，MQ600B门机暂停作业。14:10时MQ600B门机恢复浇筑，为了使沙浆能分散得更好，指挥人员要求调整扒杆角度，第一罐2m^{3}砂浆顺利入仓。

14:30，门机司机在没有行走门机、没有将已经变幅的扒杆回复到正常位置就转到受料点受料，并提升第二罐混凝土，在混凝土罐起升到距离地面 8m ~ 9m 时门机倾斜，并迅速倾覆。门机倾覆时，附近有数名员工在进行仓面准备，其中一人被倾覆门机压倒当场死亡，同时两名门机司机一人在操作室内死亡，一人失踪；仓号内的监仓员 1 人、技术员 1 人、调度 1 人共三人也被倾覆的门机撞伤，并送往医院抢救。

事故发生后，× ×施工局立即向上级主管单位作了汇报，同时报告了当地公安、安全监督以及技术监督等部门。随后，成立了以施工局长为组长的事故善后小组，并全面组织抢救。事故善后小组在进一步勘察事故现场后，发现在机仓内发现一人死亡，经辨认确定为失踪的操作人员。到 29 日凌晨四时，送往医院的 3 人中 2 人经抢救无效死亡，一人确认为轻伤。至此，这次事故导致 5 人死亡，1 人轻伤。

（二）事故原因分析

1. 直接原因

门机操作人员没有行走门机而是采用变幅扒杆转回到受料处，操作人员的违章操作导致门机工作力矩超过抗倾覆力矩，是造成此次事故的直接原因。

2. 间接原因

（1）门机安全保护装置失灵、不完善。

（2）施工局在特种设备尤其是在大型起重设备的使用与运行上疏于管理，在门机安全保护装置不完善的情况下，虽然采取了一些措施，但安全监护不到位。

（3）施工局在安全和生产进度发生矛盾时，没有坚持安全第一、预防为主的原则。

二、水电站门机维修倾覆事故

（一）事故经过

2005 年 7 月 27 日，× ×施工局在设备例行检查中发现位于 3 号坝段 341.5m 高程平台上施工的 DMQ540/30 型门座式起重机的变幅钢丝绳损坏，随后主管机电的副局长负责组织维修。经过几天准备，8 月 1 日上午 8 时，副局长和门机班班长，按计划安排将门机起重臂平放在 341.5m 高程平台上，开始更换门机变幅钢丝绳。10 时，工地停电，检修工作暂停。12 时来电后，检修工作继续，13 时 30 分发现在门机起重臂平放状态下，更换的变幅钢丝绳长度不能达到更换的需要。为此，副局长、班长二人擅自决定改变原检修方案，将平放状态下的门机起重臂升起斜靠在 2 号段坝边缘顶端，以缩短所需变幅钢丝绳的长度。这时另一副局长、施工局书记、安全员等人认为此方案不妥，表示不同意，但副局长、班长二人坚持己见。14 时，班长指挥将原平放在 3 号坝段 341.5m 高程平台的门机起重臂升起，左旋 90°转向，将门机起重臂搁置在距门机支腿 5.5m 处的 355m 高程 2 号坝段边缘顶端，并开始把前期已穿好的 8 道变幅钢丝绳逐道回撤，因变幅钢丝绳在起重臂顶端滑轮处发生跳槽，15 时左右，班长便爬上起重臂去处理故障，当爬到接近起重臂顶端滑轮处时，门机整机向后倾倒，从 3 号坝段 341.5m 高程平台翻坠下 10m 的 4 号坝段 331.8m 高程平台，造成参加检修门机人员 14 人死亡、4 人负伤、门机报废的特大安全事故。

（二）事故原因分析

1. 直接原因

（1）设备不安全状态。门机起重臂（长 37.5m）由原平放在 3 号坝段平台上改变为提升斜靠搁在距支腿 5.5m、高 7.3m 处的 2 号坝段顶端，使门机起重臂形成了以搁置处为支点的杠杆，起重臂由原平放向下自重（22t）的“稳定力”转变为上撬的“倾翻力”（23.8t），根本改变了配重（38t）与起重臂之间的门机整体平衡性，导致门机整机以支腿为支点的“倾翻力距”超过“稳定力距”，使整个门机处于失稳状态。

当班长爬到起重臂顶端滑轮处，进一步加大了门机的“倾翻力矩”，使已经处于失稳状态的门机开始倾翻。

（2）门机检修组织者忽视安全，擅自改变方案，违章指挥。

2. 间接原因

（1）安全培训教育不够。个别项目负责人安全素质低，缺乏基本安全知识而不听劝阻，冒险蛮干，其他领导管理人员不能给予有效制止。

（2）安全管理工作落实不到位。施工单位尽管建立了较为完善的安全管理规章制度，但实际实施过程中特别是一些小型项目落实不到位，存在薄弱环节。

三、塔吊安装垮塌事故

（一）事故经过

某施工单位机电安装工程处于 2007 年 9 月 5 日在 × × 水利枢纽工程现场安装塔吊（7050 型，自升式），9 月 18 日下午约 14:50 时开始内塔身顶升作业，到 15:30 时，当第 6 个顶升行程（每个行程 0.5m）顶升了约 0.43m 时，内塔身及以上部分向下滑落，塔吊发生弯曲，大臂及驾驶室坠地，使得塔吊上的 10 名安装人员和 1 名塔吊司机随同塔吊倒塌一起坠地，造成 4 人死亡，4 人受伤。

（二）事故原因分析

初步分析事故原因是：塔吊在顶升过程中因顶升梁耳板断裂，导致塔吊顶起部分失去支撑后下滑，造成塔吊失衡而垮塌，该事故属责任事故。

第四节　脚手架工程

一、脚手架坍塌事故经过

某大桥为一座长 236m，宽 13m，4 个桥墩，主孔为 80m 的现浇箱型拱桥。

2002年2月8日对已搭设完毕的大桥支承脚手架进行荷载试验，以检验其承载能力以备浇筑混凝土施工。由于此支撑架的搭设没有详细的施工方案和设计计算，对支承脚手架进行荷载试验也无规范的荷载试验方案和对操作程序进行严格规定，因此对脚手架也没有检查验收，只凭经验搭设。在加荷过程中既没有专人指挥，也没有严格按照自大桥两岸向中间对称加载的方法，当大桥一端因加载的砖块未到，人员撤离到岸边休息时，另一端人员却继续加载，从而使桥身负荷偏载，重心偏移，脚手架立杆弯曲变形，当加载至设计荷载的90%（1100t）时，脚手架失稳整体坍塌，20多名施工人员全部坠入河中，造成3人死亡。

二、脚手架坍塌事故原因分析

（一）技术方面

（1）脚手架承载能力不足。脚手架倒塌的直接原因是承载力不足，局部立杆被压弯失稳导致整体坍塌。

大桥施工脚手架采用了一般钢管扣件脚手架，但未针对此种脚手架的承力架设高度及支撑荷载做详细计算，只将各桥墩脚手架立杆纵横间距较一般施工用脚手架缩小为0.85m～1.0m，这种简单的措施并未经计算确认。实际上影响脚手架整体稳定的因素，除去立杆的间距外，还应采取以下措施：

①缩小立杆步距。步距缩小可以减少立杆的计算长度，提高立杆承载能力。

②增加剪刀撑。脚手架是由立杆及水平杆组成，因此呈几何不稳定，受水平力后会产生变形，故规范要求自下至上设置剪刀撑，增加脚手架的整体稳定性。

③立杆基础不能变形。此脚手架立杆底部在水下，其支撑强度如何没有详细的勘察，只采用了向水中抛砂袋方法，此种方法也没有经试验印证资料说明其效果的可靠程度（如何抛，抛多大数量，对立杆产生何种效果，如何测量检验等）。

（2）钢管材料不合格。经检测有47%的钢管壁厚不足3.5mm，最薄者仅2mm，因截面削弱，直接影响了脚手架的承载能力。

（3）对扣件紧固程度无要求。规范规定扣件紧固力矩为40N·m～50N·m，当扣件紧固力矩不足时，脚手架承载能力会明显下降。此脚手架扣件使用前对抗滑能力未做检验，使用后对紧固力矩未进行抽测，如此施工很难保证脚手架的承载能力。

（二）管理方面

（1）加载不均。该施工单位由于管理失控，对脚手架搭设未经计算，导致承载力不足，对加载试验失于管理，导致加载不均。

荷载试验本身是一种科学行为，而该公司既未制定试验方案及加载程序，又无人指挥使加载按规定严格进行，以及随时检测脚手架变形情况以便发现问题及时采取措施，而是放任作业人员随意进行，最终在脚手架承载力已经不足的情况下，又出现了不均匀加载问题，使脚手架沿桥梁方向产生纵向变形，加速了事故的发生。

（2）监理工作失职。如此重要工程，监理公司既未对施工单位是否编制施工组织设计及安全措施进行检查，对材料近一半不合格的情况也未引起注意和查看是否有材料检验资料，对脚手架搭设完毕也无认真验收是否满足设计使用要求，同时对现场加载人员的违章行为也未加制止，最终导致脚手架整体坍塌，监理有不可推卸的责任。

第五节　拆除爆破工程

一、爆炸事故

（一）事故经过

××电站工程其水库设计库容1.58亿m^3，调节库容1.2亿m^3，正常蓄水位445m，大坝为钢筋混凝土面板堆石坝，最大坝高102.5m，坝顶高程447m，坝顶宽10m，电站总装机容量7.5万千瓦，工程总投资6.32亿元。

经调查，事故基本情况为：2007年8月5日19时35分，在主洞K1+520处，由于雷管、炸药违规堆放一处，被一辆正在运送支护台车的装载机碾压而发生爆炸，爆炸的炸药共5箱120kg。

事故发生时，洞内共有三个工作面进行作业，洞内作业人员计22人，其中在主洞K1+456处有从事开挖工作的工人8人；在主洞K1+520处的掌子面有从事支护工作的工人8人，装载机驾驶员、管理人员、抽水杂工各1人，在主洞K1+850处的掌子面有等待出碴的驾驶员3名。此次爆炸事故发生在支护工作面，共计造成5人死亡，一辆装载机严重损坏，通风装置、照明设施不同程度受损。

（二）事故原因分析

1. 施工现场火工材料管理混乱

工作组通过翻阅相关资料发现，从2007年5月24日至事故发生期间，由于雷管、炸药乱堆乱放，监理单位就发出违规处罚及警告通知书3份；从现场项目部、警务室、监理及施工单位联合开展的20余次检查记录中也发现，存在将炸药遗弃在洞内；防爆箱未上锁，无专人看管；未经现场监理工程师允许，未在规定时间内，且未设置安全警戒的情况下私自爆破；将雷管、炸药私自存放于民工宿舍内等问题。

2. 火工材料收发环节把关不严，监督不到位

据调查，事故发生后，从现场运出了雷管471发（其中火雷管18发）、炸药21箱（每箱24kg）、导火索6m。调查组到达现场后，在上游洞内仍然发现一箱雷管，一箱炸药，地上还有散乱炸药。下游掌子面处还有一柜零两箱炸药（总计613.6kg）、一箱雷管（非电管386发）。另据调查组反映，事发之前（8月5日），在洞内大量炸药未用完的情况下，施工单位仍开具了领取雷管、炸药的票据，但实际未领。

上述现场发现的问题严重违反了《民用爆炸物品安全管理条例》（国务院令第466

号）等有关规定。

二、爆破安全事故

（一）事故经过

2005年5月18日，××水库除险加固工程大坝土建标段发生一起因放炮引起山体坍塌，造成3人当场死亡的重大安全生产责任事故。

（二）事故原因及责任追究

调查报告认定的事实如下：

（1）施工单位项目经理未根据矿山工程特点制订专门安全技术措施，对发现的事故隐患未能及时整改，对该起事故负主要责任。根据《建设工程安全生产管理条例》第66条规定，吊销项目经理资质证书，其已被刑事处理，自刑罚执行完毕之日起，5年内不得担任任何施工单位的项目负责人。根据安全生产考核管理有关规定，收回项目经理建筑施工企业项目负责人安全生产考核合格B证，5年内不予重新考核，并作为不良行为记录，上网公告。

（2）施工单位项目部爆破班组长无证上岗，违反爆破方案，组织扩壶爆破、掏底开采，开挖台阶高度严重超过设计方案标准，对该起事故负主要责任，目前已被刑事处理。

（3）施工单位项目部施工员对爆破班组长期违反爆破方案进行爆破作业未采取相应措施，对该起事故负一定责任。根据有关规定，吊销施工员水利建设工程施工员上岗资格证书。

（4）施工单位项目部安全员对爆破作业现场安全检查和管理不到位，对该起事故负一定责任。根据安全生产管理人员安全生产考核管理有关规定，收回安全员建筑施工企业专职安全生产管理人员安全生产考核C证，5年内不予重新考核。

（5）施工单位对工程项目安全生产管理不到位，对所承建的工程未进行定期安全检查，对本起事故的发生负重要责任。根据《建设工程安全生产管理条例》第62、64条规定，责令施工单位限期改正。根据安全生产管理人员安全生产考核管理有关规定，收回施工单位法定代表人建筑施工企业主要负责人安全生产考核A证。

第六节　围堰工程

一、水电站围堰垮塌事故

（一）事故经过

××水电站工程是一个综合性开发骨干水利枢纽工程。××水电站包括拦河大坝、引水式电站、升压站、输电线路和城市供水工程 5 部分。

事发前的 5 月 2 日河道涨水，上游围堰曾出现渗水现象，当晚在发电隧洞前明管段用水泥袋和砂石设置了堵水墙，施工单位安全科通知停工一天。水情过后，施工项目部及时进行了加固处理。

5 月 27 日 17 时 49 分，河道洪峰流量达到 1700m^3/s，洪水漫过上游围堰顶部，并逐渐冲毁围堰。17 时 55 分，洪水冲毁了堵水墙，水流通过隧洞，淹没厂房，造成了洪灾。由于堵水墙没有抓紧施工，洪水由此进入发电引水隧洞，厂房工区全部被淹，正在引水隧道作业的 4 名民工落入水中；溃决后的洪水直接冲到下游对岸的河滩，将行进在河滩便道上、载有 12 名儿童及 1 名司机与 1 名幼儿教师的面包车卷走。该事故共造成包括 12 名幼儿在内 18 人死亡的重大事故。

（二）事故原因分析

引发××电站围堰漫溃的洪水并不大，却带来 18 人死亡的严重后果。事件发生有偶然因素，但工程建设相关各方对工程建设中应预见到的问题重视不够，未采取相应防范措施，没有形成防汛保安联动机制等，使悲剧成了必然。事发之前，电站上游区域 30 个小时内的平均降水量不到当地 5 年一遇暴雨——24 小时内降水超过 124.4mm 的一半。当日××电站上游围堰顶部开始漫水时，正常洪峰流量为 1071m^3/s；即使漫溃之后的瞬时洪峰奔腾而下、再加上支流的水流，也才 1900m^3/s，流量低于 1967m^3/s 的当地城区 2 年一遇洪峰流量，洪峰相应水位也低于当地城区警戒水位 1.21m。

有关专家分析认为，事故发生与以下因素相关：

（1）围堰设计不合理。施工单位、监理单位与设计单位修改初步设计后选定的“自溃式”围堰，拦不住汛期洪水。调查表明，××水利枢纽工程初步设计及招标文件中，围堰设计为过流式围堰，要求经得起汛期洪水考验即洪水漫过也不会溃决。而修改选定的自溃式围堰，投资只有过流式围堰的 1/3，而且是按枯水期洪水流量标准设计。

（2）主体工程进展滞后。4 月 30 日汛期到来之前，施工单位的大坝浇筑形象高程没有达到进度最低要求的 437m，围堰漫溃后，洪水主要通过的大坝 5#与 6#坝段高程不够，使大坝未能起到及时拦蓄洪水、有效削减水力的作用。

（3）围堰出险后防范措施不当。5 月 2 日大坝因洪水而出险，施工单位本应该采取拆除上游围堰，或者加高加固上游围堰延长围堰挡水时间等防范措施，可是由于忽视安全生产，对防洪心存侥幸。电站上游围堰本次溃决前已拦蓄上游来水 1300 万立方米，围堰随时可能漫溃的威胁如同一枚“定时炸弹”悬在大坝上方。

（4）缺乏度汛方案。项目有关技术规范规定：施工单位有权修改围堰等临时工程的设计，但须得到监理的审批；施工方应依据合同工程特性和《水利水电工程施工组织设计规范》选定安全度汛设计洪水标准，编制安全度汛措施，并将防汛中可能出现的种种问题作出书面报告报当地防汛部门。而实际上，这些工作都做得不扎实。4 月 25 日，业主、施工、监理等参建各方还召开了防汛工作会议，但各方都没有提到围堰溃决可能对下游及工程施工的影响。2 月和 4 月，施工单位曾两次编制 2004 年度防汛预案，经监理批准后上报业主，但均被退回。防汛预案两次被否决，是因为预案没有对上游围堰的加固和大坝缺口的防护提出有效措施，都没考虑自溃式围堰可能漫溃的后果和影响。直至事故发生，施工与监理单位也未再修改防汛预案后上报。因此，业主单位没考虑制订围堰漫溃的防汛抢险预案，也不曾告知当地防汛指挥部门。

××工程监理部负责人承认，没有想到要制订针对围堰溃决的防范措施与预案。施工单位则强调，没人要求他们做关于围堰溃决的防汛预案，且事故当天他们口头通知了在厂房和发电引水隧洞中施工的40多名工人撤离。但在发电引水隧洞内施工的民工说并没接到撤离通知，他是听到异常洪水声响后才向外逃，摔了四五跤，才捡回一条命。管理上的混乱也是事故发生的隐患之一。

二、围堰溃决

（一）事故经过

××水电站电站装机容量4万千瓦，拦河坝为混凝土拱坝，坝高57m，库容1000万立方米。

由于2007年5月8日~17日全市范围内普降小到中雨，局部大到暴雨，导致云县南河水位不断上涨，至2007年5月17日21:00时，南河流量达150m^3/s，导流洞不能满足过流要求。2007年5月17日23点10分，围堰发生溃决。由于抢险救灾准备及时充分，未造成人员伤亡及大的经济损失。

（二）事故原因分析

经调查，发生此次围堰溃决事件的主要原因是：

（1）工程建设单位违反水电站基本建设工程验收规程，在未向审批机关报请截流验收请示的前提下，私自实施截流。

（2）工程建设单位在大坝施工进度滞后，施工围堰不能满足汛期度汛要求的情况下，未提前按实际建设进度及时调整施工度汛方案，初步拟定的度汛方案未按有关防洪条例的要求报批，而且未能实际实施。

第七节　混凝土工程

一、挡墙垮塌事故

（一）事故经过

2006年8月21日20时40分左右，××水电站（2×400kW）在蓄水试车过程中，压力前池挡墙突然垮塌，1000余立方米积水瞬间溃出，冲毁下方该电站施工房屋8间（面积约250m^2）。造成8人死亡，6人受伤（其中1人重伤）。

××电站系当地原电站恢复续建项目。原电站于1996年批准立项，1997年开工建设，由于资金原因于1998年1月停工。2005年4月，该电站开发建设权转让给个人，由其投资400万元进行开发建设并自主设计施工。事发时主体工程已基本完成。

（二）事故原因分析

经初步调查和技术鉴定，事故的直接原因是：建设及施工单位违反水利水电工程有关的施工规范，压力前池侧墙基础未清理到弱风化层，也未采取相应的工程措施，前池外侧墙断面结构不稳定，建设单位违反水利水电验收规程擅自引水测试水轮机，造成压力前池挡墙突然垮塌。另外，该电站项目还存在未经有关主管部门审查初步设计擅自开工、无正规施工单位、无监理单位等严重违规行为。

二、边墙垮塌事故

（一）事故经过

××水电站电站设计水头75m，装机容量3×3200kW。该电站于2005年3月12日开工建设，当地发改委于2005年8月15日核准可行性研究报告。××电站为有坝引水式电站，大部分工程量为引水系统，前段引水明渠长159.95m，隧洞长4377.53m，后段明渠长682.92m并与电站压力前池相连，溢水系统设在压力前池。引水系统最大引用流量13.2m^3/s，后明渠最大过水深度2m。

事故发生前，该电站已基本完成土建和机电设备安装工程。施工单位于2007年12月10日向监理部提出“我公司承建的引水隧洞及其引水渠道工程已完工，经自检合格，请予以检查和验收”。总监理工程师于2007年12月13日签署了“该工程初步验收合格，可以组织正式验收”的意见。有关各方已经商定，电站拟于2007年12月15日发电试运行，2007年12月13日充水的目的是检查明渠过水情况。

2007年12月13日13时，施工人员开始关闭取水坝冲砂闸，引水明渠过水流量1.5m^3/s，渠道最大水深0.27m。2007年12月13日15时左右，引水明渠4+846~4+876段外边墙大面积垮塌，约14000m^3水瞬间顺山下泄，冲毁山体形成泥石流，造成5人死亡、2人受伤。

（二）事故原因分析

经初步调查分析，调查组和当地技术人员认为，以下三个因素是事故的直接原因：引水明渠位于松散基础上且未做基础处理；引水明渠结构不合理，加之擅自变更施工顺序致底板和边墙结构分离，呈积木式松散结构，无法承载过水压力；施工质量低劣，施工缝、伸缩缝止水明显不合格。工程建设各方在工程存在上述问题且未进行工程阶段验收、未做任何监测和防护的情况下擅自试通水，水流从施工缝和伸缩缝漏出渗入基础，基础被软化、冲刷、淘空，外边墙失稳垮塌形成泥石流，冲向正在休息的施工人员和行人，造成多人伤亡和重大财产损失，属严重的质量安全事故。

根据调查组的实地调查，该事故是一起典型的质量安全责任事故。

1. 施工单位

现场施工单位不具备水利水电工程建设的能力，工程质量低劣。施工单位项目经理是一名高中毕业、无任何资格证书和水电工程常识的社会人员。施工人员则为其从外地招募的农民工。调查发现施工单位没有可行的施工方案，没有按照有关图纸和工序施工；大量的设计变更未按规定办理设计变更手续，工程形象与施工图纸相差甚远；甚至项目业主在工作总结（2006 年 9 月）中都承认："各施工单位经过培训的持证上岗人员基本为零"。

工程质量低劣：引水明渠底板和挡墙结构分离；混凝土质量全部不合格；残存的边墙暴露出充填其中的松散沙石和杂物，其间无任何水泥粘连；边墙体上可以明显看到施工缝，其间并无任何止水，现场清晰可见渗水痕迹；从倒塌墙体发现，伸缩缝橡胶止水带没有伸入到后浇混凝土内，而是歪倒在缝内形成漏水通道。

2. 设计单位

设计单位提供的技施设计图纸与现场地形脱节，不能满足施工要求；没有技施设计报告；对明显存在的明渠段地质问题没有提出基础处理方案和措施；结构设计不合理也不到位，且无施工技术要求和有关说明；存在技术缺陷。

调查了解到设计代表已经近一年不在施工现场，施工图纸不足部分实际是由施工单位自行绘制或无图施工。

3. 监理单位

监理单位未能认真履行职责，对施工的关键环节把关不严，对施工、设计单位存在的上述大量问题均未采取有效措施，也不向政府监管部门报告，而是一次次放行。

4. 项目业主

项目业主作为工程建设安全的责任主体，对施工单位项目负责人不具备水电工程施工的基本知识、缺少施工方案、现场施工水平低下、工程质量低劣、偷工减料、弄虚作假等问题长期未采取措施；没能解决设计单位技施设计图纸不能满足施工要求，没有技施设计报告等问题，认可施工单位自绘图纸甚至无图施工，造成设计与现场施工长期脱节；越位干扰监理单位的工作，而且不按规定办理质量监督手续。该项目业主没有履行其法定职责和义务。

5. 政府监管

政府监管形同虚设。该项目 2005 年 3 月开工，同年 8 月发改委核准可研报告，属先开工后核准。按照市政府的部门分工，发改委负责该项目的核准和建设监管。该部门并无相关技术力量，也没有委托具备技术能力的部门或机构协助，不了解国家和当地政府有关规定在具体工程建设中的落实情况，致使在近 3 年的建设期间，当地政府没有发现和纠正该项目建设施工中一直存在的诸多严重问题，政府监管存在缺陷等问题。

6. 工程参建各方违反水利水电建设程序

在前池闸门尚未安装完毕、引水明渠混凝土龄期未满、工程未进行阶段验收、未做任何监测和防护的情况下擅自试通水，事故发生后无法及时切断进水和存水，只能任由事故扩大。水流从施工缝和伸缩缝漏出渗入基础，致使基础被软化、冲刷、淘空，造成外边墙突然失稳垮塌。

第八节　触电事故

一、拆除电焊机二次线触电事故

（一）事故经过

2002年5月17日，某电厂发电车间检修班电工王某某带领班组成员张某检修380V直流电焊机。电焊机修好后进行通电试验，情况良好，并将电焊机开关断开。王某某安排张某拆除电焊机二次线，自己拆除电焊机一次线。约17：15时，王某蹲着身子拆除电焊机电源线接头，在拆除一相后，拆除第二相的过程中意外触电，经抢救无效死亡。

（二）事故原因

1. 直接原因

王某某参加工作10余年，一直从事电气作业并获得高级维修电工资格证书，在本次作业中王某某安全意识淡薄，工作前未进行安全风险分析，在拆除电焊机电源线中间接头时，未检查确认电焊机电源是否断开，在电源线带电又无绝缘防护的情况下作业，导致触电。王某某违章作业是此次事故的直接原因。

2. 间接原因

（1）张某作为检修成员，在工作中未有效进行安全监督、提醒，未及时制止王某某的违章行为，也是造成此次事故发生的原因之一。

（2）王某某在工作中不执行规章制度，疏忽大意，凭经验违章作业酿成恶果。

（3）车间班组管理存在漏洞，轻安全重生产经营。

（三）预防措施

（1）采取有力措施，加强对现场工作人员执行规章制度的监督、落实，杜绝违章行为的发生。工作班成员要相互监督，严格执行《安全操作规程》和企业的规章制度。

（2）完善设备停送电制度。

（3）加强职工的技术培训和安全知识培训，提高职工的业务素质和安全意识，让职工切实从思想上认识作业违章的危害性。

二、违章作业触电事故

（一）事故经过

某年某月某日，天生桥分局一级高坝放空洞工程指挥部第二工程队，在放空洞无压段1+30—1+42桩号仓内浇筑混凝土，由于浇筑前预埋的三根直径为150mm的回填钢管不够长。现场监理要求将回填管接长，队长刘某某派电焊班长高某某完成此项任务，并由其他班组的王某某和饶某某二人配合高某某（未经过培训）焊接钢管。由于混凝土仓处于洞顶，电焊机又在仓外下方，高某某就先开电焊机开关通电，然后把电焊钳把线拉到混凝土仓内焊接处、随手将钳把线丢在混凝土的表而，然后高某某将1.5m长的钢管扛到焊接处，王、饶一人协助将钢管上提到位，但就位工作较困难，这时高某某提醒王、饶二人注意安全，脚不要踩在钳把线上，以免触电。但是，就在他们提升钢管对位时，高某某换肩扛钢管左脚正好踩在电焊机钳把线上，高某某触电后呈蹲卧式倒在仓面上，王、饶二人立即伸手扶高某某起来，接触到高某某身体时发觉有电，就叫喊电工关掉电源，然后将高某某抬出仓外，立即进行人工呼吸，后用车运回指挥部，经医生抢救无效死亡。

（二）事故原因

1. 直接原因

操作者不小心踩在了电焊机通电后的钳把线上。高某某接受焊接任务后，准备工作还没有做好，就首先打开电焊机开关，使钳把线带电，而且又将钳把线丢在潮湿的混凝土表面上。

2. 间接原因

（1）高某某虽然会电焊作业，但未经技术培训考试认可，队长刘某某安排其进行焊接作业，属于违章指挥。

（2）在工作中高某某穿的是湿透了的解放鞋，而未按规定穿绝缘鞋。

（3）混凝土仓内温度高、湿度大、场地窄小、施工条件差，且监督检查不力。

3. 主要原因

领导违章指挥，安排无证人员从事特种作业。

（三）预防措施

（1）加强对电焊、电工等特殊工种的安全技术培训，经考试合格取得上岗证后，方可执证上岗；不允许未经培训的无证人员上岗作业。

（2）加强对干部职工的安全操作规程教育，作业中必须遵守安全操作规程，对特殊工种作业不允许打破工种界线。

（3）用电线路及带电体必须符合安全要求，绝缘良好，电焊钳及手用电动工具、不得随便乱丢，必须挂高或远离作业面；准备工作做好后，方能合闸。

（4）职工在上班时必须按规定穿戴好劳动保护用品，安全管理人员必须加强监督检查。

第四章　建造师诚信体系与执业相关制度

第一节　水利水电行业诚信体系建设

一、水利行业诚信体系建设的有关规定

（一）《关于加快水利建设市场信用体系建设的实施意见》主要内容

1. 目的

为贯彻落实《中华人民共和国政府信息公开条例》（国务院令第 492 号）、《企业信息公示暂行条例》（国务院令第 654 号）、《国务院关于印发社会信用体系建设规划纲要（2014—2020 年）的通知》（国发〔2014〕21 号）、《国务院关于促进市场公平竞争维护市场正常秩序的若干意见》（国发〔2014〕20 号）和中央精神文明建设指导委员会《关于推进诚信建设制度化的意见》（文明委〔2014〕7 号）精神，加快推进水利建设市场信用体系建设，促进水利建设市场公平竞争，保障大规模水利建设顺利实施和水利工程质量安全，水利部、国家发展和改革委员会联合印发《水利部、国家发展和改革委员会关于加快水利建设市场信用体系建设的实施意见》（水建管〔2014〕323 号）。

2. 总体要求

（1）指导思想。深入贯彻落实党的十八届三中全会、中央加快水利改革发展决定、国务院社会信用体系建设规划纲要精神，以健全水利建设市场信用体系规章制度和标准体系为基础，以加快水利建设市场信用信息系统建设为支撑，以建立水利建设市场守信激励失信惩戒机制为重点，以提高水利建设领域诚信意识和信用水平为目的，推动信用信息公开、共享和应用，提高公共服务能力，加强事中事后监管，维护水利建设市场正常秩序。

（2）基本原则。

①政府主导，分级推动。按照国务院关于社会信用体系建设的部署，在国务院发展改革部门、水行政主管部门的协调指导下，充分发挥地方各级发展改革部门、水行政主管部门的组织、引导、推动和示范作用，自上而下，协同推进水利建设市场信用体系建设。

②依法监管，社会共治。坚持运用法治思维和法治方式履行政府监管职能，注重发挥市场机制作用，坚持政府和市场两手发力。充分发挥法律法规的规范作用、行业组织的自律作用、舆论和社会公众的监督作用，推动市场主体自我约束、诚信经营。

③统筹安排，分步实施。针对水利建设市场信用体系建设的长期性、系统性和复杂性，坚持问题导向，强化顶层设计，提高服务水平，激发市场活力，立足当前、着眼长

远，有计划、有步骤地组织实施。

④强化应用，重点突破。在行政管理、市场监管和公共服务中广泛运用水利建设市场信用信息，褒扬诚信、惩戒失信，在行政许可、招标投标、政府采购、资质审核等重点环节积极应用信用评价结果。

⑤公正透明，真实准确。坚持公开、公平、公正和诚实守信，依法依规、及时规范地发布信息，保护市场主体和社会公众的知情权、参与权和监督权，保护国家机密、商业秘密和个人隐私。

（3）工作目标。到2020年，水利建设市场信用体系的规章制度和标准体系基本建立，水利建设市场主体信用信息系统基本建成，信用信息在水利建设市场监管、公共服务中普遍应用，水利建设领域守信激励和失信惩戒机制全面发挥作用，全行业诚信意识和信用水平普遍提高，水利建设市场秩序显著好转。

3. 加快信用信息系统建设

（1）推进信用信息标准化。颁布《水利建设市场主体信用信息数据库表结构及标识符》，建立以组织机构代码为基础、全国统一规范的水利建设市场主体信用信息标准，对市场主体的基本信息、良好行为记录信息、不良行为记录信息等内容和标识作出统一规定。

（2）加快信用信息平台建设。各级水行政主管部门要结合政务信息化工程建设，按照统一的信用信息标准，加快信用信息平台建设步伐，健全水利建设市场主体信用信息数据库，完善信用信息登录、检索、查询功能。国务院水行政主管部门负责建立全国共享的水利建设市场主体信用信息平台，2015年12月底前，建立完善的信用信息征集系统、信用信息公示系统、信用信息查询系统和信用信息管理系统。

（3）建立信用信息共享机制。加快全国、流域和区域水利建设市场主体信用信息平台的互联互通，建立畅通的信息数据交换系统，逐步实现平台数据即时交换。2015年12月底前，实现全国水利建设市场主体信用信息平台和流域管理机构、省级人民政府水行政主管部门水利建设市场主体信用信息平台的互联互通。同时，加强与发展改革、工商、税务、公安等部门的数据交换，拓宽信用信息查询渠道，推进市场主体信用信息的交换共享，有效消除信用信息孤岛。通过连接国家电子招标投标公共服务平台，实现招标投标信用信息的数据交换和互认共用。水利建设市场主体信用信息按要求纳入国家统一的信用信息平台。

4. 完善市场主体信用记录

（1）健全市场主体信用档案。所有水利建设市场主体应于2015年12月底前登录全国水利建设市场主体信用信息平台，按照《水利工程建设领域信用信息基本指导目录（试行）》要求和信用信息平台设置，建立和完善水利建设市场主体信用档案，实现信用记录的全覆盖和电子化存储。水利建设市场主体自主填报信用信息，并对信用信息的真实性、及时性负责。

（2）规范不良行为信息记录。各级水行政主管部门应按照有关法律法规和《水利建设市场主体不良行为记录公告暂行办法》（水建管〔2009〕518号）要求，将对市场主体的不良行为行政处罚决定自作出之日起20个工作日内对外进行记录公告。受到不良行为行政处罚的市场主体，应按照《企业信息公示暂行条例》的规定自行政处罚决定作出之日起20个工作日内通过企业信用信息公示系统向社会公开并记入其信用档案。

（3）实行信用信息社会监督。除涉及国家机密、商业秘密、个人隐私的信息外，水利建设市场主体信用档案向社会公开，接受社会监督。市场主体对其信用信息进行更正的，更正前后的信息同时公示。省级以上水行政主管部门可对市场主体信用档案进行随机抽查。任何单位和个人发现市场主体信用信息虚假的，可以向水行政主管部门举报。

5. 加大信息公开力度

（1）公开市场主体信用信息。各级水行政主管部门要按照《中华人民共和国政府信息公开条例》要求，推进政务信息公开，依托政府网站设立水利工程建设领域项目信息和市场主体信用信息公开共享专栏，建立面向政府部门、市场主体和社会等不同层面的信息发布制度，在保护涉及公共安全、商业秘密和个人隐私等信息的基础上，及时发布市场主体信用信息，并对公民、法人或其他组织申请公开的信用信息依法予以公开。

（2）公开水利建设项目信息。各级水行政主管部门、项目主管部门（单位）和项目法人应按照《水利工程建设领域项目信息公开基本指导目录（试行）》，准确、及时、规范地公开水利工程建设项目信息，使水利建设项目真正成为阳光工程。大中型或总投资3000万元以上的水利工程建设项目，应于2015年7月1日起实行信息公开；其他水利工程建设项目，应于2016年1月1日起全面实行信息公开。

（3）公开严重失信行为信息。加大对严重失信行为的曝光力度，对于水利建设市场主体出借、借用资质证书进行投标或承接工程，围标、串标，转包或违法分包所承揽工程，有行贿、受贿违法记录，对重（特）大质量事故、生产安全事故负有直接责任，公开信息隐瞒真实情况、弄虚作假的严重失信行为，公开向社会发布。严重失信行为信息公布期限为3年。

6. 推进信用评价工作

（1）制定信用评价办法。出台《水利建设市场主体信用评价管理暂行办法》及评价标准，对信用评价的指标体系、评分方法、评价程序以及动态管理等内容作出明确规定。水利建设市场主体信用等级分为AAA（信用很好）、AA（信用好）、A（信用较好）、BBB（信用一般）和CCC（信用较差）三等五级。

（2）规范信用评价活动。加强对评价机构的管理，引导其依法开展活动，严格评价程序，坚持规范运作，严把评价质量关，做到标准公开、程序公开、结果公开，确保信用评价结果的真实可靠、客观公正。对于评价机构弄虚作假、侵犯商业秘密等违法行为，依法严肃查处。

7. 推广使用信用信息

（1）主动查询信用信息。各级发展改革部门、水行政主管部门和有关单位在行政管理、市场监管、公共服务等活动中，应当建立与市场主体信用信息的关联管理机制。从2016年1月1日起，凡未在全国水利建设市场主体信用信息平台建立信用档案的，有关部门在上述工作中可采取限制性措施。从2016年7月1日起，凡未在水利建设市场主体信用信息平台建立信用档案的，或提交的材料与信用信息平台登录的信息不符的，其主要人员资历、代表业绩等在资质审批（核）、招标投标活动中可不予认定。依托电子招标投标系统及其公共服务平台，逐步实现在水利工程招标投标活动中直接查阅使用市场主体信用记录，不再要求市场主体提交有关业绩、主要人员资历证明等材料。

（2）积极应用信用评价结果。各级发展改革部门、水行政主管部门、项目主管部门（单位）、项目法人和有关单位在招标投标、政府采购、行政审批、市场准入、资质审核、评优评奖、日常监管等工作中，要将水利建设市场主体的信用评价结果作为重要参考。尚未进行信用评价的水利建设市场主体，其信用等级一般视为BBB级，但未在水利建设市场主体信用信息平台建立信用档案的其信用等级视为CCC级。两个或者两个以上水利建设市场主体组成联合体投标时，按联合体中信用等级低的市场主体信用等级作为联合体的信用等级。

8. 建立守信激励失信惩戒机制

实行市场主体信用分类监管，建立诚信红黑名单制度，建立守信激励和失信惩戒机制。各省级水行政主管部门应结合本地实际，制定本地区统一的市场主体信用信息应用管理办法。

（1）对守信市场主体实施信用激励机制。

①对守信市场主体在招标投标活动中给予优待。将水利建设市场主体的信用信息和信用评价结果作为资格审查、评标、定标和合同签订的重要依据，按照市场主体信用等级在资格审查和评标中赋予不同的分值权重。

②对信用等级为A级以上的市场主体，在行政审批、市场准入中予以优先办理、简化审核程序，在日常监督检查中适当简化监督程序、减少检查频次。

③对信用等级为AA级以上的市场主体，在资质管理中给予优先晋升资质支持，在评优评奖活动中予以加分或在同等条件下优先考虑，向有关方面推荐获得政策扶持、资金支持。

④对信用等级为AAA级的市场主体，给予重点支持，开辟绿色通道，列入水利建设市场主体诚信红名单，推荐参加诚信示范单位创建活动。

（2）对失信市场主体实施失信惩戒机制。

①对信用等级为CCC级的市场主体，在招标投标活动中信用等级得分为0，在一定期限内禁止其资质升级或增项，在日常监督检查中实施重点监管、增加检查频次，限制参加评优评奖活动。

②对存在严重失信行为的市场主体，除采取上述惩戒措施外，列入水利建设市场主体失信黑名单，实行市场禁入，在一定期限内禁止其参与招标投标、政府采购活动。

9. 加强组织领导

（1）落实工作责任。各级水行政主管部门要把推进水利建设市场信用体系建设作为当前亟待加强的一项重要工作，加强组织领导，制定实施方案。要按照事权划分，分解目标任务，明确责任分工，科学筹划，精心组织，推动水利建设市场信用体系建设工作规范有序进行。

（2）强化协调配合。按照推进水利建设市场信用体系建设工作的统一要求，建立有效的工作机制，加强协同配合，形成工作合力。既要做好水利行业内上下、左右的沟通，也要加强与发展改革等其他部门的沟通，通过信用信息的互认共享、联合应用，推动形成守信激励失信惩戒的联动机制。

（3）加强监督管理。各级水行政主管部门要加强对水利建设市场信用体系建设工作的监督管理，确保依法履职，严格廉洁自律，接受社会监督，在诚信建设中发挥表率和示范作用，不得将信息管理、信用评价作为地方保护、徇私舞弊工具，树立公开、公平、公正和为民、务实、清廉的形象。

（4）加大宣传力度。加强诚信文化建设，广泛开展诚信宣传教育，弘扬诚实守信的传统美德。将诚信建设作为水利行业精神文明建设的重要内容，组织开展诚信示范单位创建等诚信主题活动，大力宣传诚信典型。充分发挥舆论引导和监督作用，加强对失信行为的披露和曝光，营造诚信为荣、失信可耻的良好氛围。

（二）《水利建设市场主体信用评价管理暂行办法》主要内容

1. 目的

为规范水利建设市场主体信用评价工作，推进水利建设市场信用体系建设，完善水利建设市场主体守信激励、失信惩戒机制，保障水利建设质量与安全，根据《国务院关于印发社会信用体系建设规划纲要（2014—2020年）的通知》（国发〔2014〕21号）和《水利部国家发展和改革委员会关于加快水利建设市场信用体系建设的实施意见》（水建管〔2014〕323号），水利部印发了《水利建设市场主体信用评价管理暂行办法》（水建管［2015］377号）。

2. 总则

第一条　为贯彻落实国务院《社会信用体系建设规划纲要（2014—2020年）》（国发〔2014〕21号）精神，规范水利建设市场主体信用评价工作，推进水利建设市场信用体系建设，保障水利建设质量与安全，按照《水利部国家发展和改革委员会关于加快水利建设市场信用体系建设的实施意见》（水建管〔2014〕323号）要求，制定本办法。

第二条　本办法适用于水利建设市场主体信用评价。

本办法所称水利建设市场主体，是指参与水利工程建设活动的勘察、设计、施工、监理、咨询、机械制造、招标代理、质量检测等单位。

本办法所称信用评价，是指依据有关法律法规和水利建设市场主体信用信息，按照规定的标准、程序和方法，对水利建设市场主体的信用状况进行综合评价，确定其信用等级并向社会公开的活动。

第三条　水利建设市场主体信用评价遵循政府主导、统一评价、自愿参与、社会监督的原则，保守国家秘密，保护商业秘密和个人隐私。

第四条　国务院水行政主管部门统一组织，通过购买服务方式选择相关行业协会（以下简称评价机构）承担具体工作。流域管理机构和地方水行政主管部门参与，负责评价有关市场主体的市场行为并提供对市场主体的奖惩记录。

第五条　水利建设市场主体的信用评价结果记入其信用档案，并在全国水利建设市场信用信息平台上向社会公布。各级水行政主管部门、项目主管部门（单位）、项目法人和有关单位应在招标投标、政府采购、行政审批、市场准入、资质管理、评优评奖、日常监管等工作中，积极应用信用评价结果，实行市场主体信用分类监管，建立健全守信激励失信惩戒机制。省级水行政主管部门可结合本地实际，制定信用评价结果的应用办法或在其他相关规章制度中明确信用评价结果应用的条款。

3. 评价标准

第六条 国务院水行政主管部门组织制定水利建设市场主体信用评价标准（见附件），明确信用评价的指标体系、评分标准等内容，并向社会公布。

第七条 评价指标分为一级指标、二级指标和三级指标，其中一级指标包括市场主体的综合素质、财务状况、管理水平、市场行为和信用记录。不同评价类型，其评价指标及权重分别设置。

第八条 水利建设市场主体信用等级分为AAA、AA、A、BBB和CCC三等五级，各信用等级对应的评价指标得分X分别为：

AAA级：90分≤X≤100分，信用很好；

AA级：80分≤X<90分，信用好；

A级：70分≤X<80分，信用较好；

BBB级：60分≤X<70分，信用一般；

CCC级：X<60分，信用较差。

4. 评价程序

第九条 水利建设市场主体信用评价工作原则上每年开展1次。

第十条 申请信用评价的水利建设市场主体，应当依法登记从业满3年并在全国水利建设市场主体信用信息平台建立信用档案。

申请人具有多项资质的，可以同时申请两项或者两项以上类型的信用评价。

第十一条 申请人申请信用评价，应当向评价机构提供以下材料：

（一）水利建设市场主体信用评价申请表；

（二）企业营业执照、资质证书复印件，人员和设备材料；

（三）管理制度及质量、安全、环境管理体系认证材料；

（四）人力资源管理、信用管理、技术创新、发展战略等材料；

（五）近3年会计师事务所出具的审计报告；

（六）近3年参建与评价类型对应并在全国水利建设市场信用信息平台记录的水利水电工程项目清单，包括合同名称、合同额、建设地点、项目法人、开竣工时间等；

（七）近3年获得的各种奖励、处罚等材料；

（八）近3年参加工商、税务、金融机构等信用评价材料。

第十二条 申请人对申请材料的真实性、有效性负责。其中，《企业信息公示暂行条例》中规定的市场主体必须公开的内容和水利工程建设领域信用信息基本指导目录中包括的内容，应在全国水利建设市场信用信息平台公开，作为评价依据。

第十三条 评价机构应当成立信用评价委员会，组织信用评价专家组，按照评价标准规定的评价指标及评分标准，在统计有关流域管理机构、省级水行政主管部门对市场行为评分的基础上，计算信用评价分值，提出初评意见。

第十四条 评价机构可根据需要对申请评价的市场主体申报信息进行现场调查核实，相关流域管理机构、地方水行政主管部门、项目主管部门（单位）、项目法人、市场主体应给予配合，提供相关材料。

第十五条　评价机构应将市场主体信用评价初评意见在全国水利建设市场信用信息平台进行公示，接受社会监督，公示期为7天。

第十六条　对市场主体信用评价初评意见有异议的，应当在公示期满前，以书面方式向评价机构提出异议，说明理由并提供相关证明材料。评价机构应当在20个工作日内对提出的异议完成复核。

第十七条　评价机构应当自信用评价结果确定后5个工作日内，将评价结果提交国务院水行政主管部门，在门户网站和全国水利建设市场信用信息平台上发布，并向社会公告。

5. 动态管理

第十八条　水利建设市场主体信用评价结果有效期为3年。3年期满后，水利建设市场主体应重新申请信用评价，原信用评价结果逾期作废。

第十九条　水利建设市场主体取得信用等级1年后，可申请信用等级升级。升级评价程序按照本办法第三章的规定执行。

第二十条　评价机构应对所评价水利建设市场主体的不良行为记录定期进行汇总，每年对有不良行为记录的市场主体全面复评一次（市场主体应根据评价机构的要求提交材料），按照本办法第三章的规定履行评价、公示和公告程序，重新核定信用等级。

第二十一条　水利建设市场主体信用评价实行一票否决制，凡发生严重失信行为的，其信用等级一律为CCC级；取得BBB级（含）以上信用等级的水利建设市场主体发生严重失信行为的，应立即将其信用等级降为CCC级并向社会公布，3年内不受理其升级申请。上述严重失信行为包括：

（一）出借、借用资质证书进行投标或承接工程的；

（二）围标、串标的；

（三）转包或违法分包所承揽工程的；

（四）有行贿、受贿违法记录的；

（五）对重（特）大质量事故、生产安全事故负有直接责任的；

（六）公开信息隐瞒真实情况、弄虚作假的。

6. 监督管理

第二十二条　国务院水行政主管部门负责建立全国水利建设市场信用信息平台，组织制定水利建设市场主体信用评价标准并开展评价工作，监督管理全国水利建设市场主体信用评价结果应用工作。各流域管理机构、各省级水行政主管部门依照管理权限，负责建立本流域、本地区水利建设市场主体信用信息平台，提供和评价有关市场主体参与水利建设的相关情况，监督管理水利建设市场主体评价结果应用工作。

第二十三条　水利建设市场主体信用评价结果接受社会监督，任何单位和个人对信用评价中的违规行为有权举报和投诉。有关水行政主管部门负责对举报和投诉进行调查核实，对侵害市场主体权益的实行责任追究。

第二十四条　评价机构在评价活动中违反评价标准和评价程序、有失客观公正的，责令改正；在评价活动中弄虚作假、与市场主体串通操纵评价结果的，禁止继续参与水利建设市场主体信用评价工作。

评价工作人员违反本办法规定的，责令改正；在工作中玩忽职守、弄虚作假、滥用职权、徇私舞弊的，依法依纪给予处分；涉嫌犯罪的，移送司法机关依法追究刑事责任。

二、水电行业诚信体系建设的有关规定

（一）《能源行业信用体系建设实施意见（2016—2020年）》主要内容

1. 总体目标

围绕能源领域“四个革命、一个合作”的战略布局，按照“政府主导、行业共建，统筹推进、分步实施，结合实际、强化应用，公正透明、准确规范”的原则，实施能源行业信用体系建设。

到2020年，信用制度和标准体系基本健全，全国统一的能源行业信用信息共享交换平台和“信用能源”网站建设完成并良好运行，市场主体信用记录覆盖率达到95%以上，信用评价工作有序开展，信用信息和信用产品得到广泛应用，以信用为核心的市场监管机制全面发挥作用，社会力量积极参与形成合力，信用专业人才队伍基本形成，全行业诚信意识和信用水平普遍增强。能源行业重点领域信用建设取得显著成效，行业发展信用环境明显改善，建成满足能源行业发展要求的信用体系，以信用建设促进行业整体发展。

2. 重点领域

能源行业信用体系建设以安全生产领域、工程建设领域、节能环保领域、交易领域、统计领域、企业管理领域为重点领域，涉及的市场主体包括从事电力、煤炭、石油、天然气、新能源和可再生能源等能源的生产、供应、建设等相关活动的法人和其他组织，以及其法定代表人、生产运行负责人、技术负责人、安全负责人和财务负责人等相关执（从）业人员等。

（1）安全生产领域。建立健全能源行业安全生产诚信体系，加强能源企业安全生产诚信制度建设。对于发生生产安全责任事故、安全生产隐患不及时整改或整改不到位、发生事故隐瞒不报或谎报迟报等安全生产失信行为，加大曝光和惩戒力度。健全能源行业安全生产准入和退出信用审核机制，促进企业落实安全生产主体责任。

（2）工程建设领域。围绕能源行业工程项目各关键环节，建立能源行业工程建设领域市场主体信用档案，将市场主体信用信息和信用评价结果等作为投标人资格审查、评标、定标和合同签订的重要依据。把出租、借用许可证承接工程或违法分包、转包承揽工程，拖欠工程款和农民工工资等列入失信责任追究范围。

（3）节能环保领域。加强能源行业节能环保信用信息的采集和整理，积极参与节能环保工作业务协同和信息共享。将能源企业的节能环保情况作为信用评价的重要指标，对能源企业违法排放污染物、浪费能源等失信行为加大曝光和惩戒力度。

（4）交易领域。指导能源企业规范市场交易行为，要求企业在合同履行、公平交易、价格管理等方面加强诚信自律。加大对商业欺诈、商业诋毁、商业贿赂、价格欺诈、价格垄断等市场交易失信行为的惩戒力度，对典型案件、重大案件予以曝光，增加企业失信成

本，促进诚信交易和公平竞争。

（5）统计领域。围绕能源行业统计数据报送、数据质量、信息公开等重点环节，将市场主体报送信息的真实性、准确性等作为信用评价的重要内容。对报送和公开信息隐瞒真实情况等统计失信行为进行通报和曝光，将统计信用记录与政府补贴、招投标等直接挂钩，切实强化对统计失信行为的惩戒和制约。

（6）企业管理领域。开展能源企业诚信承诺活动，加大诚信企业示范宣传和典型失信案件曝光力度，引导企业增强社会责任感，在企业经营管理各环节强化信用自律。鼓励和指导能源企业加强企业信用管理，防范信用风险，提升企业综合竞争力。强化企业在发债、借款、担保等债权债务信用交易及生产经营活动中诚信履约。

3. 重点任务

（1）加强法律法规和制度建设。

①推动完善相关法律法规。根据国家信用立法的安排部署，在能源法律法规立改时体现信用体系建设要求，依法依规开展能源行业信用体系建设工作。

②建立健全信用制度。加强行业信用制度建设，研究制定《能源行业市场主体信用信息归集和使用管理办法》《能源行业市场主体信用评价管理办法》等制度，建立健全能源行业信用制度体系，夯实能源行业信用体系建设的制度基础。

（2）建立信用信息归集和共享交换体系。

①加强信用信息标准化建设。建立以统一社会信用代码为基础、全国统一规范的能源行业信用信息标准。统一信用信息目录与相关技术规范，编制并发布能源行业信用信息目录、能源行业市场主体信用信息数据库表结构及标识符等行业标准。

②加强市场主体信用记录建设。以市场主体的基本情况、良好记录、不良记录等信用记录指标为重点，建立健全能源行业市场主体信用档案，逐步实现信用记录全覆盖。

③建设信用信息数据库。建设能源行业法人和其他组织、自然人信用信息数据库。按照能源行业信用信息目录，归集与整合各部门、各单位的信用信息资源，实现信用信息的电子化存储和管理。

④建设信用信息共享交换平台。建设全国统一的能源行业信用信息共享交换平台，建立畅通的信息数据传输与交换系统，实现各地区、各领域信用信息系统的互联互通和信用信息的共享交换。建立和拓展平台的各项功能，包括信用信息归集、整理、交换、共享等基础功能和统计分析、监测预警等管理功能。做好与国家统一信用信息共享交换平台对接的准备工作。

（3）推进信用信息公开与使用。

①建设“信用能源”网站。建设全国统一的能源信用门户网站，强化网站内容建设与功能拓展，客观公正披露能源行业市场主体的守信与失信信息，提供能源行业信用信息查询服务，发布“红黑名单”和信用评价结果，打造能源行业网上信用服务窗口，实现与“信用中国”等网站的无缝衔接。

②推进市场主体信用信息公示。建立健全行政许可和行政处罚“双公示”制度，编制能源行业行政许可和行政处罚事项目录，制定信息公示规范，畅通公示渠道。在“信用能源”网站设立市场主体信用信息公示专栏，在保护涉及公共安全、商业秘密和个人隐私等

信息的前提下，及时公示市场主体的信用信息，并对法人和其他组织、自然人申请公开的信用信息依法予以公开。

③加强信用信息使用。推动有关部门和单位在行政审批、资质审核、招标投标、政府采购、财政性资金使用等领域应用能源行业市场主体信用信息和信用产品，将其作为重要参考依据。

推进信用信息的社会化应用。鼓励社会征信机构加强对能源行业公共信用信息和非公共信用信息的整合，形成多样化的信用服务产品。引导市场主体在商务合作、经济往来等活动中使用信用信息和产品。推动金融机构在信贷审批、风险防范、证券发行、信用担保等方面使用信用信息和产品。

④保护信用信息主体权益。充分发挥行政监管、行业自律和社会监督在能源行业信用信息主体权益保护中的作用，切实保护信用信息主体权益。建立健全信用信息主体权益保护机制和信用信息侵权责任追究机制，制定信用信息异议处理、投诉办理等制度及操作细则。

⑤保障信用信息安全。建立完善能源行业信用信息保护和安全监控体系，加强信用信息系统安全管理，开展安全认证和安全风险评估，实行信用信息安全等级保护，加大安全监督检查力度，建立和完善信用信息安全应急处理机制，加强信用信息安全基础设施建设。

（4）完善信用评价体系。

①建立健全信用评价制度。出台《能源行业市场主体信用评价管理办法》等系列制度，对评价对象、评价标准、评价方法、评价程序、动态管理等内容作出明确规定，保障信用评价工作有序开展。

②指导开展信用评价工作。指导开展能源行业市场主体信用评价工作，对信用评价全过程实施监督管理。严把评价质量关，做到标准公开、程序公开、结果公开，确保信用评价结果的真实可靠性和客观公正性。

③规范信用评价机构管理。培育和引进合格的、具有行业经验的信用评价机构，加强对评价机构的管理，严格评价程序，要求其依法依规开展评价活动。对于评价机构弄虚作假、侵犯商业秘密等违法违规行为，依法严肃查处。

④积极应用信用评价结果。将能源行业市场主体的信用评价结果记入其信用档案，并适时适当在“信用能源”等网站公布。推动有关部门和单位在招标投标、政府采购、行政审批、市场准入、资质管理、日常监管、评优评奖、金融信贷等工作中，积极应用信用评价结果。

（5）加强以信用为核心的市场监管。

①建立健全信用承诺制度。全面建立能源行业市场主体信用承诺制度，要求市场主体以规范格式向社会作出公开承诺，将信用承诺纳入信用档案，作为事中事后监管的参考，并接受社会监督，实现政府监管和社会监督有机结合。

②加强信用分类监管。建立能源行业市场主体信用分类监管制度，监管部门根据市场主体信用状况实施分级分类监管。依据相关政策法规，科学设立分类标准，明确评定内容、评定程序、评定标准等，对能源行业市场主体进行信用分类等级评定。依据市场主体

的信用分类等级，确定相应的监管频次和监管措施，实现有效监管。

③加强守信联合激励。多渠道树立能源行业诚信典型，联合其他部门对诚信市场主体实施守信激励。对诚信市场主体实行“绿色通道”、优先办理、简化程序等激励政策，在政府采购、专项资金补贴等方面给予优先支持，将诚信市场主体优良信用信息及时在“信用能源”、各行业组织网站等媒体进行公示。

联合社会机构对能源行业诚信市场主体给予优惠和便利，使守信者在市场中获得更多机会和实惠。引导征信机构加强对市场主体正面信息的采集，引导金融机构在利率、费率等方面对诚信市场主体给予优惠，推动行业组织表彰诚信会员。

④加强失信联合惩戒。依法依规对能源行业失信行为作出处理和评价，将严重失信主体列为重点监管对象，联合其他部门对严重失信主体采取惩戒措施，依法依规实施行政性约束和惩戒，对严重失信企业和有关个人实施市场和行业禁入措施。

加强对失信行为的市场性、行业性、社会性约束和惩戒。通过失信行为的记录和披露，使严重失信主体在市场交易和金融服务等活动中受到制约。引导行业组织将严重失信行为记入会员信用档案，视情节轻重实行不同程度的惩戒。鼓励社会公众举报能源行业市场主体的严重失信行为，对举报人信息严格保密。

⑤建立健全信用红黑名单制度。建立与完善能源行业诚信典型“红名单”制度和严重失信主体“黑名单”制度，依法依规规范红黑名单产生和发布行为，建立健全退出机制。在保证独立、公正、客观前提下，鼓励有关行业组织、金融机构、征信机构、评级机构等将产生的能源行业“红名单”和“黑名单”信息提供给政府部门参考使用。

（6）调动社会力量参与行业信用体系建设。

①充分发挥行业组织的作用。组织指导行业组织积极参与能源行业信用体系建设，在信用信息归集、信用评价、标准制订、联合奖惩等方面发挥作用。发挥行业组织的协调和监督作用，推动行业组织指导和督促会员单位积极参与信用建设。明确行业组织在能源行业诚信自律中的职责和任务，鼓励行业组织开展能源行业诚信宣传、教育和交流活动等。

②引导企业加强信用建设。引导能源企业树立诚信经营理念，在生产经营、安全管理、财务管理和劳动用工管理等各环节强化企业诚信自律。督促能源企业加强信用管理制度建设，设计科学的信用管理流程，建立内部职工诚信考核与评价机制，构建完善的事前预防、事中管控和事后追责的信用风险管控机制。

③培育和发展信用服务业。制定促进信用服务业发展的政策措施，培育专注于能源行业、全国领先、具有较强社会公信力的品牌信用服务机构。支持信用服务产品研发和应用，鼓励发展信用征集、信用评价、信用咨询等多种业务，提升能源行业信用服务水平。规范信用服务市场秩序，加强对信用服务机构和从业人员的监督管理，加大对贩卖个人隐私和商业秘密以及非法、超范围经营信用服务业务行为的查处力度，保障信用服务业健康发展。

（7）强化诚信教育与诚信文化建设。

①普及诚信教育和培训。组织开展能源行业信用体系建设培训，在能源行业各级各类教育和培训中进一步充实诚信教育和信用管理内容，提升从业人员的信用意识。编制能源信用宣传材料，向从业人员和社会公众普及信用知识和政策制度等。

②加强诚信文化建设。大力倡导诚信道德规范，弘扬积极向善、诚实守信的传统文化和现代市场经济的契约精神，形成崇尚诚信、践行诚信的行业风尚。深入开展能源行业诚信主题活动，有计划、有重点地组织开展信用宣传等活动，突出诚信主题，营造诚信和谐的行业氛围。

③加强信用专业人才队伍建设。推动开展在职教育、职业培训、岗位培训等多层次的信用教育和培训，培养能源行业信用管理专业化队伍，鼓励信用管理人员学习与交流。加强信用专家队伍建设，建立能源行业信用工作专家库，邀请国内外专家学者和信用管理工作者研讨交流，开展相关课题研究，推进能源行业信用理论与实务研究和成果转化应用。

4. 实施进度

（1）2016—2018年重点工作。

①建立健全能源行业信用制度和标准体系，制定信用信息归集使用、信用评价、信用联合奖惩相关办法，编制信用信息目录和数据库表结构及标识符等。

②建立健全能源行业各领域市场主体的信用记录，建设能源行业法人和其他组织信用信息数据库，完成信用信息共享交换平台和“信用能源”网站建设。

③通过“信用能源”网站实现信用信息、“红黑名单”、信用评价结果等的公示和查询。要求有关部门和单位在行政管理和公共服务中使用信用信息，向市场主体宣传普及信用信息的查询和使用。落实信用信息主体权益保护和信用信息安全保障。

④建立健全信用评价相关制度和细则，培育和引进信用评价机构，指导开展电力、煤炭、石油天然气等重点领域市场主体信用评价工作，将信用评价结果记入信用档案并予以公布。

⑤要求市场主体向社会作出信用承诺，依据信用分类等级对市场主体实施信用分类监管，对诚信主体采取联合激励措施，对失信主体采取联合惩戒措施，定期发布信用红黑名单。

⑥指导行业组织在能源行业信用体系建设工作中发挥作用。引导企业加强诚信文化建设，要求电力、煤炭、石油天然气等重点领域企业建立信用管理制度。

⑦开展信用教育和培训，组织诚信宣传活动，建立信用专业人才队伍。

（2）2019—2020年重点工作。

①巩固提升前一阶段的各项工作成果，在更大范围、更宽领域、更深层次上推进能源行业信用体系建设。根据最新形势和要求，及时调整工作进度。

②建设能源行业自然人信用信息数据库。

③依法依规向社会机构提供公共信用信息，加强信用信息和信用产品的社会化应用。

④指导开展能源行业各领域市场主体信用评价工作，推动有关部门和单位积极应用信用评价结果。

⑤要求能源行业各领域企业建立信用管理制度。

5. 保障措施

（1）加强组织领导。建立健全能源行业信用体系建设组织工作机制。成立能源行业信用体系建设领导小组，统一领导和统筹协调能源行业信用体系建设各项工作，加强指导、督促和检查。领导小组由能源局领导及相关专业司、资质管理中心、相关行业组织、相关企业的负责人组成。领导小组下设办公室作为日常办事机构，办公室设在资质管理中心，主要承担综合协调、政策研究、制度标准建设等工作，牵头开展数据库、平台、网站等建设，指导推动信用信息归集使用、信用评价、信用监管、诚信宣传教育等工作的开展。定期召开领导小组及办公室会议，通报工作进展情况，协调解决能源行业信用体系建设中的重大问题。

（2）强化责任落实。明确能源行业信用体系建设各项任务的具体分工、责任单位和进度要求等，各级、各部门、各单位要把能源行业信用体系建设做为日常工作的重要内容，加快实施推进。各派出能源监管机构加强对本地区能源行业信用体系建设的组织领导，细化职责分工，严格落实执行。各行业组织加强会员自律，配合政府做好评价建设等工作。定期收集工作进展信息，建立健全工作考核评估机制，进行督查考核，及时发现问题并提出改进措施，对工作取得明显成效的进行表彰，对工作推进不力的通报批评、督促整改。

（3）加大人才、资金支持。加大对能源行业信用体系建设的人才和资金支持，将能源行业信用信息共享交换平台、“信用能源”网站等基础设施建设和维护的资金需求纳入政府投资计划，做到有岗、有责、有人、有手段。鼓励社会资金参与能源行业信用体系建设，形成多元化的投融资体系，确保能源行业信用体系建设顺利开展。

（二）《全国电力建设企业信用评价管理办法》（2015 年 7 月 15 日修订稿）主要内容

1. 总则

第一条 为落实国务院关于社会信用评价的有关精神，规范全国电力建设企业信用评价管理工作，特制定本办法。

第二条 经商务部信用工作办公室、国资委行业协会联系办公室备案确认，全国电力建设企业信用评价工作由中电建协负责组织管理实施。

第三条 本办法以评价电力建设企业信用状况为核心，以加强电力建设企业守信为目标，进一步规范电力建设市场秩序，提高电力建设企业履约能力和履约意愿。

2. 组织机构及职责

第四条 中电建协设立“电力建设企业/人员资格管理委员会”（以下简称管委会），管委会是行业信用评价的管理机构。管委会下设信用办公室，负责行业信用评价的日常管理工作，其工作职责：

（一）贯彻国家信用评价的方针政策和法律法规。

（二）编制行业信用评价发展规划。

（三）编制行业信用评价管理管理办法、评价标准、信用信息档案、信用专家库、信用评价成果应用、信用监督等制度性文件。

（四）制定并组织实施行业信评价的年度工作计划。

（五）组织信用评价现场访谈和评审会。按有关规定公示和向有关部门备案确认并公布信用评价成果，颁发信用等级证书和标牌。

（六）负责信用评价有效期内的年检和复评等动态管理工作。

（七）负责行业信用信息数据的征集、审核、使用和披露。与关联协会交流信用信息。

（八）负责信用专家库的专家管理、业务培训、继续教育和考核等工作。

（九）负责会员单位信用管理知识普及和信用人才队伍建设工作，定期开展信用管理培训。各会员单位应有至少 2 名经培训合格的信用评估师，由中电建协登记注册并接受定期继续教育。

第五条 信用专家库由信用办公室负责管理。信用专家按《中国电力建设专家委员会管理办法》规定中的条件评选，为行业信用管理和评价提供技术支持。其工作职责：

（一）负责行业信用管理和评价标准等制度性文件的专业技术工作。

（二）负责完成企业信用评价现场访谈、评价报告编写和信用评审工作。

（三）为会员企业提供信用管理咨询服务等工作。

（四）信用办公室交办的其他技术性工作。

3. 信用评价原则及评价对象

第六条 评价原则

（一）统一组织领导、突出专业特点、分类指导的原则；

（二）申报材料评审和现场访谈相结合的原则；

（三）动态与静态、定量与定性综合评价的原则；

（四）企业自愿申报和不以盈利为目的原则。

第七条 评价对象

（一）中电建协的会员单位；

（二）具有独立法人资格并具有电力、水电施工总承包及专业承包二级及以上资质、电力工程监理乙级及以上资质、电力工程调试丙级及以上能力资格、电力工程保温防腐甲级能力资格的电力建设企业；

（三）经行政许可部门核准的电力工程项目的建设企业或总承包企业。

4. 信用评价标准及基本方法

第八条 评价标准

（一）信用评价标准是对参评企业在市场经济活动中执行国家相关法律法规、履行相关合同的能力及意愿的综合评价，评价内容包括参评企业的履约能力和企业的信用记录等。

（二）根据参评企业的专业特点，评价标准按水电、火电、送变电、监理、调试和保温防腐等专业类别设置，每个专业在指标设定、记分标准和权重分配等方面均有其差异性。

（三）评价标准由企业综合素质、财务状况、管理水平、竞争力、社会信用五个一级要素构成，每个一级要素下设二级要素和三级要素，从而构成电力建设企业信用评价标准指标体系（见附件 1）。

第九条 评价方法

（一）定量评价与定性分析。由于影响企业信用状况的因素很多，其中难以量化的因素需借助信用专家的经验和专业知识来判断。信用评价标准既要考虑科学的定量指标和计分模型，又要结合行业和企业的实际情况，采用定性指标要素分析的方法，保证信用评价充分反映参评企业真实的信用管理水平。

（二）一致性和可比性。一致性是指对同一类型的企业采用相同的评价标准。可比性是指对不同类型企业的评价成果互相比较，通过综合评价，保证信用评价成果的客观公正。

（三）适用性和可操作性。信用评价不仅采取科学先进的评级技术，同时还考虑企业提供申报资料的适用性、可靠性和可操作性，达到信用评价工作的简便快捷高效。

5. 信用评价程序

第十条 企业申报

申请参加信用等级评价的企业（以下简称参评企业）须按《全国电力建设企业信用评价申报书》（见附件2）规定的内容和格式向信用办公室提交申报材料。申报材料按信用评价申报书目录顺序装订成册。

第十一条 申报材料初评

信用办公室在接到参评企业申报书后，对申报材料进行初评，提出初评意见及现场访谈重点核查项目提纲。

第十二条 现场访谈

（一）信用评价现场访谈目的是依据评价标准，对参评企业申报书及证明材料内容的真实性、有效性和完整性作进一步的信息采集和核实，保证信用评价报告的准确和公正；

（二）现场访谈由信用办公室组织信用专家（评估师），按规定程序和重点核查提纲进行访谈。访谈程序包括领导层访谈（首次会议）、管理层访谈、项目部抽样访谈和交换访谈意见（末次会议）。

第十三条 信用评价报告

信用办公室根据初评意见及信用专家（评估师）撰写的企业管理、质量安全、财务、信用等专业访谈报告（申报材料初评及现场访谈计分各占50%权重）并经信用信息排查后，编制参评企业信用评审报告及信用等级建议。

第十四条 信用等级评审

信用办公室组织管委会有关委员和信用专家（各专业不少于2人）召开评审会，评审报告获2/3以上成员表决通过后，确定参评企业的信用等级。

6. 公示、备案及发布

第十五条 根据评审会会议决议，企业信用评价成果在以下网站公示，接受社会监督。

（一）中国电力建设企业协会网：www. cepca. org. cn；

（二）商务部反商业欺诈网：www. 12312. gov. cn；

（三）有关媒体和会议等渠道。

第十六条 信用评价成果在公示期满后，需经有关政府部门备案确认后方可发布。

第十七条 信用评价成果以文件形式在中电建协网站或有关会议上发布，颁发全国统一标准的信用等级证书、标牌。

7. 信用等级

第十八条 根据信用等级评价标准和各级别信用要素综合得分对照《信用企业评价等级表》（见附件2），确定参评企业信用评价等级和经营风险程度。信用等级级别分为“三等五级”，即A、B、C三等，AAA、AA、A、B、C五级。

第十九条 信用等级其它规定。为使《电力工程能力资格管理办法》与本管理办法有机结合，特制定调试企业申报A及以上信用等级基本条件。

（一）电源调试企业调总及调试工程师要求。电源调试企业申报信用等级时，企业须具有二级及以上调试总工程师资格的人员不少于2人；锅炉、汽机（从事水电厂调试的须配水机）、电气、热工专业应具有调试工程师资格的人员不少于1人/专业，企业调试工程师总人数不少于6人。

（二）电网调试企业调总及调试工程师要求。电网调试企业申报信用等级时，企业须具有二级及以上调试总工程师资格的人员不少于2人；高压、继保、控制、计量专业应具有调试工程师资格的人员不少于1人/专业，企业调试工程师总人数不少于4人。

（三）调试企业申报信用等级的业绩条件。

（1）电源工程：3年内承担或主调两台及以上、100MW及以上规模机组的调试（以合同为准）。

（2）电网工程：3年内承担或主调两座及以上、110kV及以上变电站工程的调试（以合同为准）。

（四）调试企业申报信用等级的试验设备及场所的要求。

（1）电源调试：与资格相对应的压力、温度传感器等校验设备及基本试验场所。

（2）电网调试：与资格相对应的电气试验、耐压等设备及基本试验场所。

8. 信用评价费用标准

第二十条 费用标准执行有关部门的规定，主要用于信用管理、评审、公示、证牌工本、宣传和专家劳务等支出。

9. 信用体系的动态管理

第二十一条 信用年检

（一）信用年检是在信用评价有效期内对信用企业每年组织的一次信用体系建设情况督促检查，由信用办公室于每年底印发年检通知。信用年检企业根据信用年检通知的要求，重点对企业的信用管理、风险控制、合同管理、财务指标、分包队伍、机械装备、体系认证、重大技术方案等评价要素变动情况进行自查，并按时将书面年检申报书报送至信用办公室。

（二）信用年检的有关规定

（1）发生以下情况的企业发征询函

①AAA级企业年检评审扣分在5~8分的；

②AA级企业年检评审扣分在10~13分的；

③对企业年检资料的重要数据有疑议的。

（2）发生以下情况的企业发整改函，信用办公室可组织专家进行现场核查。

①年检年度内发生的一般安全、质量事故的；

②AAA级企业年检评审扣分在8分以上的；

③AA级企业年检评审扣分在13分以上的。

（3）发生以下情况的企业发警示函。

①年检年度内发生较大安全、质量事故的；

②连续两年年检发整改函的；

③超过申报期限二十个工作日仍未报送年检资料的；

④年检材料弄虚作假、存在重要信息失真的；

⑤违反行业自律规定，被中电建协各专委会处罚的。

（三）信用办公室每年组织行业信用专家对信用企业的年检资料进行计分评审，根据评审结果及整改情况，对企业信用年检结果以文件形式公布。

第二十二条　信用复评

（一）信用等级证书有效期为三年，有效期满的信用企业，应进行信用复评，复评申报须按《全国电力建设企业信用评价（复评）申报书》规定的内容和格式申报。

信用办公室在信用评价有效期满前两个月向有关企业印发信用复评通知。

（二）信用复评的有关规定

（1）复评期满后，暂不进行复评的企业须告知信用办公室或提出暂缓复评的申请。

（2）超过申报期限二十个工作日仍未上报信用复评材料的企业，视为放弃信用等级。

（3）经复评，信用评价得分低于原等级分数下限5分内的企业，向企业发征询函。

（4）本年度内发生一般安全、质量事故或低于原等级分数下限5分以上10分内的企业，向企业发整改函，信用办公室并可组织专家对整改情况进行现场访谈。

（5）年度内发生较大安全、质量事故的，向企业发警示函。

（6）违反行业自律规定，被中电建协各专委会处罚的，向企业发警示函。

（7）低于原等级分数下限10分以上的企业，报评审会审议，管委会批准，降低信用等级。

（8）申请信用等级升级的企业，按评价标准和程序进行评审。

（三）中电建协信用办公室根据复评结果及整改情况，复评报告经评审会审议，管委会批准，以文件形式公布复评结果。

第二十三条　企业应在规定时间内对征询函、整改函、警示函的内容做出回复，信用办公室组织信用专家对回复材料和相关证明文件进行评审。

第二十四条　在评价有效期内，发生以下情况之一的企业，降低信用等级。

（一）发生负有直接责任的重大安全生产或较大质量事故（以政府安监部门的事故认定报告为准）。

（二）连续两年发生或一年内连续发生两次负有直接责任的较大安全生产事故。

（三）连续两年发生或一年内连续发生两次负有直接责任的一般质量事故。

（四）发生负有直接责任的重大社会影响事件等失信行为。

（五）对整改函经两次整改仍不合格的。

（六）三年内被两次发警示函的。

第二十五条　在评价有效期内，发生以下情况之一的企业，撤消信用等级。

（一）逾期未报送信用年检材料，接到警示函仍未在规定时间报送资料的。

（二）发生负有直接责任的特别重大安全或重大质量事故（以政府安监部门的事故认定报告为准）。

（三）连续两年发生或一年内连续发生两次负有直接责任的重大安全生产事故。

（四）连续两年发生或一年内连续发生两次负有直接责任的较大质量事故。

（五）撤消信用等级的企业，自撤消之日起，一年后方可重新申报信用等级评价。

第二十六条 信用企业的动态管理信息及时在协会网站进行发布。

10. 信用评价的工作纪律

第二十七条 信用评价应坚持客观公正原则，工作人员应遵守评估师行为准则，保守国家机密、企业秘密和个人隐私，不得违规征集和披露企业相关信息，不得纵容参评企业提供虚假信息。评价意见和评价报告应真实准确，具有权威性。

第二十八条 参评企业采取弄虚作假或以不正当手段获取信用等级的，经信用办公室查实后，视情节轻重，给予批评、警告和撤销申报资格或信用等级等相应处理。

第二十九条 根据中央八项规定、六条禁令的要求，信用评价现场访谈小组在企业评价期间，严禁违反规定收送礼品、礼金等，严禁参加用公款支付的游山玩水、高消费娱乐，严禁接受超标准接待及宴请。经发现或检举并查实违反“八项规定和六条禁令”的行为，按中电建协有关办法及专家管理办法处理。

第二节 水利水电工程注册建造师执业相关制度

一、水利水电工程执业工程范围解读

（一）注册建造师执业工程范围

建设部《注册建造师执业管理办法（试行）》（建市〔2008〕48 号）第 4 条规定：“注册建造师应当在其注册证书所注明的专业范围内从事建设工程施工管理活动，具体执业按照本办法附件《注册建造师执业工程范围》执行。未列入或新增工程范围由国务院建设主管部门会同国务院有关部门另行规定。”规定中提到的注册建造师执业工程范围具体详见表 4－1（以下简称《执业范围表》）。

表 4－1 注册建造师执业工程范围

序号	注册专业	工程范围
1	建筑工程	房屋建筑、装饰装修，地基与基础、土石方、建筑装修装饰、建筑幕墙、预拌商品混凝土、混凝土预制构件、园林古建筑、钢结构、高耸建筑物、电梯安装、消防设施、建筑防水、防腐保温、附着升降脚手架、金属门窗、预应力、爆破与拆除、建筑智能化、特种专业
2	公路工程	公路，地基与基础、土石方、预拌商品混凝土、混凝土预制构件、钢结构、消防设施、建筑防水、防腐保温、预应力、爆破与拆除、公路路面、公路路基、公路交通、桥梁、隧道、附着升降脚手架、起重设备安装、特种专业
3	铁路工程	铁路，土石方、地基与基础、预拌商品混凝土、混凝土预制构件、钢结构、附着升降脚手架、预应力、爆破与拆除、铁路铺轨架梁、铁路电气化、铁路桥梁、铁路隧道、城市轨道交通、铁路电务、特种专业

续表

序号	注册专业	工程范围
4	民航机场工程	民航机场，土石方、预拌商品混凝土、混凝土预制构件、钢结构、高耸构筑物、电梯安装、消防设施、建筑防水、防腐保温、附着升降脚手架、金属门窗、预应力、爆破与拆除、建筑智能化、桥梁、机场场道、机场空管、航站楼弱电系统、机场目视助航、航油储运、暖通、空调、给排水、特种专业
5	港口与航道工程	港口与航道，土石方、地基与基础、预拌商品混凝土、混凝土预制构件、消防设施、建筑防水、防腐保温、附着升降脚手架、爆破与拆除、港口及海岸、港口装卸设备安装、航道、航运梯级、通航设备安装、水上交通管制、水工建筑物基础处理、水工金属结构制作与安装、船台、船坞、滑道、航标、灯塔、栈桥、人工岛、筒仓、堆场道路及陆域构筑物、围堤、护岸、特种专业
6	水利水电工程	水利水电，土石方、地基与基础、预拌商品混凝土、混凝土预制构件、钢结构、建筑防水、消防设施、起重设备安装、爆破与拆除、水工建筑物基础处理、水利水电金属结构制作与安装、水利水电机电设备安装、河湖整治、堤防、水工大坝、水工隧洞、送变电、管道、无损检测、特种专业
7	矿业工程	矿山，地基与基础、土石方、高耸构筑物、消防设施、防腐保温、环保、起重设备安装、管道、预拌商品混凝土、混凝土预制构件、钢结构、建筑防水、爆破与拆除、隧道、窑炉、特种专业
8	市政公用工程	市政公用，土石方、地基与基础、预拌商品混凝土、混凝土预制构件、预应力、爆破与拆除、环保、桥梁、隧道、道路路面、道路路基、道路交通、城市轨道交通、城市及道路照明、体育场地设施、给排水、燃气、供热、垃圾处理、园林绿化、管道、特种专业
9	通信与广电工程	通信与广电，通信线路、微波通信、传输设备、交换、卫星地球站、移动通信基站、数据通信及计算机网络、本地网、接入网、通信管道、通信电源、综合布线、信息化工程、铁路信号、特种专业
10	机电工程	机电、石油化工、电力、冶炼，钢结构、电梯安装、消防设施、防腐保温、起重设备安装、机电设备安装、建筑智能化、环保、电子、仪表安装、火电设备安装、送变电、核工业、炉窑、冶炼机电设备安装、化工石油设备、管道安装、管道、无损检测、海洋石油、体育场地设施、净化、旅游设施、特种专业

（二）关于注册专业的说明

《执业范围表》中注册专业的划分总体上与《建筑业企业资质等级标准》（建建〔2001〕82号）中施工总承包企业的专业划分以及《中华人民共和国建造师专业分类标准》中建造师的专业划分相衔接。

2003年原人事部、建设部发布的《关于建造师专业划分有关问题的通知》（建市〔2003〕232号）中，依据建设工程项目的特点对建造师划分了14个专业，包括：房屋建筑工程、公路工程、铁路工程、民航机场工程、港口与航道工程、水利水电工程、电力工程、矿山工程、冶炼工程、石油化工工程、市政公用与城市轨道工程、通信与广电工程、机电安装工程、装饰装修工程。其中除装饰装修工程和民航机场工程外，其余12个专业是与《建筑业企业资质等级标准》中的12个工程专业相一致的。

为适应建筑市场发展需要，有利于建设工程项目与施工管理，原人事部办公厅以《关于建造师资格考试相关科目专业类别调整有关问题的通知》（国人厅发〔2006〕213 号）对建造师资格考试《专业工程管理与实务》科目的专业类别进行调整，主要调整如下：

1. 合并的专业类别

（1）将原“房屋建筑、装饰装修”合并为“建筑工程”。

（2）将原“矿山、冶炼（土木部分内容）”合并为“矿业工程”。

（3）将原“电力、石油化工、机电安装、冶炼（机电部分内容）”合并为“机电工程”。

2. 保留的专业类别

此次调整中未变动的专业类别有 7 个，即公路、铁路、民航机场、港口与航道、水利水电、市政公用、通信与广电。

3. 调整后的专业类别

调整后的一级建造师资格考试《专业工程管理与实务》科目设置 10 个专业类别：建筑工程、公路工程、铁路工程、民航机场工程、港口与航道工程、水利水电工程、市政公用工程、通信与广电工程、矿业工程、机电工程。《执业范围表》中注册专业的划分是和调整后的上述 10 个专业类别统一的。

根据《一级建造师注册实施办法》，注册证书所注明的专业范围亦是指上述 10 个专业类别。

（三）关于工程范围的说明

《执业范围表》中各注册专业工程范围的划分是以《建筑业企业资质等级标准》中专业承包企业的 60 个专业为基础的。这 60 个专业包括：房屋建筑、装饰装修，地基与基础、土石方、建筑装修装饰、建筑幕墙、预拌商品混凝土、混凝土预制构件、园林古建筑、钢结构、高耸建筑物、电梯安装、消防设施、建筑防水、防腐保温、附着升降脚手架、金属门窗、预应力、起重设备安装、机电设备安装、爆破与拆除、建筑智能化、环保、电信、电子、桥梁、隧道、公路路面、公路路基、公路交通、铁路电务、铁路铺轨架梁、铁路电气化、机场场道、机场空管及航站楼弱电系统、机场目视助航、港口及海岸、港口装卸设备安装、航道、通航建筑、通航设备安装、水上交通管制、水工建筑物基础处理、水利水电金属结构制作与安装、水利水电机电设备安装、河湖整治、堤防、水工大坝、水工隧洞、火电设备安装、送变电、核工业、炉窑、冶炼机电设备安装、化工石油设备管道安装、管道、无损检测、海洋石油、城市轨道交通、城市及道路照明、体育场地设施、特种专业。

原建设部《建筑业企业资质管理规定实施意见》明确《建筑业企业资质等级标准》中涉及水利方面的资质包括：水利水电工程施工总承包（水利专业）企业资质；水工建筑物基础处理工程专业、水工金属结构制作与安装工程专业、河湖整治工程专业、堤防工程专业、水利水电机电设备安装工程专业（水利专业）、水工大坝工程专业、水工隧洞工程专业等共七个专业承包企业资质。

涉及多个专业部门的资质包括：钢结构工程专业承包企业资质、桥梁工程专业承包企业资质、隧道工程专业承包企业资质、核工程专业承包企业资质、海洋石油专业承包企业资质、爆破与拆除工程专业承包企业资质。其中，钢结构工程和爆破与拆除工程两个专业亦纳入水利水电工程专业。

另外，为将来建造师执业留有适当的空间，在上述基础上，水利水电工程专业的执业工程范围补充增加了土石方、地基与基础、预拌商品混凝土、混凝土预制构件、建筑防水、消防设施、起重设备安装、送变电、管道、无损检测、特种专业等十一个专业。这样就形成了表中所列的21个工程范围，包括工程总承包企业的水利水电工程专业和专业承包企业的20个专业。

以上内容是依据建设部《建筑业企业资质等级标准》（建建〔2001〕82号）进行编制的，现已被建设部《建筑业企业资质标准》（建市〔2014〕159号）替换，但关于注册建造师执业工程范围建设部尚未相应修改。

（四）水利水电工程工程范围的具体工程内容

（1）水利水电工程，不同类型的大坝、电站厂房、引水和泄水建筑物、通航建筑物、基础工程、导截流工程、砂石料生产、水轮发电机组、输变电工程的建筑安装；金属结构制作安装；压力钢管、闸门制作安装；堤防加高加固、泵站、涵洞、隧道、施工公路、桥梁、河道疏浚、灌溉、排水工程施工。

（2）水利水电金属结构制作与安装工程，各类钢管、闸门、拦污栅等水工金属结构的制作、安装及启闭机的安装。

（3）水利水电机电设备安装工程，各类水电站、泵站主机（各类水轮发电机组、水泵机组）及其附属设备和水电（泵）站电气设备的安装工程。

（4）河湖整治工程，各类河道、湖泊的河势控导、险工处理、疏浚、填塘固基工程。

（5）堤防工程专业，各类堤防的堤身填筑、堤身除险加固、防渗导渗、填塘固基、堤防水下工程、护坡护岸、堤顶硬化、堤防绿化、生物防治和穿堤、跨堤建筑物（不含单独立项的分洪闸、进水闸、排水闸、挡潮闸等）工程。

（6）水工大坝工程，各类坝型的坝基处理、永久和临时水工建筑物及其辅助生产设施的施工。

（7）水工隧洞工程，各类有压或明流隧洞工程和与其相应的进出口工程的开挖、临时和永久支护、回填与固结灌浆、金属结构预埋件等工程，以及辅助生产设施的施工。

二、水利水电工程执业工程规模标准解读

（一）注册建造师执业工程规模标准

《注册建造师执业管理办法（试行）》（建市〔2008〕48号）第5条规定："大中型工程施工项目负责人必须由本专业注册建造师担任。一级注册建造师可担任大、中、小型工程施工项目负责人，二级注册建造师可以承担中、小型工程施工项目负责人。

各专业大、中、小型工程分类标准按《关于印发〈注册建造师执业工程规模标准〉（试行）的通知》（建市〔2007〕171号）执行。"

注册建造师执业工程规模标准是按照建造师的14个专业分别进行划分的。根据《中华人民共和国建造师专业分类标准》，建造师的14个专业包括：房屋建筑工程、公路工程、铁路工程、民航机场工程、港口与航道工程、水利水电工程、电力工程、矿山工程、冶炼工程、石油化工工程、市政公用与城市轨道工程、通信与广电工程、机电安装工程、装饰装修工程等。其中水利水电工程专业执业工程规模标准详见表4－2。

表4－2 注册建造师执业工程规模标准（水利水电工程）

序号	工程类别	项目名称	单位	规模			备注
				大型	中型	小型	
1	水库工程（蓄水枢纽工程）		亿 m^3	≥1.0	1.0～0.001	<0.001	总库容（总蓄水容积）
		主要建筑物工程（包括大坝、隧洞、溢洪道、电站厂房、船闸等）	级	1、2	3、4、5		建筑物级别
		次要建筑物工程	级		3、4	5	建筑物级别
		临时建筑物工程	级		3、4	5	建筑物级别
		基础处理工程	级	1、2	3、4、5		相应建筑物级别
		金属结构制作与安装工程	级	1、2	3、4、5		相应建筑物级别
		机电设备安装工程	级	1、2	3、4、5		相应建筑物级别
2	防洪工程			特别重要、重要	中等、一般		保护城镇及工矿企业的重要性
			10^4 亩	≥100	100～5	<5	保护农田
		主要建筑物工程	级	1、2	3、4	5	建筑物级别
		次要建筑物工程	级		3、4	5	建筑物级别
		临时建筑物工程	级		3、4	5	建筑物级别
		基础处理工程	级	1、2	3、4	5	相应建筑物级别
		金属结构制作与安装工程	级	1、2	3、4	5	相应建筑物级别
		机电设备安装工程	级	1、2	3、4	5	相应建筑物级别
3	治涝工程		10^4 亩	≥60	60～3	<3	治涝面积
		主要建筑物工程	级	1、2	3、4	5	建筑物级别
		次要建筑物工程	级		3、4	5	建筑物级别
		临时建筑物工程	级		3、4	5	建筑物级别
		基础处理工程	级	1、2	3、4	5	相应建筑物级别
		金属结构制作与安装工程	级	1、2	3、4	5	相应建筑物级别
		机电设备安装工程	级	1、2	3、4	5	相应建筑物级别

续表

序号	工程类别	项目名称	单位	规模			备注
				大型	中型	小型	
4	灌溉工程		10^4 亩	≥50	50 ~ 0.5	< 0.5	灌溉面积
		主要建筑物工程	级	1、2	3、4	5	建筑物级别
		次要建筑物工程	级		3、4	5	建筑物级别
		临时建筑物工程	级		3、4	5	建筑物级别
		基础处理工程	级	1、2	3、4	5	相应建筑物级别
		金属结构制作与安装工程	级	1、2	3、4	5	相应建筑物级别
		机电设备安装工程	级	1、2	3、4	5	相应建筑物级别
5	供水工程			特别重要、重要	中等、一般		供水对象重要性
		主要建筑物工程	级	1、2	3、4		建筑物级别
		次要建筑物工程	级		3、4	5	建筑物级别
		临时建筑物工程	级		3、4	5	建筑物级别
		基础处理工程	级	1、2	3、4	5	相应建筑物级别
		金属结构制作与安装工程	级	1、2	3、4	5	相应建筑物级别
		机电设备安装工程	级	1、2	3、4	5	相应建筑物级别
6	发电工程		10^4kW	≥30	30 ~ 1	< 1	装机容量
		主要建筑物工程（包括大坝、隧洞、溢洪道、电站厂房、船闸等）	级	1、2	3、4	5	建筑物级别
		次要建筑物工程	级		3、4	5	建筑物级别
		临时建筑物工程	级		3、4	5	建筑物级别
		基础处理工程	级	1、2	3、4	5	相应建筑物级别
		金属结构制作与安装工程	级	1、2	3、4	5	相应建筑物级别
		机电设备安装工程	级	1、2	3、4	5	相应建筑物级别
7	拦河水闸工程		m^3/s	≥1000	1000 ~ 20	< 20	过闸流量
		主要建筑物工程	级	1、2	3、4	5	建筑物级别
		次要建筑物工程	级		3、4	5	建筑物级别
		临时建筑物工程	级		3、4	5	建筑物级别
		基础处理工程	级	1、2	3、4	5	相应建筑物级别
		金属结构制作与安装工程	级	1、2	3、4	5	相应建筑物级别
		机电设备安装工程	级	1、2	3、4	5	相应建筑物级别
8	引水枢纽工程		m^3/s	≥50	50 ~ 2	< 2	引水流量
		主要建筑物工程	级	1、2	3、4	5	建筑物级别
		次要建筑物工程	级		3、4	5	建筑物级别
		临时建筑物工程	级		3、4	5	建筑物级别
		基础处理工程	级	1、2	3、4	5	相应建筑物级别
		金属结构制作与安装工程	级	1、2	3、4	5	相应建筑物级别
		机电设备安装工程	级	1、2	3、4	5	相应建筑物级别

续表

序号	工程类别	项目名称	单位	规模			备注
				大型	中型	小型	
9	泵站工程（提水枢纽工程）		m^3/s	≥50	50～2	<2	装机流量
			10^4kW	≥1	1～0.01	<0.01	装机功率
		主要建筑物工程	级	1、2	3、4	5	建筑物级别
		次要建筑物工程	级		3、4	5	建筑物级别
		临时建筑物工程	级		3、4	5	建筑物级别
		基础处理工程	级	1、2	3、4	5	相应建筑物级别
		金属结构制作与安装工程	级	1、2	3、4	5	相应建筑物级别
		机电设备安装工程	级	1、2	3、4	5	相应建筑物级别
10	堤防工程		重现期（年）	≥50	50～20	<20	防洪标准
		堤基处理及防渗工程	级	1、2	3、4	5	堤防级别
		堤身填筑（含戗台、压渗平台）及护坡工程	级	1、2	3、4	5	堤防级别
		交叉、连接建筑物工程（含金属结构与机电设备安装）	级	1、2	3、4	5	堤防级别
		填塘固基工程	级		1、2、3	4、5	堤防级别
		堤顶道路（含坡道）工程	级		1、2、3	4、5	堤防级别
		堤岸防护工程	级		1、2、3	4、5	堤防级别
11	灌溉渠道或排水沟		m^3/s	≥300	300～20	<20	灌溉流量
			m^3/s	≥500	500～50	<50	排水流量
			级	1	2、3	4、5	工程级别
12	灌排建筑物		m^3/s	≥100	100～5	<5	过水流量
		永久建筑物工程	级	1、2	3、4	5	建筑物级别
		临时建筑物工程	级		3、4	5	建筑物级别
		基础处理工程	级	1、2	3、4	5	相应建筑物级别
		金属结构制作与安装工程	级	1、2	3、4	5	相应建筑物级别
		机电设备安装工程	级	1、2	3、4	5	相应建筑物级别
13	农村饮水工程		万元	≥3000	3000～200	<200	单项合同额
14	河湖整治工程（含疏浚、吹填工程等）		万元	≥3000	3000～200	<200	单项合同额

续表

序号	工程类别	项目名称	单位	规模			备注
				大型	中型	小型	
15	水土保持工程（含防浪林）		万元	≥3000	200～3000	<200	单项合同额
16	环境保护工程		万元	≥3000	200～3000	<200	单项合同额
17	其他	其他强制要求招标的项目或上述小型工程项目	万元	≥3000	200～3000	<200	单项合同额

注：1. 大中型工程项目负责人必须由本专业注册建造师担任，其中大型工程项目负责人必须由本专业一级注册建造师担任；
2. 对综合利用的水利水电工程，当各综合利用项目的分等（级）指标对应的规模不同时，应按最高规模确定；
3. 水利水电工程包含的通航、过木（竹）、桥梁、公路、港口和渔业等建筑物，注册建造师执业工程规模标准应参照本表中相关工程类别确定。

（二）关于工程类别划分的说明

表中工程类别共划分为17类，包括：①水库工程（蓄水枢纽工程）、②防洪工程、③治涝工程、④灌溉工程、⑤供水工程、⑥发电工程、⑦拦河水闸工程、⑧引水枢纽工程、⑨泵站工程（提水枢纽工程）、⑩堤防工程、⑪灌溉渠道或排水沟、⑫灌排建筑物、⑬农村饮水工程、⑭河湖整治工程（含疏浚、吹填工程等）、⑮水土保持工程（含防浪林）、⑯环境保护工程以及⑰其他（其他强制要求招标的项目或上述小型工程项目）。

上述类别的划分主要依据三个标准：《水利水电工程等级划分及洪水标准》SL 252—2000、《灌溉与排水工程设计规范》GB 50288－99和《堤防工程设计规范》GB/T50286－98，涵盖了水利水电工程及其他水利工程的主要分类，以便于在实际运用中的操作。

（三）关于项目名称分类的说明

表中①水库工程（蓄水枢纽工程）、②防洪工程等10个工程类别中的项目名称是根据建筑物的重要性及其包含的主要专业来划分的，并与现场施工标段划分的需要相适应。施工单位承担的可能是枢纽工程，也可能是枢纽工程中的一部分，包括永久性主要建筑物，永久性次要建筑物，和临时性建筑物，基础处理工程、金属结构制作与安装工程、机电设备安装工程6个方面。

堤防工程是依据其具体工程内容来划分的，并与现场施工标段划分的需要相适应，其项目名称包括：堤基处理及防渗工程；堤身填筑（含戗台、压渗平台）及护坡工程；交叉、连接建筑物工程（含金属结构与机电设备安装）；填塘固基工程；堤顶道路（含坡道）工程以及堤岸防护工程6个方面。

灌溉渠道或排水沟、农村饮水工程、河湖整治工程（含疏浚、吹填工程等）、水土保持工程（含防浪林）、环境保护工程以及其他（其他强制要求招标的项目或上述小型工程项目）等六个类别的工程未再进行项目划分。

（四）关于规模标准的说明

1. 水利水电工程执业工程规模标准确定的原则

（1）与注册建造师执业管理相关规定相结合。

（2）与现行有关划分工程等别与建筑物级别的规程、规范相衔接。

（3）便于注册建造师在执业过程中的操作。

2. 水利水电工程等别及建筑物级别

在确定建造师执业工程规模标准前，先分析一下水利水电工程分等（级）指标的有关规定，根据《水利水电工程等级划分及洪水标准》SL 252－2000，水利水电工程分等指标见表4－3，拦河水闸工程、引水枢纽工程等其他水利工程分等指标见相关规范。

表4－3　水利水电工程分等指标

工程等别	工程规模	水库总库容（$10^8 m^3$）	防洪		治涝	灌溉	供水	发电
			保护城镇及工矿企业的重要性	保护农田（10^4亩）	治涝面积（10^4亩）	灌溉面积（10^4亩）	供水对象重要性	装机容量（10^4kW）
Ⅰ	大（1）型	≥10	特别重要	≥500	≥200	≥150	特别重要	≥120
Ⅱ	大（2）型	10～1.0	重要	500～100	200～60	150～50	重要	120～30
Ⅲ	中型	1.0～0.1	中等	100～30	60～15	50～5	中等	30～5
Ⅳ	小（1）型	0.1～0.01	一般	30～5	15～3	5～0.5	一般	5～1
Ⅴ	小（2）型	0.01～0.001		<5	<3	<0.5		<1

水利水电工程的永久性建筑物的级别，根据其所在工程的等别和建筑物的重要性，按表4－4确定。

表4－4　永久性水工建筑物的级别

工程等别	主要建筑物	次要建筑物
Ⅰ	1	3
Ⅱ	2	3
Ⅲ	3	4
Ⅳ	4	5
Ⅴ	5	5

根据《堤防工程设计规范》GB/T 50286－98，堤防工程的级别应按表4－5确定。

表4－5　堤防工程的级别

防洪标准［重现期（年）］	≥100	<100，且≥50	<50，且≥30	<30，且≥20	<20，且≥10
堤防工程的级别	1	2	3	4	5

水利水电工程施工期使用的临时性挡水和泄水建筑物的级别，根据其保护对象的重要性、失事后果、使用年限和临时性建筑物规模，按表4－6确定。

表 4－6　临时性水工建筑物级别

级别	保护对象	失事后果	使用年限（年）	临时性水工建筑物规模	
				高度（m）	库容（10^8m^3）
3	有特殊要求的1级永久性水工建筑物	淹没重要城镇、工矿企业、交通干线或推迟总工期及第一台（批）机组发电，造成重大灾害和损失	>3	>50	>1.0
4	1、2级永久性水工建筑物	淹没一般城镇、工矿企业、交通干线或影响总工期及第一台（批）机组发电，造成较大经济损失	3～1.5	50～15	1.0～0.1
5	3、4级永久性水工建筑物	淹没基坑，但对总工期及第一台（批）机组发电影响不大，经济损失较小	<1.5	<15	<0.1

3. 注册建造师执业工程规模标准与水利水电工程分等指标的关系

水库工程（蓄水枢纽工程）、防洪工程等11类工程执业规模标准是根据上述分等指标经适当调整后确定的，两者之间的关系见表4－7。

表 4－7　分等指标中的工程规模与执业工程规模的关系

序号	工程类别	分等指标中的工程规模	执业工程规模	备注
1	①水库工程（蓄水枢纽工程）	大（1）型	大型	
		大（2）型		
		中型	中型	
		小（1）型		
		小（2）型		
		小（2）型以下	小型	
2	②防洪工程	大（1）型	大型	③、④、⑤、⑥、⑦、⑧、⑨、⑪、⑫九类工程与防洪工程相同
		大（2）型		
		中型	中型	
		小（1）型		
		小（2）型	小型	

堤防工程不分等别，因此其执业工程规模标准根据其级别来确定。

农村饮水、河湖整治、水土保持、环境保护及其他5类工程的规模标准以投资额划分。

三、水利水电工程执业签章文件解读

（一）水利水电工程注册建造师签章文件目录

水利水电工程注册建造工程师签章文件目录如表4－8所示。

表 4-8 水利水电工程注册建造师施工管理签章文件目录

序号	工程类别	文件类别	文件名称	表号	备注
1	水库工程（蓄水枢纽工程）	施工组织文件	施工组织设计报审表	CF101	
			现场组织机构及主要人员报审表	CF102	
		进度管理文件	施工进度计划报审表	CF201	
			暂停施工申请表	CF202	
			复工申请表	CF203	
			施工进度计划调整报审表	CF204	
			延长工期报审表	CF205	
		合同管理文件	合同项目开工申请表	CF301	
			合同项目开工令	CF302	
			变更申请表	CF303	
			变更项目价格签认单	CF304	
			费用索赔签认单	CF305	
			报告单	CF306	
			回复单	CF307	
			施工月报	CF308	
			整改通知单	CF309	
			施工分包报审表	CF310	
			索赔意向通知单	CF311	
			索赔通知单	CF312	
		质量管理文件	施工技术方案报审表	CF401	
			联合测量通知单	CF402	
			施工质量缺陷处理措施报审表	CF403	
			质量缺陷备案表	CF404	
			单位工程施工质量评定表	CF405	
		安全及环保管理文件	施工安全措施文件报审表	CF501	
			事故报告单	CF502	
			施工环境保护措施文件报审表	CF503	
		成本费用管理	工程预付款申请表	CF601	
			工程材料预付款申请表	CF602	
			工程价款月支付申请表	CF603	
			完工/最终付款申请表	CF604	
		验收管理文件	验收申请报告	CF701	
			法人验收质量结论	CF702	
			施工管理工作报告	CF703	
			代表施工单位参加工程验收人员名单确认表	CF704	

说明：1. 表中工程类别的划分是与注册建造师执业工程规模标准中的工程类别相一致的；
2. 本表以水库工程（蓄水枢纽工程）为例对注册建造师施工管理签章文件目录进行规定，其他 16 个类别的工程其签章文件目录同样适合本规定。

（二）水利水电工程注册建造工程师签章文件背景

现行相关标准、规程对施工单位项目负责人需签署的文件已经进行了规定，主要体现在《水利工程建设项目施工监理规范》SL 288－2003、《水利工程施工质量检验与评定规程》SL 176－2007、《水利水电标准施工招标文件》(2009 年版)、《水利水电建设工程验收规程》SL 223－2008 等，共有近百份表格，其中，又以《水利工程建设项目施工监理规范》SL 288－2003 中居多。

本着突出重点、兼顾全面的原则，从上述近百种表式文件中选取了 35 份作为水利水电工程注册建造师签章文件，详见表 4－8。其中，施工组织文件 2 份，进度管理文件 5 份，合同管理文件 12 份，质量管理文件 5 份，安全及环保管理文件 3 份，成本费用管理文件 4 份，验收管理文件 4 份。

考虑与其他行业的统一，同时本着完善和创新的原则，所有表式均进行了调整和修订。另外，为突出注册建造师在工程施工建设中的作用，对个别文件签署人员还进行了修正。签章文件与现行标准使用的表式文件基本对应，详见表 4－9。

(三) 水利水电工程注册建造工程师签章文件说明

注册建造师签章文件的 35 份表格总体表式基本一致，现对各表式文件共性部分说明如下：

(1) 表右上角的“CF×××”，指水利水电工程注册建造师签章文件的表式编号，如“CF203”指的是水利水电工程注册建造师签章文件第 2 组的第 3 份表式文件；“CF502”是水利水电工程注册建造师签章文件中第 5 组的第 2 份表式文件，余此类推。

(2) 合同名称，指工程施工合同上所标注的名称，填写时可将合同编号用括号附在其后。

(3) 编号，指该表式文件需编写的流水号，可自行编排。

(4) 承包人、监理机构、发包人、设代机构，均指各方的现场管理机构，如“项目经理部”、“项目监理部”、“建管处”、“设代组”等。

(5) 表式文件中的“□”，指示选择项，请在文件对应的“□”上打“√”。

(6) “签章”，指的是签字并加盖注册建造师图章。

(四) 水利水电工程注册建造工程师签章文件解读

1. 施工组织设计报审表

施工组织设计文件是工程施工建设过程中最重要的文件之一，是现场施工的指导性文件，有别于一般的施工措施计划、试验及测量方法等作业性文件，因此，本签章文件规定此项单独报审。施工组织设计报审表填表示范见表 4－10。

2. 现场组织机构及主要人员报审表

(1) 考虑施工单位现场人员进场先后之分，施工人员、机构在施工过程中可能有所调整等因素，因此，可能有多次报审，故表中有“第________次”之分；

(2) 施工现场的各方人员均有相关资格要求，如施工项目负责人、施工员、安全员、试验员、财务人员、焊工、起重工、电工等，因此，此文件中需附相关资格证书或岗位证书；

(3) 实际投入人员与投标承诺进场人员有所变化常有发生，需侧重说明变化原因，另外，替代人员与投标人员的资历、业绩、经验与水平需相当。

表4-9 注册建造师签章文件与现行规程使用文件对照表

序号	工程类别	文件类别	文件名称	表号	对应表号	对应规范	备注
1	水库工程（蓄水枢纽工程）	施工组织文件	施工组织设计报审表	CF101	CB01	《水利工程施工监理规范》	
			现场组织机构及主要人员报审表	CF102	CB06	《水利工程施工监理规范》	
		进度管理文件	施工进度计划报审表	CF201	CB02	《水利工程施工监理规范》	
			暂停施工申请表	CF202	CB22	《水利工程施工监理规范》	
			复工申请表	CF203	CB23	《水利工程施工监理规范》	
			施工进度计划调整报审表	CF204	CB25	《水利工程施工监理规范》	
			延长工期报审表	CF205	CB26	《水利工程施工监理规范》	
		合同管理文件	合同项目开工申请表	CF301	CB14	《水利工程施工监理规范》	
			合同项目开工令	CF302	JL02	《水利工程施工监理规范》	
			变更申请表	CF303	CB24	《水利工程施工监理规范》	
			变更项目价格签认单	CF304	JL14	《水利工程施工监理规范》	
			费用索赔签认单	CF305	JL18	《水利工程施工监理规范》	
			报告单	CF306	CB36	《水利工程施工监理规范》	
			回复单	CF307	CB37	《水利工程施工监理规范》	
			施工月报	CF308	CB34	《水利工程施工监理规范》	
			整改通知单	CF309	JL11	《水利工程施工监理规范》	
			施工分包报审表	CF310	CB05	《水利工程施工监理规范》	
			索赔意向通知单	CF311	CB28	《水利工程施工监理规范》	
			索赔通知单	CF312	CB29	《水利工程施工监理规范》	
		质量管理文件	施工技术方案报审表	CF401	CB01	《水利工程施工监理规范》	
			联合测量通知单	CF402	CB12	《水利工程施工监理规范》	
			施工质量缺陷处理措施报审表	CF403	CB19	《水利工程施工监理规范》	
			质量缺陷备案表	CF404	附录B	《水利工程施工质量检验与评定规程》	
			单位工程施工质量评定表	CF405	附录G 表G-2	《水利工程施工质量检验与评定规程》	
		安全及环保管理文件	施工安全措施文件报审表	CF501	CB01	《水利工程施工监理规范》	
			事故报告单	CF502	CB21	《水利工程施工监理规范》	
			施工环境保护措施文件报审表	CF503			
		成本费用管理	工程预付款申请表	CF601	CB09	《水利工程施工监理规范》	
			工程材料预付款申请表	CF602	CB10	《水利工程施工监理规范》	
			工程价款月支付申请表	CF603	CB33	《水利工程施工监理规范》	
			完工/最终付款申请表	CF604	CB39	《水利工程施工监理规范》	

续表

序号	工程类别	文件类别	文件名称	表号	对应表号	对应规范	备注
1	水库工程（蓄水枢纽工程）	验收管理文件	验收申请报告	CF701	CB35	《水利工程施工监理规范》	
			法人验收质量结论	CF702		《水利水电建设工程验收规程》	
			施工管理工作报告	CF703		《水利水电建设工程验收规程》	
			代表施工单位参加工程验收人员名单确认表	CF704		《水利水电建设工程验收规程》	

3. 施工进度计划报审表

（1）施工进度计划有总进度、年进度、月进度计划之分，甚至在工程施工紧张期，还有旬进度、周进度等，此文件将进度计划报审作为一种表式，并以“口”作为选择项处理；

（2）进度计划的说明书中，需重点描述为完成该进度计划在“4M1E”上所采取的保证措施。

4. 暂停施工申请表/复工申请表

（1）工程施工中出现的任何暂停施工和复工都是影响进度甚至影响投资的重大事项，有可能引起合同纠纷，因此，本文件规定需由注册建造师签署；

（2）工程施工中，由于出现地质变异、文物、地方环境干扰、质量问题、图纸供应、原材料供应、气候因素等，均有可能致使工程暂停施工，因此需要详述停工部位、原因、适用合同条款等，以便为审批作出正确决策。

暂停施工申请表填表示范见表4－11。

5. 施工进度计划调整报审表

（1）该表式文件一般指工程项目在实施过程中，遇到一些重大事件如文物、地方环境干扰、重大设计变更等，致使工程中重大的阶段目标（如截流、度汛、水下工程等）实现产生无法逾越的困难，从而对工程总进度计划目标实现产生重大影响，因此，需提出施工进度计划调整。

（2）该调整文件需证据明确，分析合理，由此而产生的各方面影响均需考虑清晰。

6. 延期工期报审表

延长工程报审的原因应是非施工单位方面的原因，这是申报工期延长的基本出发点。因此，对合同条款的研究和运用就尤显重要，相关证明材料和其他支持性资料需准确、详实、有效。

7. 合同项目开工申请表/合同项目开工令

合同项目之适时开工是确定合同工期的最重要的时间点之一，是施工单位和监理机构均共同关注的重要事件之一，故本文件规定需由注册建造师签署。

合同项目开工申请表填表示范见表4－12。

8. 变更申请表/变更项目价格签认单

工程实施过程中，由于设计不够完善、施工便利、地质变化、外部环境制约导致施工方案变化等原因，施工单位均可提出相应变更建议，由此会引起工期、费用等方面的变动，对变更理由、变更方案、变更影响等均需认真分析。

9. 索赔意向通知单/索赔通知单/费用索赔签认单

索赔意向通知单、索赔通知单、费用索赔签认单这三份签章文件组成了索赔工作的完整程序，按一般惯例，此类费用文件需由注册建造师签署。

10. 报告单

报告单是施工单位在现有签章文件之外需要向监理机构、发包人报告其他事宜的所有通用表式，如发现文物、出现超标准气候、产生不可抗力、某种工作之备忘性质、执行指示时出现意外情况的请示等，皆可使用此表式文件。

11. 回复单

本表式文件是施工单位对监理机构发出的通知、指令、指示的回复，有的简单回复可以不用此表，直接在签收栏明确；有的则需要对涉及工程质量、安全、进度、投资、协调、信息管理等方面予以详细答复和说明，便可使用此表式文件。

12. 施工月报

施工月报是本月施工情况的一个总体评述，涉及与工程有关的所有方面，作为向监理机构、发包人汇报的一个专题文件，同时也是施工单位本月工作的一个书面总结，故规定应由注册建造师签署。

13. 整改通知单

由于各种原因，工程质量达不到设计、规范等合同要求，监理机构将以此表式文件对施工单位发出指令，包括原因、要求及费用承担说明等，并规定签收栏应由注册建造师签署。

14. 施工分包报审表

根据《水利工程建设施工项目施工分包管理暂行规定》（水建管〔1998〕481号），根据合同约定和工程需要，施工单位可将不超过合同总额30%的非主体工程（不含发包人在标书中指定部分）分包给具有相应资质、业绩的其他施工单位，可使用此表式文件向监理机构、发包人报审。

15. 施工技术方案报审表

工程施工建设过程中，按合同约定及相应规范的规定，施工单位要在各专业工程（如土方、砼、基础处理、砌石等）、各主要建筑物、质保体系、试验、测量放线等方面编制施工措施计划、方案并报审，以确保工程质量、保证工程的顺利实施。上述各种方案、计划可统一采用此表式文件，以“口”作为选择项处理，并规定需由注册建造师签署。

16. 联合测量通知单

工程开工前，工程范围内的原始地形地貌测量是一项对工程投资影响较大的技术工作，一般情况都采用发包人、监理机构、施工单位三方联合测量的方式，以节省时间、避免矛盾。该表式文件中需详述施测部位、内容、时间安排等，监理机构签收后将与发包人协商，以确定具体方案。

17. 施工质量缺陷处理措施报审表

根据《水利工程质量事故处理暂行规定》（水利部令第9号），小于一般质量事故的质量问题称为质量缺陷。在工程施工过程中，质量缺陷是难以避免的，如混凝土的蜂窝、麻面、错台、露筋，如土方工程的压实度，如砌石工程的表面平整度，如金属结构的喷锌防腐厚度等，这些质量缺陷的处理措施需由施工单位报送给监理机构审批后才能实施。施工质量缺陷处理措施报审表填表示范见表 4－13。

18. 质量缺陷备案表

根据《水利建设施工质量检验与评定规程》SL 176—2007 规定，并对施工单位签署人员进行了修改。该表式文件在分部工程及以上级别的验收时需提交备案。

19. 单位工程施工质量评定表

根据《水利建设施工质量检验与评定教程》SL 176—2007 规定。该表式文件将在单位工程以上级别的验收时附于提供资料文件中。

20. 施工安全措施文件报审表/施工环境保护措施文件报审表

（1）根据《水利工程建设安全生产管理规定》（水利部令第 26 号）的规定，施工单位在工程开工前需编报安全技术措施、专项施工方案等。施工中有度汛需求的还需编报度汛方案，有些工程还需视具体情况编报消防安全方案、民用爆破品安全方案、临时用电安全方案等，均使用此文件报审，并以“口”作为选择项处理。

（2）按施工合同约定和设计要求，施工单位还需编报施工环境保护措施文件。施工环境保护措施文件报审表填表示范见表 4－14。

21. 事故报告单

此表式文件适用于工程现场出现质量、安全事故时，施工单位在第一时间根据事故类别向发包人或监理机构进行报告，并规定由注册建造师签署。

22. 工程预付款申请表/工段材料预付款申请表

按施工合同约定的工程预付款和材料预付款，在不同的工程中有各种处理方式，如有的将预付款分为两次，一次是施工单位进场，相当于动员预付款；一次是大宗设备进场报验后再支付。材料预付款在土建工程中大都不采用，仅对金属结构工程还在采用。申请时，重要的是要符合施工合同约定的条件。按惯例，此类文件要注册建造师签署（包括所有费用管理的四个文件）。工程预付款申请表填表示范见表 4－15。

23. 工程价款月支付申请表

工程价款一般按月支付，只有当工程工期要求太紧，月施工强度太大，耗费的人力、物力资源太多，又未约定材料预付款等特殊情况时，经与发包人协商一致，支付频率才可加大（如半月、旬支付等）。月支付申请表中含本月工程中发生的一切费用，如合同内总价项目、单价项目、计日工，合同外新增项目，合同索赔项目等。

24. 完工/最终付款申请表

在工程价款月支付中，合同外新增项目，索赔项目因各种原因并经各方协商一致，往往不能逐月结付或以“暂定价”先行支付，此项工作在合同项目完工或工程项目竣工前予以进行；另外，有可能还涉及工程量增减达到合同约定调价的比例、材料差价调整等其他原因，因此，完工结算便不仅仅是逐月结付的累加，而是合同约定范围内所有工程的完工决算。另外，即便在完工结算后，在工程质量保修责任期内还有可能发生其他应付费用，因此，还会有最终付款申请。

25. 验收申请报告

根据《水利水电建设工程验收规程》SL 223—2008，施工单位仅在法人验收阶段需进行验收申请，即该表式文件中的分部工程、单位工程、合同项目完工验收等；在政府验收阶段时，验收申请报告是由发包人向项目验收单位申请的。

26. 法人验收质量结论

根据《水利水电建设工程验收规程》SL 223—2008，法人验收时，为分清各参建方职责，要求各参建方对所验收工程的质量分别填写各自的意见，此表式文件要求注册建造师签署。法人验收质量结论填表示范见表4－16。

27. 施工管理工作报告

根据《水利水电建设工程验收规程》SL 223—2008，在法人验收的单位工程验收、合同项目完工验收及所有的政府验收中，施工单位需编制施工管理工作报告并提供给验收委员会（组），要求注册建造师在批准或审定栏签署。

28. 代表施工单位参加工程验收人员名单确认表

根据《水利水电建设工程验收规程》SL 223—2008，在各类验收中，各参建方参加验收的人员需经各单位书面授权确认，以明确各参建方验收人员的职责。代表施工单位参加工程验收人员的名单需由注册建造师签署确认。

表 4－10　　水利水电工程　　CF101

施工组织设计报审表（例表）

工程名称：×××枢纽节制闸工程　　编号：×××

致：×××项目监理部 提交 ×××枢纽节制闸（×××－××） 工程（名称及编码）的施工组织设计，请贵方审批。   承包人（盖章）：×××项目经理部　　施工项目负责人（签章）：××× ××××年×月×日　　××××年×月×日
审批意见另行签发。   签收机构（盖章）：×××项目监理部　　签收人（签名）：××× ××××年×月×日　　××××年×月×日

说明：本表一式 4 份，由承包人填写。签收机构审签后，随同审批意见，承包人、监理机构、发包人、设代机构各 1 份。

表 4－11 水利水电工程 CF202

暂停施工申请表（例表）

工程名称：×××工程 编号：×××

致：×××项目监理部 由于发生下列原因，造成工程无法正常施工，依据施工合同约定，我方申请对所列工程项目暂停施工，请审批。	
暂停施工工程项目范围/部位	×××枢纽节制闸工程下游河道土方开挖，距闸中心线185m处河道范围内。
暂停施工原因	因发现古墓。
引用合同条款	
附 注	
承包人（盖章）：×××项目经理部 ××××年×月×日 施工项目负责人（签章）：××× ××××年×月×日	
审批意见另行签发。 签收机构（盖章）：×××项目监理部 ××××年×月×日 签收人（签名）：××× ××××年×月×日	

说明：本表一式3份，由承包人填写。签收机构审签后，随同审批意见，承包人、监理机构、发包人各1份。

表 4-12　　水利水电工程　　CF301

合同项目开工申请表（例表）

工程名称：×××工程施工1标　　编号：HZLSJ-GHSG-1

致：×××工程项目监理部 我方承担的×××工程施工1标（HZLSJ-GHSG-1）合同项目工程，已完成了各项准备工作，具备了开工条件，现申请开工，请贵方审批。 附件：1. 开工申请报告； 2. 开工条件说明； 3. 其他。 承包人：×××工程局×××工程项目经理部　　施工项目负责人（签章）：××× ××××年×月×日　　××××年×月×日
审批意见另行签发。 签收机构（盖章）：×××项目监理部　　监理工程师：××× ××××年×月×日　　××××年×月×日

说明：本表一式4份，由承包人填写。签收机构审签后，随同“合同项目开工令”，承包人、监理机构、发包人、设代机构各1份。

表4-13 水利水电工程 CF403

施工质量缺陷处理措施报审表（例表）

合同名称：×××工程 编号：×××

<table>
<tr><td colspan="5">致：×××项目监理部

现提交引水闸涵洞段工程施工质量缺陷处理措施，请贵方审批。</td></tr>
<tr><td>单位工程名称</td><td>引水闸工程</td><td>分部工程名称</td><td colspan="2">涵洞段</td></tr>
<tr><td>单元工程名称</td><td>1#、2#、3#左右边墙</td><td>单元工程编码</td><td colspan="2">Ⅰ-3-2、Ⅰ-3-7、Ⅰ-3-12</td></tr>
<tr><td>质量缺陷
工程部位</td><td colspan="4">涵洞段1#箱涵左右边墙、2#箱涵左右边墙、3#箱涵左右边墙。</td></tr>
<tr><td>质量缺陷情况
简要说明</td><td colspan="4">涵洞段墩墙施工时间为2005年7月25日至9月11日。至2007年3月，墩墙上有长短不等的竖向裂缝共9条，裂缝大都自墙底抹角向上，基本竖直，缝宽0.1mm~0.3mm，缝长0.2m~5.3m不等。经检测，裂缝缝长及缝宽均未继续发展。2008年4月发现箱涵边墩局部裂缝出现渗水现象。</td></tr>
<tr><td>拟采用的处理
措施简述</td><td colspan="4">贯通型裂缝进行化学灌浆处理，浅表型裂缝开V型槽，采用CST管道抢修剂填塞密实，处理完毕经检测合格后进行其外观修整。</td></tr>
<tr><td>附件目录</td><td>□ 处理措施报告
□ 图纸
□</td><td colspan="2">计划施工时段</td><td>××××年×月×日
至
××××年×月×日</td></tr>
<tr><td colspan="5">承包人（盖章）：×××项目监理部
××××年×月×日
施工项目负责人（签章）：×××
××××年×月×日</td></tr>
<tr><td colspan="5">（审批意见）
经参建单位共同查看研究同意按此措施方案实施，详见备案表。

监理机构（盖章）：×××项目监理部
××××年×月×日
总监理工程师（签章）：×××
监理工程师
××××年×月×日</td></tr>
</table>

说明：本表一式3份，由承包人填写。监理机构审签后，承包人、监理机构、发包人各1份。

表 4－14　水利水电工程　CF503

施工环境保护措施文件报审表（例表）

工程名称：×××工程　编号：×××

致：×××项目监理部 现提交×××节制闸工程的施工环境保护措施文件 请贵方审批。 附件：施工环境保护措施文件。 承包人（盖章）：×××项目经理部　施工项目负责人（签章）：××× ××××年×月×日　××××年×月×日
审批意见另行签发。 签收机构（盖章）：×××项目监理部　签收人（签名）：××× ××××年×月×日　××××年×月×日

说明：本表一式4份，由承包人填写。签收机构审签后，随同审批意见，承包人、监理机构、发包人、设代机构各1份。

表 4-15 水利水电工程 CF601

工程预付款申请表（例表）

工程名称：×××枢纽节制闸工程　　　　编号：××-×××

致：×××项目监理部 我方承担的×××枢纽节制闸工程合同项目，依据施工合同约定，已具备工程预付款支付条件，现申请支付第一次预付款，金额总计为（大写）贰佰贰拾叁万元（小写2230000.00元），请贵方审核。 附件：1. 支付条件说明； 2. 计算依据； 3. 其他。 承包人（盖章）：×××项目部　　施工项目负责人（签章）：××× ××××年×月×日　　××××年×月×日
工程预付款证书另行签发。 签收机构（盖章）：×××项目监理部　　签收人（签名）：××× ××××年×月×日　　××××年×月×日

说明：本表一式4份，由承包人填写。签收机构审签后，随同付款证书，承包人2份，监理机构、发包人各1份。

表 4－16　　水利水电工程　　CF702

法人验收质量结论（例表）

1　封面格式

××工程

法人验收质量结论

单位工程名称：×××

分部工程名称：×××

项目法人：×××建设管理局

××××年×月×日

2 结论内容

项目法人意见 该分部工程符合国家有关施工及验收规范，满足设计要求；且资料齐全合格，故该分部工程验收合格。 签字××× ××××年×月×日
监理机构意见 该分部工程符合国家有关施工及验收规范，满足设计要求；且资料齐全合格，故该分部工程验收合格。 签字××× ××××年×月×日
设计单位意见 该分部工程符合国家有关施工及验收规范，满足设计要求；且资料齐全合格，故该分部工程验收合格。 签字××× ××××年×月×日
施工单位意见 该分部工程符合国家有关施工及验收规范，满足设计要求；且资料齐全合格，故该分部工程验收合格。 施工项目负责人（签章）××× ××××年×月×日
验收工作组意见 验收委员会通过现场检查、听取汇报、查阅资料和认真讨论认为：本次验收范围内的工程已按设计和规范要求完成，工程档案资料基本齐全，未发生工程质量和安全生产事故，同意通过验收。
质量监督机构核备（定）意见 符合质量评定规程要求，同意验收委员会结论意见。 质量监督机构（盖章） 质量监督机构项目负责人（签字）×××

备注：页面不够时，可加页。

第五章　水利水电工程法律法规与标准规范

第一节　国家关于水利水电改革与发展的有关政策

一、《水利改革发展“十三五”规划》的主要内容和要求

2016年12月20日，经国务院同意，国家发展改革委、水利部、住房城乡建设部联合印发了《水利改革发展“十三五”规划》（以下简称《规划》）。《规划》紧扣到2020年实现全面建成小康社会的奋斗目标，研究提出了“十三五”水利改革发展的总体思路、发展目标、主要任务、总体布局和政策措施，是指导今后五年水利改革发展的重要依据。

（一）《规划》编制总体思路

一是明确“十三五”水利改革发展主线。特殊的自然地理和气候条件决定了我国是世界上治水任务最为繁重、治水难度最大的国家之一。从现实情况看，水已经成为我国严重短缺的公共产品，成为制约环境质量的主要因素，成为经济社会发展面临的严重安全问题。加快水利改革发展，不仅事关农业农村发展，而且事关经济社会发展大局；不仅关系到防洪安全、供水安全、粮食安全，而且关系到经济安全、生态安全、国家安全。2014年，习近平总书记就保障国家水安全发表重要讲话，从治国理政、文明兴衰、民族永续发展的高度，深刻阐述了保障国家水安全的重大战略和实践问题。因此，必须从全面建成小康社会、实现中华民族永续发展的战略高度，重视解决好水安全问题。基于这些考虑，规划编制过程中把全面提升水安全保障能力作为主线贯穿始终。

二是突出“十三五”水利改革发展重点领域。党的十八大以来，中央提出“五位一体”总体布局和“四个全面”战略布局，谋划“十三五”水利改革发展必须紧紧围绕这一顶层设计和战略方向。实现全面建成小康社会目标，加快新型工业化、城镇化、信息化和农业现代化发展，实施“一带一路”建设、京津冀协同发展、长江经济带建设等重大战略，要求加快完善水利基础设施网络体系，更加精准有力地发挥对区域协同发展的先行引导作用，强化水资源管理，全面提升水利保障经济社会发展的能力。同时，着力解决好水利发展中不平衡、不协调、不可持续的问题，加快推进水利公共服务均等化，强化保障和改善民生。全面深化改革、全面依法治国、全面从严治党，需要水利重点领域改革实现新突破，进一步完善水利体制机制，推进水治理体系和治理能力现代化。大力推进生态文明建设，实现生态环境质量总体改善，建设美丽中国，要求加快转变用水方式，着力缓解水资源、水环境约束趋紧的矛盾，在推进水利绿色发展、可持续发展方面迈出新的步伐。因

此，《规划》编制突出了四个重点领域，即全面建设节水型社会、健全水利发展体制机制、完善水利基础设施网络、保护和修复水生态环境。

三是科学有序推进规划项目实施。综合考虑各类项目规划基础、水资源开发利用条件、项目建设制约因素、需要与可能等情况，在继续加快推进172项重大水利工程建设的基础上，筛选确定了一批大中型水库等项目纳入《规划》，这些项目是“十三五”期间选择建设项目的控制范围和审批、核准项目建设的前提条件，不是必须完成的约束性任务。在实施过程中，要逐项扎实做好各项目前期工作，妥善解决好工程建设中的生态环境保护、移民征地、区域水量分配、利益协调等问题，合理确定建设方案，严格履行建设程序，科学决策实施。对存在较多问题，经论证协调仍难以有效解决的项目，不得审批和建设。

（二）《规划》总体要求

《规划》提出，“十三五”期间，要全面贯彻落实党中央、国务院决策部署，深入学习贯彻习近平总书记系列重要讲话精神，坚持节水优先、空间均衡、系统治理、两手发力，以全面提升水安全保障能力为主线，突出目标和问题导向，以落实最严格水资源管理制度、实施水资源消耗总量和强度双控行动为抓手，全面推进节水型社会建设；以全方位推动水利体制机制创新为突破口，深化水利改革、强化依法治水、加强科技兴水；以推进重大水利工程建设、增强防汛抗旱减灾和水资源配置能力为重点，加快完善水利基础设施网络；以江河流域系统整治和水生态保护修复为着力点，把山水林田湖作为一个生命共同体，大力推进水生态文明建设，为经济社会持续健康发展、如期实现全面建成小康社会目标提供更加坚实的水利支撑和保障。

（三）关于《规划》目标指标

《规划》紧紧围绕全面建成小康社会的奋斗目标，提出到2020年，基本建成与经济社会发展要求相适应的防洪抗旱减灾体系、水资源合理配置和高效利用体系、水资源保护和河湖健康保障体系、有利于水利科学发展的制度体系，水利基础设施网络进一步完善，水治理体系和水治理能力现代化建设取得重大进展，国家水安全保障综合能力显著增强。

在指标设置上，《规划》从防洪抗旱减灾、节约用水、城乡供水、农村水利、水生态环境保护和水利改革管理6个方面提出了16项指标，其中4项为约束性指标，主要包括用水总量控制在6700亿立方米以内，万元国内生产总值用水量、万元工业增加值用水量较2015年分别降低23%和20%，重要江河湖泊水功能区水质达标率提高到80%以上。

其余12项为预期性指标，主要包括洪涝灾害和干旱灾害年均损失率分别控制在0.6%和0.8%以内，农田灌溉水有效利用系数提高到0.55以上，新增供水能力270亿立方米，农村自来水普及率达到80%以上，农村集中式供水人口比例达到85%以上，新增农田有效灌溉面积3000万亩，新增高效节水灌溉面积1亿亩，新增小水电装机容量500万千瓦，新增水土流失综合治理面积27万平方公里，城镇和工业用水计量率、农业灌溉用水计量率分别达到85%和70%。

（四）关于《规划》重点任务

围绕上述目标指标，《规划》提出了“十三五”水利改革发展的八项重点任务。

一是全面推进节水型社会建设。落实最严格水资源管理制度，开展水资源消耗总量和强度双控行动，把节水作为约束性指标纳入政绩考核。加强农业、工业和城镇等重点领域节水，推进重点用水行业水效领跑者引领行动，完善节水激励机制，推行合同节水管理，培育发展节水产业，积极开展节水宣传教育。

二是改革创新水利发展体制机制。改革完善水治理体制。全面推行河长制，稳步推进农业水价综合改革。加快建立用水权初始分配制度，开展水流产权确权试点，积极培育和发展水市场。鼓励和引导社会资本参与水利工程建设运营，加大金融支持水利工程建设，深化水利工程建设和管理体制改革。

三是加快完善水利基础设施网络。以大江大河干流及重点湖泊治理、控制性枢纽建设、蓄滞洪区建设等为重点，完善大江大河大湖防洪减灾体系。进一步加强中小河流治理、病险水库除险加固、重点易涝区治理、山洪灾害防治、重点海堤达标建设等防洪薄弱环节建设。优化水资源配置格局，在科学论证的基础上，实施一批重点水源和重大引调水工程，加快抗旱水源工程建设，鼓励非常规水源利用。

四是提高城市防洪排涝和供水能力。构建和完善城市泄洪排水通道，保护和恢复城市水体自然形态，加强河道的系统治理，保障城市排水出路畅通。推进海绵城市建设，加快城市排水防涝和防洪设施建设，完善地下综合管廊及排水管网、泵站等设施，解决城市内涝问题。通过加快污水再生利用设施建设、加强雨水利用，进一步完善城市供水结构，加强城市应急备用水源建设，提高城市供水水源安全保障能力。

五是进一步夯实农村水利基础。大规模推进农田水利建设，完成434处大型灌区续建配套和节水改造，推进中型灌区节水改造，完成251处大型灌排泵站更新改造。在水土资源条件具备的地区建设一批节水型、生态型大型灌区。在重点灌区全面开展规模化高效节水灌溉行动，实施农村饮水安全巩固提升工程，提高农村集中供水率、自来水普及率、供水保证率、水质达标率。以中西部地区、贫困地区、偏远地区和民族地区为重点，推动农村小水电扶贫工程，促进贫困地区脱贫致富。

六是加强水生态治理与保护。加大水资源保护力度，全面开展全国重要饮用水源地安全保障达标建设，开展入河湖排污口综合整治，科学确定和维持河湖生态流量，严格河湖生态空间管控。加强京津冀“六河五湖”、西北内陆河、重要湿地等重点河湖水生态修复与治理。对重要江河源头区、重要水源地和水蚀风蚀交错区等区域进行水土流失综合整理。严格地下水水量和水位双控制，开展重点地下水超采区综合治理与修复，加强地下水保护和涵养。

七是优化流域区域水利发展布局，围绕国家区域发展总体战略，统筹流域和区域水利改革发展，加强重要流域治理开发与保护，强化“一带一路”、京津冀协同发展、长江经济带“三大战略”实施的水利滞尘支撑，加强贫困地区水利基础设施建设，着力推进水利扶贫攻坚。

八是全面强化依法治水、科技兴水，全面加强水法治建设，推进重点水利领域立法，加强水行政综合执法，全面加强水利依法行政。切实加强涉水事务管理，加强河湖水域管理与保护、防汛抗旱应急管理和水利建设市场监管。强化水利科技创新，完善水利科技创新体系，加强水文监测服务能力建设，大力推进水利信息化建设。

（五）如何更好地推进水利基础设施建设

一是坚持用新的发展理念和新时期水利工作方针指导水利基础设施建设。新时期的水利基础设施建设，必须坚持创新、协调、绿色、开放、共享的新发展理念，坚持节水优先、空间均衡、系统治理、两手发力的新时期水利工作方针，贯彻习近平总书记提出的“共抓大保护，不搞大开发”的要求，强化需求侧管理，合理控制开发强度，努力维护河湖健康，实现水资源可持续利用。按照“确有需要、生态安全、可以持续”的原则加强水利工程前期论证，特别是要把生态环境影响和征地移民问题摆在突出位置，科学慎重决策。对于工程作用明显、有利于生态环境改善和区域协调发展且不存在重大制约的项目，要用“快思维”、做加法；对于一时看不透或者认识不统一的项目，要用“慢思维”、做减法；对于生态环境难以承受的项目，则坚决不能上马。

二是坚持系统治理的思想注重发挥水利工程的综合效益。要树立山水林田湖是一个生命共同体的思想，以流域为单元强化整体保护、系统修复、综合治理，协调解决水灾害、水资源、水环境、水生态等问题。在水利工程前期论证和建设过程中，要注重协调上下游、干支流、左右岸，兼顾多方利益主体关系，既要考虑防洪、供水、灌溉、航运、发电等传统功能，也要考虑环境功能、生态功能，把水利工程建成生态文明的工程，充分发挥水利工程的综合效益。

三是坚持把水利基础设施建设与补齐制度短板结合起来。要把落实重大工程项目与推动改革、创新体制机制结合起来，着力解决制约水利发展的体制机制障碍。充分发挥市场机制作用，建立完善政府、企业、社会多元化投入机制，大力拓宽投融资渠道，保障各重点项目建设资金需求。积极探索创新项目建设管理和运营模式，不断提高工程建设管理水平，特别是要确保工程质量和安全，把重大水利工程建成精品工程。按照“先建机制后建工程”的要求，创新水利工程运行管护机制，明晰工程所有权和使用权，落实管护主体、责任和经费，确保工程良性运行、长期发挥效益。同时，要优化水利工程体系的调度管理，充分发挥水利基础设施网络在保障国家水安全中基础作用。

完善水利基础设施网络的主要任务，一是完善防洪减灾体系，二是优化水资源配置格局，在科学论证的基础上推进一批引调水、重点水源工程，包括非常规水利用等等，三是水生态保护与修复，包括一些重点区域和重点河湖的水生态保护与修复工程。四是把农业节水作为重大工程，作为水利基础设施网络中的一个重要方面来加以推进。

（六）关于农村节水灌溉

“十三五”规划提出全国新增高效节水灌溉面积 1 亿亩，到 2020 年农田灌溉水有效利用系数提高到 0.55 以上，今年国务院全国冬春农田水利基本建设电视电话会议和刚刚结束的中央农村工作会议都反复强调必须把加强农业节水设施建设、发展节水灌溉摆在更加突出的位置，切实把推进农业节水作为方向性、战略性的大事来抓，水利部将会同有关部门和各地重点从政策、工程、技术、管理等方面抓好贯彻落实。

一是政策节水。把推进农业节水、发展节水灌溉作为农业供给侧结构性改革的重要内容和战略举措，不断完善体制机制和政策支持体系。加快贯彻实施《国家农业节水纲要(2012—2020年)》，细化目标任务和措施；进一步加大财政投入和金融信贷支持力度，采取补助、贴息、价格、税收优惠等措施，鼓励、引导各类受益主体和社会资本参与高效节水灌溉设施建设和运营，支持和带动农业节水企业发展与市场繁荣。落实最严格水资源管理制度，建立健全农业水权和水市场，强化用水效率约束和监督考核，加大宣传引导和舆论压力传导，形成农业节水的奖惩激励和倒逼机制。

二是工程节水。加大灌排骨干工程节水改造力度，开展灌区现代化改造，同步完善田间节水设施。全面实施区域规模化高效节水灌溉行动，大力推广喷灌、微灌等先进节水灌溉技术，在井灌区和有条件的渠灌区加大推广输水管道化、田间自来水化。谋划建设一批规模适度、技术先进、管理科学的从水源到田间整体推进的重大高效节水灌溉工程。“十三五”期间，将按照确保每年完成2000万亩高效节水灌溉面积的考虑，顺利实现“十三五”期间新增高效节水灌溉面积1亿亩的目标。

三是技术节水。加强节水灌溉基础研究，强化核心技术和重大装备研发与攻关，加快开发种类齐全、系列配套、性能可靠、适合我国特点的节水灌溉技术和产品，加速研发成果市场化、产业化进程。加强节水灌溉工程与农艺、农机、生物、管理等节水措施的集成与融合。重视灌溉试验站网建设及灌溉试验成果应用。因地制宜推广先进灌溉技术和科学灌溉制度。我们现在有些地方工程设施上的比较快，但管理手段特别是科学灌溉，按作物需水规律、按灌溉试验来进行灌溉还是一个薄弱环节，有的地方有先进的灌溉设施，但未达到我们预期的灌溉效果。这方面今后必须进一步强化。

四是管理节水。推行灌溉用水总量控制和定额管理，加快农业水价综合改革，加强灌溉用水计量设施、自动化监控设施建设和信息化手段应用，强化农业用水管理；坚持先建机制、后建工程，明晰节水灌溉工程产权，落实工程管护主体、责任和经费，保证工程长效运行；鼓励和支持科研院所、高等院校、技术服务单位、设备生产厂家等开展节水灌溉技术推广与服务。加强基层水利服务体系及其能力建设，积极推进节水灌溉工程专业化管理。

二、《关于全面推行河长制的意见》

2016年12月，中共中央办公厅、国务院办公厅印发了《关于全面推行河长制的意见》(以下简称《意见》)。《意见》提出，河湖管理保护是一项复杂的系统工程，涉及上下游、左右岸、不同行政区域和行业。近年来，一些地区积极探索河长制，由党政领导担任河长，依法依规落实地方主体责任，协调整合各方力量，有力促进了水资源保护、水域岸线管理、水污染防治、水环境治理等工作。全面推行河长制是落实绿色发展理念、推进生态文明建设的内在要求，是解决我国复杂水问题、维护河湖健康生命的有效举措，是完善水治理体系、保障国家水安全的制度创新。

（一）总体要求

1. 指导思想

全面贯彻党的十八大和十八届三中、四中、五中、六中全会精神，深入学习贯彻习近平总书记系列重要讲话精神，紧紧围绕统筹推进“五位一体”总体布局和协调推进“四个全面”战略布局，牢固树立新发展理念，认真落实党中央、国务院决策部署，坚持节水优先、空间均衡、系统治理、两手发力，以保护水资源、防治水污染、改善水环境、修复水生态为主要任务，在全国江河湖泊全面推行河长制，构建责任明确、协调有序、监管严格、保护有力的河湖管理保护机制，为维护河湖健康生命、实现河湖功能永续利用提供制度保障。

2. 基本原则

（1）坚持生态优先、绿色发展。牢固树立尊重自然、顺应自然、保护自然的理念，处理好河湖管理保护与开发利用的关系，强化规划约束，促进河湖休养生息、维护河湖生态功能。

（2）坚持党政领导、部门联动。建立健全以党政领导负责制为核心的责任体系，明确各级河长职责，强化工作措施，协调各方力量，形成一级抓一级、层层抓落实的工作格局。

（3）坚持问题导向、因地制宜。立足不同地区不同河湖实际，统筹上下游、左右岸，实行一河一策、一湖一策，解决好河湖管理保护的突出问题。

（4）坚持强化监督、严格考核。依法治水管水，建立健全河湖管理保护监督考核和责任追究制度，拓展公众参与渠道，营造全社会共同关心和保护河湖的良好氛围。

3. 组织形式

全面建立省、市、县、乡四级河长体系。各省（自治区、直辖市）设立总河长，由党委或政府主要负责同志担任；各省（自治区、直辖市）行政区域内主要河湖设立河长，由省级负责同志担任；各河湖所在市、县、乡均分级分段设立河长，由同级负责同志担任。县级及以上河长设置相应的河长制办公室，具体组成由各地根据实际确定。

4. 工作职责

各级河长负责组织领导相应河湖的管理和保护工作，包括水资源保护、水域岸线管理、水污染防治、水环境治理等，牵头组织对侵占河道、围垦湖泊、超标排污、非法采砂、破坏航道、电毒炸鱼等突出问题依法进行清理整治，协调解决重大问题；对跨行政区域的河湖明晰管理责任，协调上下游、左右岸实行联防联控；对相关部门和下一级河长履职情况进行督导，对目标任务完成情况进行考核，强化激励问责。河长制办公室承担河长制组织实施具体工作，落实河长确定的事项。各有关部门和单位按照职责分工，协同推进各项工作。

（二）主要任务

1. 加强水资源保护

落实最严格水资源管理制度，严守水资源开发利用控制、用水效率控制、水功能区限制纳污三条红线，强化地方各级政府责任，严格考核评估和监督。实行水资源消耗总量和强度双控行动，防止不合理新增取水，切实做到以水定需、量水而行、因水制宜。坚持节水优先，全面提高用水效率，水资源短缺地区、生态脆弱地区要严格限制发展高耗水项目，加快实施农业、工业和城乡节水技术改造，坚决遏制用水浪费。严格水功能区管理监督，根据水功能区划确定的河流水域纳污容量和限制排污总量，落实污染物达标排放要求，切实监管入河湖排污口，严格控制入河湖排污总量。

2. 加强河湖水域岸线管理保护

严格水域岸线等水生态空间管控，依法划定河湖管理范围。落实规划岸线分区管理要求，强化岸线保护和节约集约利用。严禁以各种名义侵占河道、围垦湖泊、非法采砂，对岸线乱占滥用、多占少用、占而不用等突出问题开展清理整治，恢复河湖水域岸线生态功能。

3. 加强水污染防治

落实《水污染防治行动计划》，明确河湖水污染防治目标和任务，统筹水上、岸上污染治理，完善入河湖排污管控机制和考核体系。排查入河湖污染源，加强综合防治，严格治理工矿企业污染、城镇生活污染、畜禽养殖污染、水产养殖污染、农业面源污染、船舶港口污染，改善水环境质量。优化入河湖排污口布局，实施入河湖排污口整治。

4. 加强水环境治理

强化水环境质量目标管理，按照水功能区确定各类水体的水质保护目标。切实保障饮用水水源安全，开展饮用水水源规范化建设，依法清理饮用水水源保护区内违法建筑和排污口。加强河湖水环境综合整治，推进水环境治理网格化和信息化建设，建立健全水环境风险评估排查、预警预报与响应机制。结合城市总体规划，因地制宜建设亲水生态岸线，加大黑臭水体治理力度，实现河湖环境整洁优美、水清岸绿。以生活污水处理、生活垃圾处理为重点，综合整治农村水环境，推进美丽乡村建设。

5. 加强水生态修复

推进河湖生态修复和保护，禁止侵占自然河湖、湿地等水源涵养空间。在规划的基础上稳步实施退田还湖还湿、退渔还湖，恢复河湖水系的自然连通，加强水生生物资源养护，提高水生生物多样性。开展河湖健康评估。强化山水林田湖系统治理，加大江河源头区、水源涵养区、生态敏感区保护力度，对三江源区、南水北调水源区等重要生态保护区实行更严格的保护。积极推进建立生态保护补偿机制，加强水土流失预防监督和综合整治，建设生态清洁型小流域，维护河湖生态环境。

6. 加强执法监管

建立健全法规制度，加大河湖管理保护监管力度，建立健全部门联合执法机制，完善行政执法与刑事司法衔接机制。建立河湖日常监管巡查制度，实行河湖动态监管。落实河湖管理保护执法监管责任主体、人员、设备和经费。严厉打击涉河湖违法行为，坚决清理整治非法排污、设障、捕捞、养殖、采砂、采矿、围垦、侵占水域岸线等活动。

（三）保障措施

1. 加强组织领导

地方各级党委和政府要把推行河长制作为推进生态文明建设的重要举措，切实加强组织领导，狠抓责任落实，抓紧制定出台工作方案，明确工作进度安排，到2018年底前全面建立河长制。

2. 健全工作机制

建立河长会议制度、信息共享制度、工作督察制度，协调解决河湖管理保护的重点难点问题，定期通报河湖管理保护情况，对河长制实施情况和河长履职情况进行督察。各级河长制办公室要加强组织协调，督促相关部门单位按照职责分工，落实责任，密切配合，协调联动，共同推进河湖管理保护工作。

3. 强化考核问责

根据不同河湖存在的主要问题，实行差异化绩效评价考核，将领导干部自然资源资产离任审计结果及整改情况作为考核的重要参考。县级及以上河长负责组织对相应河湖下一级河长进行考核，考核结果作为地方党政领导干部综合考核评价的重要依据。实行生态环境损害责任终身追究制，对造成生态环境损害的，严格按照有关规定追究责任。

4. 加强社会监督

建立河湖管理保护信息发布平台，通过主要媒体向社会公告河长名单，在河湖岸边显著位置竖立河长公示牌，标明河长职责、河湖概况、管护目标、监督电话等内容，接受社会监督。聘请社会监督员对河湖管理保护效果进行监督和评价。进一步做好宣传舆论引导，提高全社会对河湖保护工作的责任意识和参与意识。

《意见》要求，各省（自治区、直辖市）党委和政府要在每年1月底前将上年度贯彻落实情况报党中央、国务院。

三、水利部　环境保护部贯彻落实《关于全面推行河长制的意见》实施方案

我国江河湖泊众多，水系发达，保护江河湖泊，事关人民群众福祉，事关中华民族长远发展。习近平总书记作出重要指示，强调生态文明建设是“五位一体”总体布局和“四个全面”战略布局的重要内容，要求各地区各部门切实贯彻新发展理念，树立“绿水青山就是金山银山”的强烈意识，努力走向社会主义生态文明新时代。李克强总理批示指出，生态文明建设事关经济社会发展全局和人民群众切身利益，是实现可持续发展的重要基石。全面推行河长制，是党中央、国务院为加强河湖管理保护作出的重大决策部署，是落实绿色发展理念、推进生态文明建设的内在要求，是解决我国复杂水问题、维护河湖健康生命的有效举措，是完善水治理体系、保障国家水安全的制度创新。为贯彻落实《中共中央办公厅　国务院办公厅印发〈关于全面推行河长制的意见〉的通知》（厅字〔2016〕42号，以下简称《意见》），确保《意见》提出的各项目标任务落地生根，取得实效，水利部、环境保护部制定了贯彻落实《关于全面推行河长制的意见》实施方案。

（一）总体要求

《意见》是加强河湖管理保护的纲领性文件，各地要深刻认识全面推行河长制的重要性和紧迫性，切实增强使命感和责任感，扎实做好全面推行河长制工作，做到工作方案到位、组织体系和责任落实到位、相关制度和政策措施到位、监督检查和考核评估到位，确

保到2018年底前，全面建立省、市、县、乡四级河长体系，为维护河湖健康生命、实现河湖功能永续利用提供制度保障。

（二）制定工作方案

各地要抓紧编制工作方案，细化工作目标、主要任务、组织形式、监督考核、保障措施，明确时间表、路线图和阶段性目标。重点做好以下工作：

1. 确定河湖分级名录

根据河湖的自然属性、跨行政区域情况，以及对经济社会发展、生态环境影响的重要性等，各省（区、市）要抓紧提出需由省级负责同志担任河长的主要河湖名录，督促指导各市、县尽快提出需由市、县、乡级领导分级担任河长的河湖名录。大江大河、中央直管河道流经各省（区、市）的河段，也要分级分段设立河长。

2. 明确河长制办公室

抓紧提出河长制办公室设置方案，明确牵头单位和组成部门，搭建工作平台，建立工作机制。

3. 细化实化主要任务

围绕《意见》提出的水资源保护、水域岸线管理保护、水污染防治、水环境治理、水生态修复、执法监管等任务，结合当地实际，统筹经济社会发展和生态环境保护要求，处理好河湖管理保护与开发利用的关系，细化实化工作任务，提高方案的针对性、可操作性。

4. 强化分类指导

坚持问题导向，因地制宜，着力解决河湖管理保护突出问题。对江河湖泊，要强化水功能区管理，突出保护措施，特别要加大江河源头区、水源涵养区、生态敏感区和饮用水水源地保护力度，对水污染严重、水生态恶化的河湖要加强水污染治理、节水减排、生态保护与修复等。对城市河湖，要处理好开发利用与保护的关系，维护水系完整性和生态良好，加大黑臭水体治理；对农村河道，要加强清淤疏浚、环境整治和水系连通。要划定河湖管理范围，加强水域岸线管理和保护，严格涉河建设项目和活动监管，严禁侵占水域空间，整治乱占滥用、非法养殖、非法采砂等违法违规活动。

5. 明确工作进度

各省（区、市）要抓紧制定出台工作方案，并指导、督促所辖市、县出台工作方案。其中，北京、天津、江苏、浙江、安徽、福建、江西、海南等已在全省（市）范围内实施河长制的地区，要尽快按《意见》要求修（制）订工作方案，2017年6月底前出台省级工作方案，力争2017年底前制定出台相关制度及考核办法，全面建立河长制。其他省（区、市）要在2017年底前出台省级工作方案，力争2018年6月底前制定出台相关制度及考核办法，全面建立河长制。

（三）落实工作要求

要建立健全河长制工作机制，落实各项工作措施，确保《意见》顺利实施。

1. 完善工作机制

各地要建立河长会议制度，协调解决河湖管理保护中的重点难点问题。建立信息共享制度，定期通报河湖管理保护情况，及时跟踪河长制实施进展。建立工作督察制度，对河长制实施情况和河长履职情况进行督察。建立考核问责与激励机制，对成绩突出的河长及责任单位进行表彰奖励，对失职失责的要严肃问责。建立验收制度，按照工作方案确定的时间节点，及时对建立河长制进行验收。

2. 明确工作人员

明确河长制办公室相关工作人员，落实河湖管理保护、执法监督责任主体、人员、设备和经费，满足日常工作需要。以市场化、专业化、社会化为方向，加快培育环境治理、维修养护、河道保洁等市场主体。

3. 强化监督检查

各地要对照《意见》以及工作方案，检查督促工作进展情况、任务落实情况，自觉接受社会和群众监督。水利部、环境保护部将定期对各地河长制实施情况开展专项督导检查。

4. 严格考核问责

各地要加强对全面推行河长制工作的监督考核，严格责任追究，确保各项目标任务有效落实。水利部将把全面推行河长制工作纳入最严格水资源管理制度考核，环境保护部将把全面推行河长制工作纳入水污染防治行动计划实施情况考核。水利部、环境保护部将在2017年底组织对建立河长制工作进展情况进行中期评估，2018年底组织对全面推行河长制情况进行总结评估。

5. 加强经验总结推广

鼓励基层大胆探索，勇于创新。积极开展推行河长制情况的跟踪调研，不断提炼和推广好做法、好经验、好举措、好政策，逐步完善河长制的体制机制。水利部、环境保护部将组织开展多种形式的经验交流，促进各地相互学习借鉴。

6. 加强信息公开和信息报送

各地要通过主要媒体向社会公告河长名单，在河湖岸边显著位置竖立河长公示牌，标明河长职责、管护目标、监督电话等内容。各地要建立全面推行河长制的信息报送制度，动态跟踪进展情况。自2017年1月起，各省（区、市）河长制办公室（或党委、政府确定的牵头部门）每两月将贯彻落实进展情况报送水利部及环境保护部，第一次报送时间为1月10日前；每年1月10日前将年度总结报送水利部及环境保护部。

（四）强化保障措施

1. 加强组织领导

各地要加强组织领导，明确责任分工，抓好工作落实。建立水利部会同环境保护部等相关部委参加的全面推行河长制工作部际协调机制，强化组织指导和监督检查，研究解决重大问题。水利部、环境保护部将与相关部门加强沟通协调，指导各地全面推行河长制工作。

2. 强化部门联动

地方水利、环保部门要加强沟通，密切配合，共同推进河湖管理保护工作。要充分发挥水利、环保、发改、财政、国土、住建、交通、农业、卫生、林业等部门优势，协调联动，各司其职，加强对河长制实施的业务指导和技术指导。要加强部门联合执法，加大对涉河湖违法行为打击力度。

3. 统筹流域协调

各地河湖管理保护工作要与流域规划相协调，强化规划约束。对跨行政区域的河湖要明晰管理责任，统筹上下游、左右岸，加强系统治理，实行联防联控。流域管理机构、区域环境保护督查机构要充分发挥协调、指导、监督、监测等作用。

4. 落实经费保障

各地要积极落实河湖管理保护经费，引导社会资本参与，建立长效、稳定的河湖管理保护投入机制。

5. 加强宣传引导

各地要做好全面推行河长制工作的宣传教育和舆论引导。根据工作节点要求，精心策划组织，充分利用报刊、广播、电视、网络、微信、微博、客户端等各种媒体和传播手段，特别是要注重运用群众喜闻乐见、易于接受的方式，深入释疑解惑，广泛宣传引导，不断增强公众对河湖保护的责任意识和参与意识，营造全社会关注河湖、保护河湖的良好氛围。

第二节　国家关于水利水电工程建设领域突出问题专项治理工作相关规定

为贯彻落实中共中央办公厅、国务院办公厅《关于开展工程建设领域突出问题专项治理工作的意见》（中办发〔2009〕27 号）和中央治理工程建设领域突出问题工作领导小组《工程建设领域突出问题专项治理工作实施方案》（中治工发〔2009〕2 号），有计划、有步骤地做好水利水电工程建设领域突出问题专项治理工作，水利部先后印发了《水利工程建设领域突出问题专项治理工作方案》、《关于贯彻落实 2011 年中央一号文件深入推进水利工程建设领域突出问题专项治理工作的实施方案》，《关于加强中小型水利工程建设管理　防范廉政风险的指导意见》和《水利工程施工转包违法分包等违法行为认定查处管理暂行办法》，国家电力监管委员会印发了《电监会工程建设领域突出问题专项治理工作实施方案》。

一、《水利工程建设领域突出问题专项治理工作方案》

（一）总体要求、主要任务和阶段性目标

1. 总体要求

以科学发展观为统领，全面贯彻落实党的十七大精神，紧紧围绕扩大内需、加快发

展、深化改革、改善民生、促进和谐等任务，以政府投资和使用国有资金的水利工程建设项目特别是扩大内需水利项目为重点，以改革创新、科学务实的精神，坚持围绕中心、统筹协调，标本兼治、惩防并举，坚持集中治理与加强日常监管相结合，着力解决水利工程建设领域存在的突出问题，确保工程安全、资金安全和干部安全，切实维护人民群众的根本利益，为水利事业又好又快发展提供坚强保证。

2. 主要任务

用两年左右的时间，对 2008 年以来政府投资和使用国有资金的规模以上的水利项目特别是扩大内需水利项目进行全面排查，切实解决水利工程建设领域存在的突出问题。进一步推进决策和规划管理工作公开透明，确保水利规划和项目审批依法实施；进一步规范招标投标活动，促进水利工程招标投标市场健康发展；进一步加强监督管理，确保水利工程建设领域的行政行为、市场行为更加规范；进一步深化体制机制制度改革，建立规范的水利工程建设市场体系；进一步落实工程建设质量和安全责任制，确保水利工程建设质量与安全。

3. 阶段性目标

水利工程建设法规制度比较完善，互联互通的水利工程建设市场信用体系初步建立，水利工程建设健康有序发展的长效机制基本形成，水利工程建设领域市场交易依法透明运行，领导干部违法违规插手干预水利工程建设的行为受到严肃查处，水利工程建设领域的腐败现象得到进一步遏制。

（二）职责分工

根据分级管理和业务归口管理的原则，明确分工，各负其责。水利部（包括流域机构）负责部直属水利工程建设项目的专项治理工作，对地方负责建设管理的水利工程建设项目专项治理工作进行督查指导；各省（区、市）水利（水务）厅（局）负责省直属水利工程建设项目的专项治理工作，部署、督查指导本地区地方水利工程建设项目的专项治理工作。水利工程建设项目的主管单位直接负责所管项目的专项治理工作。

水利部有关司局和单位按照职责分工，负责对所管理业务领域建设项目的专项治理工作进行督促检查和业务指导。规划计划司牵头负责水利工程规划、项目立项审查审批、投资计划管理等工作；建设与管理司负责水利工程建设的综合管理并牵头负责大江大河治理、骨干水利工程和病险水库（闸）除险加固等工程；水土保持司牵头负责水土保持建设工程；农村水利司牵头负责农村饮水安全、节水灌溉、灌区续建配套与节水改造、泵站建设与改造工程；水电局牵头负责水能资源开发和农村水电工程；驻部监察局牵头负责水利工程建设领域的执法监察、效能监察和案件查办工作。

（三）任务目标和措施

水利工程建设领域突出问题专项治理的任务分解为 5 个方面、29 项主要措施，具体内容如下：

1. 规范水利工程建设项目决策行为

目标要求：着重解决或避免擅自改变规划、未批先建、违规审批、设计粗糙、“报大建小”、不按程序变更设计以及决策失误造成重大损失等突出问题，促进水利工程建设项目规划和审批公开透明、依法实施，不断提高水利工程建设项目前期工作质量。

主要措施：

（1）加强水利规划管理。出台水利规划管理办法，明确政府在水利规划编制中的主导地位，强化规划编制单位的公正性与公平性，编制规划体系名录，加快规划编制、协调审批进度；完善规划论证制度，提高规划专家咨询与公众参与度，强化规划的科学性、民主性；加强对规划实施的监管，开展规划后评估；依法批准的水利工程规划，未经法定程序不得修改。

（2）严格水利项目审批。进一步明确水利工程建设项目行政审批事项的审批主体和审批权限，完善水利项目立项审批集体研究决策机制，逐步推行中央政府投资项目公示制度；根据《中华人民共和国水法》《中华人民共和国防洪法》《中华人民共和国水土保持法》《中华人民共和国水污染防治法》《中华人民共和国河道管理条例》等法律法规和《国务院关于投资体制改革的决定》（国发〔2004〕20号）等政策规定，认真执行水利建设项目审查、审批、核准、备案管理程序，加强项目立项审批前置条件监管，严格实施规划同意书审批、水资源论证及取水许可审批、涉河建设项目审批、环境影响报告书（表）预审、水土保持方案审批、移民安置规划大纲审批、移民安置规划审核等水利行政许可事项，开展重大水利工程建设项目安全评价；积极推行网上审批和网上监察；修订《水利基本建设投资计划管理暂行办法》，加强与有关部门在项目分类、审批权限、报批程序等方面的工作衔接。

（3）提高水利项目前期工作质量。加大前期工作投入，积极推行项目前期工作招投标制度，选择具备相应资质的单位承担项目勘测设计任务，加强勘探测量工作，严格各设计阶段工程设计标准和等别，认真执行强制性标准和规程规范，确保勘测设计工作达到规程规范要求深度；加强概算编制管理，科学合理确定项目建设规模，严格控制工程造价；重视前期工作中的土地移民问题，从规划布局、工程方案比选论证、建筑物用地控制标准等方面从严把关，优选工程占地少、经济合理的工程方案；对前期工作不完善、不符合有关规定的中央项目和申请中央补助资金的地方项目，一律不安排投资计划。

（4）加强设计变更和概算调整管理。编制出台《水利建设工程设计变更管理办法》，严格执行设计变更手续，重大设计变更须报原审批单位审批；严格执行国家发展改革委《关于加强中央预算内投资项目概算调整管理的通知》（发改投资〔2009〕1550号），加强中央预算内投资项目概算调整管理，确需调整概算的中央投资水利项目，报原审批单位审批；对概算调增幅度超过原批复概算10%的项目，原则上先安排进行审计，视审计情况再进行概算调整；严格资金拨付和使用程序，对未经审批的超概算、超计划的项目不下达预算，不支付资金。

（5）督促地方配套资金落实。督促检查地方落实水利建设项目配套资金，各地应明确地方配套投资责任主体，合理分摊配套投资比例，加大地方各级尤其是省级财政投入力度；对水利项目配套资金不到位的，采取控制审批新上项目、调减投资计划安排、申请财政部扣减预算、调整转移支付资金等方式进行处罚，促使地方配套资金足额及时到位。

（6）强化水能资源开发管理。建立健全水能资源开发制度和规范高效、协调有序的水能资源管理工作机制；坚决遏制水能资源无序开发，清理整顿“四无”水电站。

2. 规范水利工程建设招标投标活动

目标要求：着重解决规避招标、虚假招标、围标串标、评标不公等突出问题，促进水利工程建设招标投标活动的公开、公平、公正。

主要措施：

（7）规范施工招标文件编制。继续做好《标准施工招标资格预审文件》《标准施工招标文件》贯彻实施工作，加快编制完成《水利水电工程标准施工招标文件》和《水利水电工程标准施工招标资格预审文件》（2009 年已发布）。

（8）规范招标投标行为。根据《中华人民共和国招标投标法》、《水利工程建设项目招标投标管理规定》（水利部令第 14 号）、《工程建设项目招标范围和规模标准规定》（原国家发展计划委令第 3 号）和《关于印发贯彻落实扩大内需促进经济增长决策部署进一步加强工程建设招标投标监管工作意见的通知》（发改法规〔2009〕1361 号）等有关规定，严格履行招标投标程序，严格核准招标范围、招标方式和招标组织形式，严格审批非公开招标项目，确保依法应该公开招标的项目实行公开招标。

（9）规范评标工作。评标标准和方法应科学合理，建立防范低于成本价中标行为的机制，加强围标串标治理，有效控制围标串标、恶意低价中标行为；进一步加强评标专家管理，建立培训、考核、评价制度，规范评标专家行为，健全评标专家退出机制；积极探索招标投标电子化建设，开展电子招标的试点和推广应用；防范和打击水利建设领域围标串标、借用资质等违法违规行为。

（10）健全招标投标监督机制和举报投诉处理机制。认真执行《水利工程建设项目招标投标行政监督暂行规定》（水建管〔2006〕38 号）等文件，建立健全科学、高效的监督机制和监控体系，对招标投标活动进行全过程监督。按照《工程建设项目招标投标活动投诉处理办法》（国家发展改革委令第 11 号）的要求，进一步健全举报投诉处理机构；强化招标投标行政监察和审计工作，严格落实招标投标违法行为记录公告制度。

3. 加强水利工程建设实施和质量安全管理

目标要求：着重解决项目法人组建不规范、管理力量薄弱，转包和违法分包，监理不到位，质量与安全责任制不落实、措施不到位，资金管理使用混乱等突出问题，避免重特大质量与安全事故的发生。

主要措施：

（11）加强法规制度建设。全面清理水利工程建设领域的法规制度，分类作出处理，不适应的予以废止，不完善的及时修订，需要新出台的抓紧研究制定。加强对重点部位和关键环节的制度建设，注重制度之间的配套衔接，增强制度的针对性、系统性和实效性。

（12）研究解决民生水利工程建设管理不规范的问题。结合病险水库（闸）除险加固、农村饮水、灌区配套与节水改造、水土保持、农村水电等工程实际，加强对民生水利工程建设管理中项目法人组建、招标投标、工程监理等重点环节的调查研究，出台相关管理规定，规范建设管理；统筹建设管理力量，开展业务培训，培育发展专业化的水利建设管理队伍，积极稳妥地推进项目代建制和委托制。

（13）严把水利建设市场准入关。严格水利工程建设市场主体准入条件，做好水利建设市场设计、监理、施工、质量检测等单位的资质管理和水利工程建设从业人员的资格管理工作，建立完善市场清出机制；参建单位必须在其资质等级许可范围内从事相应的经营活动，不得超越资质权限和任意扩大经营范围。

（14）加强建设监理管理。按照《水利工程建设监理规定》（水利部令第28号）等有关制度开展监理工作，修订《水利工程建设项目施工监理规范》，制定《水土保持工程施工监理规范》、《机电及金属结构设备制造监理导则》《水利工程建设环境保护监理导则》；积极培育水利工程监理市场，着力规范监理市场秩序；强化监理行为监管，督促监理单位严格履行监理职责，保证现场监理力量；加强监理人员知识更新培训，提高监理人员业务素质和实际能力。

（15）加强合同管理。严格执行《中华人民共和国合同法》，督促项目主管部门、项目法人等提高依法履约意识，提高合同履行水平，防范水利工程建设转包和违法分包行为，逐步建立水利工程防止拖欠工程款和农民工工资长效机制。

（16）严把开工审批关。水利工程建设项目主体工程开工前，项目法人应按照《国务院办公厅关于加强和规范新开工项目管理的通知》（国办发〔2007〕64号）和《关于加强水利工程建设项目开工管理工作的通知》（水建管〔2006〕144号）的规定申请开工，经有审批权的水行政主管部门批准后，工程方能开工。严格审核项目开工条件，对未经批准擅自开工、弄虚作假骗取开工审批的建设项目要严肃处理。

（17）强化验收管理。验收工作要严格按照《水利工程建设项目验收管理规定》（水利部令第30号）、《水利水电建设工程验收规程》SL 223－2008等有关规定和技术标准进行；竣工验收前，应当按照国家有关规定，进行环境保护、水土保持、移民安置以及工程档案等专项验收，并完成竣工财务决算及审计工作；未经验收或者验收不合格的，不得交付使用或者进行后续工程施工。

（18）加强质量管理。修订《水利工程质量管理规定》（水利部令第7号）、《水利工程质量事故处理暂行规定》（水利部令第9号），健全项目法人负责、监理单位控制、施工单位保证和政府质量监督相结合的质量管理体系，严格质量标准和操作规程，落实质量终身负责制；修订《水利工程质量监督管理规定》（水建〔1997〕339号），完善水利工程质量监督管理制度，保证质量监督工作经费，健全质量监督工作机制，提高监督水平；认真贯彻执行《水利工程质量检测管理规定》（水利部令第36号），确保质量检测工作有序开展。

（19）加强安全生产管理。严格执行《建设工程安全生产管理条例》和《水利工程建设安全生产管理规定》（水利部令第26号），制定《水利工程建设安全生产监督管理规定》，建立安全生产综合监管与专业监管相结合的管理体系，落实水利工程建设安全生产责任制，明确安全责任主体，加强现场安全管理，完善安全技术措施，强化安全生产监督检查，加大事故隐患排查治理、安全生产违法违规行为处罚和安全事故查处督导力度；完善水利工程建设项目安全设施“三同时”工作。

（20）加强基建财务管理。督促项目法人加强项目账务管理，严格资金拨付和使用程序，严禁大额现金支付工程款，规范物资采购、合同管理等；完善灌区、农村饮水安全以及扩大内需水利工程等项目资金管理办法。

（21）加强征地补偿和移民安置管理工作。组织开展水利工程移民安置实施工作专项检查和督导，督促、指导地方严格执行经批准的补偿标准。

4. 推进水利工程建设项目信息公开和诚信体系建设

目标要求：着重解决水利工程建设信息公开不规范不透明、市场准入和退出机制不健全以及水利工程建设领域信用缺失等突出问题，进一步规范水利建设市场秩序，逐步建立互联互通的水利工程建设市场信用体系。

主要措施：

（22）公开项目建设信息。认真贯彻政府信息公开条例，及时发布水利工程建设项目招标信息，公开项目招标过程、施工管理、合同履约、质量检查、安全检查和竣工验收等相关建设信息。

（23）拓宽信息公开渠道。利用政府门户网站和各种媒体，完善水利工程建设项目信息平台，逐步实现水利行业信息共建共享。

（24）深入宣传报道。发挥新闻媒体的作用，加强对专项治理工作的宣传报道，强化对水利工程建设领域的舆论监督和社会监督。

（25）加快信用体系建设。制定水利建设市场主体不良行为记录公告办法和水利建设市场主体信用信息管理暂行办法，建立全国统一的水利建设市场主体信用信息平台。研究出台建立水利建设市场信用体系的指导性意见，逐步建立失信惩戒和守信激励制度。

5. 加强水利工程建设稽察、审计、监察工作，加大案件查办力度

目标要求：着重解决水利工程建设过程中存在的违法、违规、违纪行为和机关工作人员特别是领导干部利用职权违规干预招标投标、规划审批等突出问题，加大稽察、审计、监察、检查和责任追究力度，遏制水利工程建设领域腐败现象。

主要措施：

（26）强化水利工程建设稽察工作。加大对重点水利项目和重点民生水利工程的稽察力度；注重稽察工作成效，督促稽察整改意见落实，提高稽察工作效率和权威；开展稽察成果分析和对策研究，促进水利工程建设项目规范管理；加强稽察法制建设，规范稽察行为，修订《水利基本建设项目稽察暂行办法》。

（27）强化水利工程建设审计工作。抓住重点，提前介入，主动跟进，客观评价水利工程建设项目绩效，及时揭示项目建设管理中存在的问题，督促整改落实，做到边审计、边整改、边规范、边提高，确保重点水利工程项目建设顺利进行。

（28）强化水利工程建设监察工作。开展水利工程建设专项执法监察和效能监察，加强对水利建设领域重点项目、重点环节和重点岗位的监督检查力度。

（29）加大案件查办力度。拓宽案源渠道，公布专项治理电话和网站，认真受理群众举报和投诉，注重案件线索，集中查处和通报一批水利工程建设领域典型案件；发挥查办案件的治本功能，剖析大案要案，开展警示教育，查找体制机制制度存在的缺陷和漏洞，提出加强管理的措施。

二、水利部《关于加强中小型水利工程建设管理防范廉政风险的指导意见

为进一步加强中小型水利工程（总投资3000万元以下的水利工程建设项目）建设管理，有效防范廉政风险，保障水利建设工程安全、资金安全、干部安全和生产安全，按照水利部《关于加强水利基层单位党风廉政建设的指导意见》要求，结合水利建设实际，提出如下意见。

（一）深刻认识加强中小型水利工程建设管理、防范廉政风险的重要意义

近年来，随着大规模水利建设全面推进，中小型水利工程投资强度大幅度增加，已占全部水利投资70%以上，工程项目多、建设任务重、实施基层化、监管难度大，廉政风险不断加大。尤其与大型水利工程的建设管理相比，中小型水利工程建设监管力量不足，围标串标、转包和违法分包现象时有发生，少数地方甚至发生腐败窝案，严重扰乱了水利建设市场秩序，破坏了水利行业形象，影响到广大人民群众的切身利益。因此，加强中小型水利工程建设管理、防范廉政风险是保障大规模水利建设顺利实施的迫切要求，是保障工程建设“四个安全”的基本前提，是推进惩治和预防腐败体系建设的重要举措。必将有利于规范水利建设市场监管各项工作，加快构建统一开放、竞争有序的水利建设市场体系；有利于保障水利工程建设的质量和安全，充分发挥投资效益；有利于进一步深化水利工程建设领域突出问题专项治理工作，从源头上遏制中小型水利工程建设中各种违法违规和腐败行为。各级水行政主管部门要充分认识加强中小型水利工程建设管理、防范廉政风险工作的重要意义，切实增强使命感、责任感和紧迫感，采取有力措施，把中小型水利工程建成优质工程、廉洁工程。

（二）采取有力措施加强中小型水利工程建设管理、防范廉政风险

各级水行政主管部门要以防范风险为重点、加强制度建设为基础、深化改革为动力、规范管理为手段、强化监督制约为保证，把加强中小型水利工程建设管理、防范廉政风险的各项措施落到实处。

1. 加强制度建设

注重从制度建设的源头上防范廉政风险，省级水行政主管部门对于国家投资计划由地方实行规模管理的水利建设项目，必须针对工程项目审批、投资计划管理、招标投标、建设实施、资金监管、工程验收等制定健全的规章制度，完善监督制约机制，堵塞制度漏洞，真正把权力关进制度的笼子，构建不敢腐、不能腐、不想腐的廉政风险防范长效机制。

2. 加大执行力度

坚持依法依规，提高各项规章制度执行力。水利部有关司局和省级水行政主管部门要切实加强对制度执行情况的监督指导，及时纠正有法不依、有令不行、有禁不止的行为，任何单位、任何个人不得搞特殊、搞变通、搞例外。省级水行政主管部门对本行政区域内水利工程建设管理贯彻执行法律法规、规章制度情况负总责，并督促市、县水行政主管部

门贯彻落实。

3. 实行政企分开

水行政主管部门作为水利工程建设监管主体，不得直接履行项目法人职责；水行政主管部门工作人员在项目法人单位任职期间不得同时履行水行政管理职责，一律不得在施工、监理等企业兼职。与地方水行政主管部门有直接隶属关系的施工、监理等企业应尽快改制脱钩，未改制脱钩的原则上不得参与由该水行政主管部门直接管理水利工程的投标。

4. 落实建设资金

对于由地方实行投资规模管理的水利建设项目，项目批准立项时必须明确建设资金来源和具体数额，凡是建设资金来源不确定、配套资金筹措方案不落实的，不得批准立项、不得开工建设，严防形成“半拉子”工程，严防因资金缺口造成工程质量安全隐患。地方配套资金必须与中央补助投资同步安排并足额到位。对违规审批、未批先建、报大建小等行为，必须严肃查处。

5. 规范招标投标

凡是已建立公共资源交易市场的地方，依法招标的中小型水利工程建设项目必须全部进场交易，大力推行电子招标投标，加强标后动态监管，保证招标投标阳光透明、公平公正。严禁对外地、外行业市场主体设置歧视性条款，严禁以各种形式排斥或限制潜在投标人投标。对出借借用资质投标、围标串标、转包和违法分包行为，必须严肃查处。

6. 完善建管模式

对建设管理能力薄弱、工程技术人员不足的地方，要推行水利工程项目法人招标、代建制、设计施工总承包等模式，充分发挥市场机制作用，积极引入社会力量参与本地的中小型水利工程建设。招标限额以下的小型水利工程，在统一规划和建设标准、强化行业指导和监管、实行群众监督的前提下，推行项目申报、竞争立项、以奖代补、先建后补、村民自建等模式，由具备条件的乡镇、受益村组集体、农民用水合作组织、新型农业经营主体等组织实施。

7. 加强资金管理

项目法人必须把财经法规作为防范廉政风险的“高压线”，确保各项支出有制度、有标准、有程序，确保水利建设资金实行专项管理、专账核算、专款专用。严禁大额现金支付工程款、白条抵库、虚假票据凭证入账，严禁以虚增工程量和申报虚假项目等方式套取资金，严禁以私设“账外账”、“小金库”、隐瞒收入等方式截留、挤占、挪用水利资金。各级水行政主管部门要主动与同级审计部门沟通协调，采取全面跟踪、联网审计等方式，共同建立水利资金动态监控和审计免疫机制，实现对资金资产全过程、全覆盖、全方位的监管。

8. 严格失信惩戒

各级水行政主管部门对市场主体的不良行为必须依法严肃查处，行政处罚决定必须在水利建设市场信用信息平台公布，在招标投标、行政审批等工作中必须查询和应用行贿犯罪档案等信用信息，对出借借用资质投标、围标串标、转包或违法分包、行贿受贿以及对重特大质量安全事故负有直接责任等严重失信的市场主体必须列入黑名单，采取市场禁入或限制等惩戒措施，使失信者在水利建设市场“一处失信、处处受制”。

9. 加强群众监督

小型农田水利、水土保持等小型水利工程建设，全面推行公示制，严格实行开工、完工、违规违纪“三公示”制度，及时公开工程进展情况。引导受益群众全过程参与和监督工程方案制定、建设实施和运行管理。

10. 强化监督检查

水利部有关司局和省级水行政主管部门必须强化水利建设项目监督检查、水利工程建设领域突出问题专项治理和水利建设管理稽察工作。对检查、稽察中发现的问题，地方水行政主管部门对落实整改负主要责任，必须限期整改到位；对问题严重的，要严肃追究责任，加大惩戒力度；对涉嫌违纪的问题线索，要及时移送纪检监察部门严肃查处。纪检监察机关也要注意从检查、稽察中发现违纪违法问题并及时予以查处，涉嫌犯罪的要移送司法机关处理。

（三）加强组织实施

1. 落实工作责任

地方各级水行政主管部门要把加强中小型水利工程建设管理、防范廉政风险作为当前亟待加强的一项重要工作，建立主要领导负总责、分管领导具体抓、相关部门协同推进的工作机制，加强组织领导，建立问责机制，明确责任分工，层层抓好落实。

2. 制定实施意见

地方各级水行政主管部门要按照当地党委政府关于党风廉政建设和反腐败工作的统一部署，结合水利建设实际，提出贯彻本指导意见的实施意见，推进加强中小型水利工程建设管理、防范廉政风险工作制度化、规范化。实施意见要以问题为导向，具有针对性和可操作性。各省级水行政主管部门的实施意见，于 2015 年 5 月底前印发并抄送水利部。

3. 突出工作重点

各级水行政主管部门要重点从深化改革、健全制度、完善机制、规范流程和强化监管等方面加强中小型水利工程建设管理、防范廉政风险。要做好水利建设领域惩防体系建设，注重源头治理，努力做到关口前移、防范在先。针对当地中小型水利工程建设的自身特点，对问题多发、易发的项目类别和实施环节加大廉政风险防范力度。

4. 注重查办案件

要以“零容忍”态度严肃查处中小型水利工程建设管理中发生的违纪违法案件，严肃惩治腐败行为，注重从建设项目监督检查中发现案件线索，从工程质量和安全事故背后挖掘和查处违纪违法问题。大力开展警示教育，充分发挥查办案件的震慑作用。

三、《水利工程施工转包违法分包等违法行为认定查处管理暂行办法》

为维护水利建设市场秩序，规范水利工程施工转包、违法分包、出借借用资质等违法行为的认定查处工作，水利部于 2016 年 12 月印发了《水利工程施工转包违法分包等违法行为认定查处管理暂行办法》（水建管〔2016〕420 号）。

（一）办法制定依据和适用范围

第一条　为维护水利建设市场秩序，规范水利工程施工转包、违法分包、出借借用资质等违法行为的认定查处工作，根据《招标投标法》《合同法》以及《建设工程质量管理条例》《建设工程安全生产管理条例》《招标投标法实施条例》等法律法规，结合水利工程实际，制定本办法。

第二条　本办法适用于依法必须进行招标的水利工程建设项目。

（二）管理权限

第三条　水利部负责全国水利工程施工转包、违法分包、出借借用资质等违法行为认定查处的监督管理工作。

县级以上地方人民政府水行政主管部门负责本行政区域内有管辖权的水利工程施工转包、违法分包、出借借用资质等违法行为的认定查处和监督管理工作。

（三）转包情形

第四条　本办法所称转包，是指施工单位承包工程后，不履行合同约定的责任和义务，将其承包的工程全部转给他人施工的行为。

第五条　具有下列情形之一的，认定为转包：

1. 承包人将其承包的全部工程转给其他单位或个人施工的；
2. 承包人将其承包的全部工程肢解以后以分包的名义转给其他单位或个人施工的；
3. 承包人将其承包的全部工程以内部承包合同等形式交由分公司施工，但分公司成立未履行合法手续的；
4. 采取联营合作等形式的承包人，其中一方将应由其实施的全部工程交由联营合作方施工的；
5. 全部工程由劳务作业分包单位实施，劳务作业分包单位计取报酬是除上缴给承包人管理费之外全部工程价款的；
6. 承包人未设立现场管理机构的；
7. 承包人未派驻项目负责人、技术负责人、财务负责人、质量管理负责人、安全管理负责人等主要管理人员或者派驻的上述人员中全部不是本单位人员的；
8. 承包人不履行管理义务，只向实际施工单位收取管理费的；
9. 法律法规规定的其他转包行为。

本办法所称本单位人员，是指在本单位工作，并与本单位签订劳动合同，由本单位支付劳动报酬、缴纳社会保险的人员。

（四）违法分包情形

第六条　本办法所称违法分包，是指施工单位承包工程后违反法律法规规定或者施工合同关于分包的约定，把部分工程或劳务作业分包给其他单位或个人施工的行为。

第七条　具有下列情形之一的，认定为违法分包：

1. 承包人将工程分包给不具备相应资质或安全生产许可的单位或个人施工的；

2. 施工合同中没有约定，又未经项目法人书面同意，承包人将其承包的部分工程分包给其他单位施工的；

3. 承包人将主要建筑物的主体结构工程分包的；

4. 工程分包单位将其承包的工程中非劳务作业部分再分包的；

5. 劳务作业分包单位将其承包的劳务作业再分包的；

6. 劳务作业分包单位除计取劳务作业费用外，还计取主要建筑材料款和大中型机械设备费用的；

7. 承包人未与分包人签订分包合同，或分包合同未遵循承包合同的各项原则，不满足承包合同中相应要求的；

8. 法律法规规定的其他违法分包行为。

本办法所称主要建筑物是指失事以后将造成下游灾害或严重影响工程功能和效益的建筑物，如堤防、穿堤建筑物、大坝等挡水建筑物、泄水建筑物、输水建筑物、电站厂房、泵站等；主要建筑物的主体结构，由项目法人要求设计单位在设计文件或招标文件中明确。

本办法所称主要建筑材料是指混凝土工程中的钢筋、水泥、砂石料，土石方工程中的石料，金属结构工程中的钢材，防渗工程中的土工织物等对工程质量影响较大、占工程造价比重较高的材料。

本办法所称大中型机械设备是指工程施工中的大中型起重设备，混凝土工程施工中的大中型拌和、输送设备，土石方工程施工中的大中型挖掘设备、运输车辆、碾压机械等。

（五）出借借用资质情形

第八条 本办法所称出借借用资质，是指允许其他单位、个人以本单位名义承揽工程或者单位、个人以其他单位的名义承揽工程的行为。

前款所称承揽工程，包括参与投标、订立合同、办理有关施工手续、从事施工等活动。

第九条 具有下列情形之一的，认定为出借借用资质：

1. 单位或个人借用其他单位的资质承揽工程的；

2. 投标人法定代表人的授权代表人不是投标人本单位人员的；

3. 实际施工单位使用承包人资质中标后，以承包人分公司、项目部等名义组织实施，但两者无实质产权、人事、财务关系的；

4. 工程分包的发包单位不是该工程的承包人的，但项目法人依约作为发包单位的除外；

5. 劳务作业分包的发包单位不是该工程的承包人或工程分包单位的；

6. 承包人派驻施工现场的项目负责人、技术负责人、财务负责人、质量管理负责人、安全管理负责人中部分人员不是本单位人员的；

7. 承包人与项目法人之间没有工程款收付关系，或者工程款支付凭证上载明的单位与施工合同中载明的承包单位不一致的；

8. 合同约定由承包人负责采购、租赁的主要建筑材料、工程设备等，由其他单位或个人采购、租赁，或者承包人不能提供有关采购、租赁合同及发票等证明，又不能进行合理解释并提供材料证明的；

9. 法律法规规定的其他出借借用资质行为。

（六）监督管理

第十条 项目法人及监理单位发现施工单位有转包、违法分包、出借借用资质等违法行为的，应立即制止、责令改正、督促履行合同并及时向相关水行政主管部门报告。

承包人发现分包单位有转包、违法分包、出借借用资质等违法行为，应立即制止、责令改正、督促履行合同并及时向项目法人和相关水行政主管部门报告。

任何单位和个人发现转包、违法分包、出借借用资质等违法行为的，均可向相关水行政主管部门进行举报并提供有效证据或线索。

第十一条 各级水行政主管部门应加大执法力度，对在实施水利建设市场监督管理等工作中发现的转包、违法分包、出借借用资质等违法行为，应当依法进行调查，按照本办法进行认定，并依据《招标投标法》《合同法》《建设工程质量管理条例》《招标投标法实施条例》等法律法规进行处罚。接到转包、违法分包、出借借用资质等违法行为举报的水行政主管部门，应当依法受理、调查、认定和处理，除无法告知举报人的情况外，应当将查处结果告知举报人。

第十二条 各省级人民政府水行政主管部门对转包、违法分包、出借借用资质等违法行为作出的行政处罚决定应于20个工作日内报水利部；市、县级人民政府水行政主管部门对转包、违法分包、出借借用资质等违法行为作出的行政处罚应于20个工作日内报上一级水行政主管部门，并同时抄送水利部。

水利部将处罚记录记入单位或个人信用档案，列入失信黑名单，在全国水利建设市场信用信息平台向社会公示。

第三节 国家和水利水电行业的有关应急预案

一、《国家突发公共事件总体应急预案》

根据2005年1月26日国务院第79次常务会议通过的《国家突发公共事件总体应急预案》，突发公共事件是指突然发生，造成或者可能造成重大人员伤亡、财产损失、生态环境破坏和严重社会危害，危及公共安全的紧急事件。

根据突发公共事件的发生过程、性质和机理，突发公共事件主要分为以下四类：

（1）自然灾害。主要包括水旱灾害，气象灾害，地震灾害，地质灾害，海洋灾害，生物灾害和森林草原火灾等。

（2）事故灾难。主要包括工矿商贸等企业的各类安全事故，交通运输事故，公共设施和设备事故，环境污染和生态破坏事件等。

（3）公共卫生事件。主要包括传染病疫情，群体性不明原因疾病，食品安全和职业危害，动物疫情，以及其他严重影响公众健康和生命安全的事件。

（4）社会安全事件。主要包括恐怖袭击事件，经济安全事件和涉外突发事件等。

各类突发公共事件按照其性质、严重程度、可控性和影响范围等因素，一般分为四级：Ⅰ级（特别重大）、Ⅱ级（重大）、Ⅲ级（较大）和Ⅳ级（一般）。

全国突发公共事件应急预案体系包括：

（1）突发公共事件总体应急预案。总体应急预案是全国应急预案体系的总纲，是国务院应对特别重大突发公共事件的规范性文件，适用于跨省级行政区域，或超出事发地省级人民政府处置能力的，或者需要由国务院负责处置的特别重大突发公共事件的应对工作。

（2）突发公共事件专项应急预案。专项应急预案主要是国务院及其有关部门为应对某一类型或某几种类型突发公共事件而制定的应急预案。由主管部门牵头会同相关部门组织实施。

（3）突发公共事件部门应急预案。部门应急预案是国务院有关部门根据总体应急预案、专项应急预案和部门职责为应对突发公共事件制定的预案。部门应急预案由制订部门负责实施。

（4）突发公共事件地方应急预案。具体包括：省级人民政府的突发公共事件总体应急预案、专项应急预案和部门应急预案；各市（地）、县（市）人民政府及其基层政权组织的突发公共事件应急预案。上述预案在省级人民政府的领导下，按照分类管理、分级负责的原则，由地方人民政府及其有关部门分别制订。各地人民政府是处置发生在当地突发公共事件的责任主体。

（5）企事业单位根据有关法律法规制定的应急预案。企事业单位应急预案确立了企事业单位是处置其内部发生的突发事件的责任主体。

（6）举办大型会展和文化体育等重大活动，主办单位应当制订应急预案。

国家突发公共事件专项应急预案目前包括：

（1）国家自然灾害救助应急预案；

（2）国家防汛抗旱应急预案；

（3）国家地震应急预案；

（4）国家突发地质灾害应急预案；

（5）国家处置重、特大森林火灾应急预案；

（6）国家安全生产事故灾难应急预案；

（7）国家处置铁路行车事故应急预案；

（8）国家处置民用航空器飞行事故应急预案；

（9）国家海上搜救应急预案；

（10）国家处置城市地铁事故灾难应急预案；

（11）国家处置电网大面积停电事件应急预案；

（12）国家核应急预案；

（13）国家突发环境事件应急预案；

（14）国家通信保障应急预案；

（15）国家突发公共卫生事件应急预案；

（16）国家突发公共事件医疗卫生救援应急预案；

（17）国家突发重大动物疫情应急预案；

（18）国家重大食品安全事故应急预案；

（19）国家粮食应急预案；

（20）国家金融突发事件应急预案；

（21）国家涉外突发事件应急预案。

二、《国家防汛抗旱应急预案》

依据《中华人民共和国水法》《中华人民共和国防洪法》和《国家突发公共事件总体应急预案》等，为做好水旱灾害突发事件防范与处置工作，使水旱灾害处于可控状态，保证抗洪抢险、抗旱救灾工作高效有序进行，最大程度地减少人员伤亡和财产损失。国务院发布了《国家防汛抗旱应急预案》，该预案适用于全国范围内突发性水旱灾害的预防和应急处置。突发性水旱灾害包括：江河洪水、渍涝灾害、山洪灾害（指由降雨引发的山洪、泥石流、滑坡灾害）、台风暴潮灾害、干旱灾害、供水危机以及由洪水、风暴潮、地震、恐怖活动等引发的水库垮坝、堤防决口、水闸倒塌、供水水质被侵害等次生衍生灾害。

（一）应急工作原则与指挥体系

《国家防汛抗旱应急预案》确定防汛抗旱应急工作的原则是：

（1）坚持以“三个代表”重要思想为指导，以人为本，树立和落实科学发展观，防汛抗旱并举，努力实现由控制洪水向洪水管理转变，由单一抗旱向全面抗旱转变，不断提高防汛抗旱的现代化水平。

（2）防汛抗旱工作实行各级人民政府行政首长负责制，统一指挥，分级分部门负责。

（3）防汛抗旱以防洪安全和城乡供水安全、粮食生产安全为首要目标，实行安全第一，常备不懈，以防为主，防抗结合的原则。

（4）防汛抗旱工作按照流域或区域统一规划，坚持因地制宜，城乡统筹，突出重点，兼顾一般，局部利益服从全局利益。

（5）坚持依法防汛抗旱，实行公众参与，军民结合，专群结合，平战结合。中国人民解放军、中国人民武装警察部队主要承担防汛抗洪的急难险重等攻坚任务。

（6）抗旱用水以水资源承载能力为基础，实行先生活、后生产，先地表、后地下，先节水、后调水，科学调度，优化配置，最大程度地满足城乡生活、生产、生态用水需求。

（7）坚持防汛抗旱统筹，在防洪保安的前提下，尽可能利用洪水资源；以法规约束人的行为，防止人对水的侵害，既利用水资源又保护水资源，促进人与自然和谐相处。

《国家防汛抗旱应急预案》确定国家防汛抗旱应急组织指挥体系及各自职责是：

（1）国务院设立国家防汛抗旱指挥机构，县级以上地方人民政府、有关流域设立防汛抗旱指挥机构，负责本行政区域的防汛抗旱突发事件应对工作。有关单位可根据需要设立防汛抗旱指挥机构，负责本单位防汛抗旱突发事件应对工作。

（2）国家防汛抗旱总指挥部（简称国家防总）负责领导、组织全国的防汛抗旱工作，其办事机构国家防总办公室设在水利部。国家防总主要职责是拟订国家防汛抗旱的政策、法规和制度等，组织制订大江大河防御洪水方案和跨省、自治区、直辖市行政区划的调水方案，及时掌握全国汛情、旱情、灾情并组织实施抗洪抢险及抗旱减灾措施，统一调控和调度全国水利、水电设施的水量，做好洪水管理工作，组织灾后处置，并做好有关协调工作。

（3）长江、黄河、松花江、淮河等流域设立流域防汛总指挥部，负责指挥所管辖范围内的防汛抗旱工作。流域防汛总指挥部由有关省、自治区、直辖市人民政府和该江河流域管理机构的负责人等组成，其办事机构设在流域管理机构。

（4）有防汛抗旱任务的县级以上地方人民政府设立防汛抗旱指挥部，在上级防汛抗旱指挥机构和本级人民政府的领导下，组织和指挥本地区的防汛抗旱工作。防汛抗旱指挥部由本级政府和有关部门、当地驻军、人民武装部负责人等组成，其办事机构设在同级水行政主管部门。

（5）水利部门所属的各流域管理机构、水利工程管理单位、施工单位以及水文部门等，汛期成立相应的专业防汛抗灾组织，负责本流域、本单位的防汛抗灾工作；有防洪任务的重大水利水电工程、有防洪任务的大中型企业根据需要成立防汛指挥部。针对重大突发事件，可以组建临时指挥机构，具体负责应急处理工作。

《国家防汛抗旱应急预案》确定国家防汛抗旱应急指挥和调度的原则是：

（1）出现水旱灾害后，事发地的防汛抗旱指挥机构应立即启动应急预案，并根据需要成立现场指挥部。在采取紧急措施的同时，向上一级防汛抗旱指挥机构报告。根据现场情况，及时搜集、掌握相关信息，判明事件的性质和危害程度，并及时上报事态的发展变化情况。

（2）事发地的防汛抗旱指挥机构负责人应迅速上岗到位，分析事件的性质，预测事态发展趋势和可能造成的危害程度，并按规定的处置程序，组织指挥有关单位或部门按照职责分工，迅速采取处置措施，控制事态发展。

（3）发生重大水旱灾害后，上一级防汛抗旱指挥机构应派出工作组赶赴现场指导工作，必要时成立前线指挥部。

《国家防汛抗旱应急预案》确定国家防汛抗旱应急抢险救灾的原则是：

（1）出现水旱灾害或防洪工程发生重大险情后，事发地的防汛抗旱指挥机构应根据事件的性质，迅速对事件进行监控、追踪，并立即与相关部门联系。

（2）事发地的防汛抗旱指挥机构应根据事件具体情况，按照预案立即提出紧急处置措施，供当地政府或上一级相关部门指挥决策。

（3）事发地防汛抗旱指挥机构应迅速调集本部门的资源和力量，提供技术支持；组织当地有关部门和人员，迅速开展现场处置或救援工作。大江大河干流堤防决口的堵复、水库重大险情的抢护应按照事先制订的抢险预案进行，并由防汛机动抢险队或抗洪抢险专业部队等实施。

（4）处置水旱灾害和工程重大险情时，应按照职能分工，由防汛抗旱指挥机构统一指挥，各单位或各部门应各司其职，团结协作，快速反应，高效处置，最大程度地减少损失。

（二）预警信息与应急响应

《国家防汛抗旱应急预案》确定建立预防预警信息制度，其中：

1. 工程信息

（1）当江河出现警戒水位以上洪水时，各级堤防管理单位应加强工程监测，并将堤防、涵闸、泵站等工程设施的运行情况报上级工程管理部门和同级防汛抗旱指挥机构。大江大河干流重要堤防、涵闸等发生重大险情应在险情发生后4小时内报到国家防总。

（2）当堤防和涵闸、泵站等穿堤建筑物出现险情或遭遇超标准洪水袭击，以及其他不可抗拒因素而可能决口时，工程管理单位应迅速组织抢险，并在第一时间向可能淹没的有关区域预警，同时向上级堤防管理部门和同级防汛抗旱指挥机构准确报告。

（3）当水库水位超过汛限水位时，水库管理单位应按照有管辖权的防汛抗旱指挥机构批准的洪水调度方案调度，其工程运行状况应向防汛抗旱指挥机构报告。当水库出现险情时，水库管理单位应立即在第一时间向下游预警，并迅速处置险情，同时向上级主管部门和同级防汛抗旱指挥机构报告。大型水库发生重大险情应在险情发生后4小时内上报到国家防总。当水库遭遇超标准洪水或其他不可抗拒因素而可能溃坝时，应提早向水库溃坝洪水风险图确定的淹没范围发出预警，为群众安全转移争取时间。

2. 洪涝灾情信息

（1）洪涝灾情信息主要包括：灾害发生的时间、地点、范围、受灾人口以及群众财产、农林牧渔、交通运输、邮电通信、水电设施等方面的损失。

（2）洪涝灾情发生后，有关部门及时向防汛抗旱指挥机构报告洪涝受灾情况，防汛抗旱指挥机构应收集动态灾情，全面掌握受灾情况，并及时向同级政府和上级防汛抗旱指挥机构报告。对人员伤亡和较大财产损失的灾情，应立即上报，重大灾情在灾害发生后4小时内将初步情况报到国家防总，并对实时灾情组织核实，核实后及时上报，为抗灾救灾提供准确依据。

（3）地方各级人民政府、防汛抗旱指挥机构应按照规定上报洪涝灾情。

3. 江河洪水预警

（1）当江河即将出现洪水时，各级水文部门应做好洪水预报工作，及时向防汛抗旱指挥机构报告水位、流量的实测情况和洪水走势，为预警提供依据。

（2）各级防汛抗旱指挥机构应按照分级负责原则，确定洪水预警区域、级别和洪水信息发布范围，按照权限向社会发布。

（3）水文部门应跟踪分析江河洪水的发展趋势，及时滚动预报最新水情，为抗灾救灾提供基本依据。

4. 山洪灾害预警

（1）凡可能遭受山洪灾害威胁的地方，应根据山洪灾害的成因和特点，主动采取预防和避险措施。水文、气象、国土资源等部门应密切联系，相互配合，实现信息共享，提高预报水平，及时发布预报警报。

（2）凡有山洪灾害的地方，应由防汛抗旱指挥机构组织国土资源、水利、气象等部门编制山洪灾害防御预案，绘制区域内山洪灾害风险图，划分并确定区域内易发生山洪灾害的地点及范围，制订安全转移方案，明确组织机构的设置及职责。

（3）山洪灾害易发区应建立专业监测与群测群防相结合的监测体系，落实观测措施，汛期坚持24小时值班巡逻制度，降雨期间，加密观测、加强巡逻。每个乡镇、村、组和相关单位都要落实信号发送员，一旦发现危险征兆，立即向周边群众报警，实现快速转移，并报本地防汛抗旱指挥机构，以便及时组织抗灾救灾。

《国家防汛抗旱应急预案》确定建立应急响应制度，按洪涝、旱灾的严重程度和范围，将应急响应行动分为四级，其中：

1. Ⅰ级应急响应。出现下列情况之一者，为Ⅰ级响应

（1）某个流域发生特大洪水；

（2）多个流域同时发生大洪水；

（3）大江大河干流重要河段堤防发生决口；

（4）重点大型水库发生垮坝；

（5）多个省（区、市）发生特大干旱；

（6）多座大型以上城市发生极度干旱。

Ⅰ级响应行动：

（1）国家防总总指挥主持会商，防总成员参加。视情启动国务院批准的防御特大洪水方案，作出防汛抗旱应急工作部署，加强工作指导，并将情况上报党中央、国务院。国家防总密切监视汛情、旱情和工情的发展变化，做好汛情、旱情预测预报，做好重点工程调度，并在24小时内派专家组赴一线加强技术指导。国家防总增加值班人员，加强值班，每天在中央电视台发布《汛（旱）情通报》，报道汛（旱）情及抗洪抢险、抗旱措施。财政部门为灾区及时提供资金帮助。国家防总办公室为灾区紧急调拨防汛抗旱物资；铁路、交通、民航部门为防汛抗旱物资运输提供运输保障。民政部门及时救助受灾群众。卫生部门根据需要，及时派出医疗卫生专业防治队伍赴灾区协助开展医疗救治和疾病预防控制工作。国家防总其他成员单位按照职责分工，做好有关工作。

（2）相关流域防汛指挥机构按照权限调度水利、防洪工程；为国家防总提供调度参谋意见。派出工作组、专家组，支援地方抗洪抢险、抗旱。

（3）相关省、自治区、直辖市的流域防汛指挥机构，省、自治区、直辖市的防汛抗旱指挥机构启动Ⅰ级响应，可依法宣布本地区进入紧急防汛期，按照《中华人民共和国防洪法》的相关规定，行使权力。同时，增加值班人员，加强值班，动员部署防汛抗旱工作；按照权限调度水利、防洪工程；根据预案转移危险地区群众，组织强化巡堤查险和堤防防守，及时控制险情，或组织强化抗旱工作。受灾地区的各级防汛抗旱指挥机构负责人、成员单位负责人，应按照职责到分管的区域组织指挥防汛抗旱工作，或驻点具体帮助重灾区做好防汛抗旱工作。各省、自治区、直辖市的防汛抗旱指挥机构应将工作情况上报当地人民政府和国家防总。相关省、自治区、直辖市的防汛抗旱指挥机构成员单位全力配合做好防汛抗旱和抗灾救灾工作。

2. Ⅱ级应急响应。出现下列情况之一者，为Ⅱ级响应

（1）一个流域发生大洪水；

（2）大江大河干流一般河段及主要支流堤防发生决口；

（3）数省（区、市）多个市（地）发生严重洪涝灾害；

（4）一般大中型水库发生垮坝；

（5）数省（区、市）多个市（地）发生严重干旱或一省（区、市）发生特大干旱；

（6）多个大城市发生严重干旱，或大中城市发生极度干旱。

Ⅱ级响应行动：

（1）国家防总副总指挥主持会商，作出相应工作部署，加强防汛抗旱工作指导，在2小时内将情况上报国务院并通报国家防总成员单位。国家防总加强值班，密切监视汛情、旱情和工情的发展变化，做好汛情旱情预测预报，做好重点工程的调度，并在24小时内派出由防总成员单位组成的工作组、专家组赴一线指导防汛抗旱。国家防总办公室不定期在中央电视台发布汛（旱）情通报。民政部门及时救助灾民。卫生部门派出医疗队赴一线帮助医疗救护。国家防总其他成员单位按照职责分工，做好有关工作。

（2）相关流域防汛指挥机构密切监视汛情、旱情发展变化，做好洪水预测预报，派出工作组、专家组，支援地方抗洪抢险、抗旱；按照权限调度水利、防洪工程；为国家防总提供调度参谋意见。

（3）相关省、自治区、直辖市防汛抗旱指挥机构可根据情况，依法宣布本地区进入紧急防汛期，行使相关权力。同时，增加值班人员，加强值班。防汛抗旱指挥机构具体安排防汛抗旱工作，按照权限调度水利、防洪工程，根据预案组织加强防守巡查，及时控制险情，或组织加强抗旱工作。受灾地区的各级防汛抗旱指挥机构负责人、成员单位负责人，应按照职责到分管的区域组织指挥防汛抗旱工作。相关省级防汛抗旱指挥机构应将工作情况上报当地人民政府主要领导和国家防总。相关省、自治区、直辖市的防汛抗旱指挥机构成员单位全力配合做好防汛抗旱和抗灾救灾工作。

3. Ⅲ级应急响应。出现下列情况之一者，为Ⅲ级响应

（1）数省（区、市）同时发生洪涝灾害；

（2）一省（区、市）发生较大洪水；

（3）大江大河干流堤防出现重大险情；

（4）大中型水库出现严重险情或小型水库发生垮坝；

（5）数省（区、市）同时发生中度以上的干旱灾害；

（6）多座大型以上城市同时发生中度干旱；

（7）一座大型城市发生严重干旱。

Ⅲ级响应行动：

（1）国家防总秘书长主持会商，作出相应工作安排，密切监视汛情、旱情发展变化，加强防汛抗旱工作的指导，在2小时内将情况上报国务院并通报国家防总成员单位。国家防总办公室在24小时内派出工作组、专家组，指导地方防汛抗旱。

（2）相关流域防汛指挥机构加强汛（旱）情监视，加强洪水预测预报，做好相关工程调度，派出工作组、专家组到一线协助防汛抗旱。

（3）相关省、自治区、直辖市的防汛抗旱指挥机构具体安排防汛抗旱工作；按照权限调度水利、防洪工程；根据预案组织防汛抢险或组织抗旱，派出工作组、专家组到一线具体帮助防汛抗旱工作，并将防汛抗旱的工作情况上报当地人民政府分管领导和国家防总。

省级防汛指挥机构在省级电视台发布汛（旱）情通报；民政部门及时救助灾民。卫生部门组织医疗队赴一线开展卫生防疫工作。其他部门按照职责分工，开展工作。

4. Ⅳ级应急响应。出现下列情况之一者，为Ⅳ级响应

（1）数省（区、市）同时发生一般洪水；

（2）数省（区、市）同时发生轻度干旱；

（3）大江大河干流堤防出现险情；

（4）大中型水库出现险情；

（5）多座大型以上城市同时因旱影响正常供水。

Ⅳ级响应行动：

（1）国家防总办公室常务副主任主持会商，作出相应工作安排，加强对汛（旱）情的监视和对防汛抗旱工作的指导，并将情况上报国务院并通报国家防总成员单位。

（2）相关流域防汛指挥机构加强汛情、旱情监视，做好洪水预测预报，并将情况及时报国家防总办公室。

（3）相关省、自治区、直辖市的防汛抗旱指挥机构具体安排防汛抗旱工作；按照权限调度水利、防洪工程；按照预案采取相应防守措施或组织抗旱；派出专家组赴一线指导防汛抗旱工作；并将防汛抗旱的工作情况上报当地人民政府和国家防总办公室。

《国家防汛抗旱应急预案》相关名词术语定义为：

（1）洪水风险图：是融合地理、社会经济信息、洪水特征信息，通过资料调查、洪水计算和成果整理，以地图形式直观反映某一地区发生洪水后可能淹没的范围和水深，用以分析和预评估不同量级洪水可能造成的风险和危害的工具。

（2）防御洪水方案：是有防汛抗洪任务的县级以上地方人民政府根据流域综合规划、防洪工程实际状况和国家规定的防洪标准，制定的防御江河洪水（包括对特大洪水）、山洪灾害（山洪、泥石流、滑坡等）、台风暴潮灾害等方案的统称。

（3）抗旱预案：是在现有工程设施条件和抗旱能力下，针对不同等级、程度的干旱，而预先制订的对策和措施，是各级防汛抗旱指挥部门实施指挥决策的依据。

（4）一般洪水：洪峰流量或洪量的重现期5～10年一遇的洪水。

（5）较大洪水：洪峰流量或洪量的重现期10～20年一遇的洪水。

（6）大洪水：洪峰流量或洪量的重现期20～50年一遇的洪水。

（7）特大洪水：洪峰流量或洪量的重现期大于50年一遇的洪水。

（8）大型城市：指非农业人口在50万以上的城市。

（9）紧急防汛期：根据《中华人民共和国防洪法》规定，当江河、湖泊的水情接近保证水位或者安全流量，水库水位接近设计洪水位，或者防洪工程设施发生重大险情时，有关县级以上人民政府防汛指挥机构可以宣布进入紧急防汛期。

三、《水利安全生产信息报告和处置规则》

为规范水利安全生产信息报告和处置工作，根据《安全生产法》和《生产安全事故报告和调查处理条例》，水利部制定了《水利安全生产信息报告和处置规则》。

水利安全生产信息包括水利生产经营单位、水行政主管部门及所管在建、运行工程的基本信息、隐患信息和事故信息等。基本信息、隐患信息和事故信息等通过水利安全生产信息上报系统（以下简称信息系统）报送。

（一）基本信息

（1）基本信息内容。基本信息主要包括水行政主管部门和水利生产经营单位（以下简称单位）基本信息以及水利工程基本信息。

①单位基本信息包括单位类型、名称、所在行政区划、单位规格、经费来源、所属水行政主管部门，主要负责人、分管安全负责、安全生产联系人信息，经纬度等。

②工程基本信息包括工程名称、工程状态、工程类别、所属行政区划、所属单位、所属水行政主管部门，相关建设、设计、施工、监理、验收等单位信息，工程类别特性参数，政府安全负责人、水行政主管部门安全负责人信息，工程主要责任人、分管安全负责人信息，经纬度等。

（2）地方各级水行政主管部门、水利工程建设项目法人、水利工程管理单位、水文测验单位、勘测设计科研单位、由水利部门投资成立或管理水利工程的企业、有独立办公场所的水利事业单位或社团、乡镇水利管理单位等，应向上级水行政主管部门申请注册，并填报单位安全生产信息。

（3）水库、水电站、农村小水电、水闸、泵站、堤防、引调水工程、灌区工程、淤地坝、农村供水工程等 10 类工程，所有规模以上工程（按 2011 年水利普查确定的规模）应在信息系统填报工程安全生产信息。

（4）基本信息应在 2011 年水利普查数据基础上填报。符合报告规定的新成立或组建的单位应及时向上级水行政主管部门申请注册，并按规定报告有关安全信息。在建工程由项目法人负责填报安全生产信息，运行工程由工程管理单位负责填报安全生产信息。新开工建设工程，项目法人应及时到信息系统增补工程安全生产信息。

（5）各单位（项目法人）负责填报本单位（工程）安全生产责任人（包括单位（工程）主要负责人、分管安全生产负责人）信息，并在每年 1 月 31 日前将单位安全生产责任人信息报送主管部门。各流域管理机构、地方各级水行政主管部门负责填报工程基本信息中的政府、行业监管负责人（包括政府安全生产监管负责人、行业安全生产综合监管负责人、行业安全生产专业监管负责人）信息，并在每年 1 月 31 日前将政府、行业监管负责人信息，在互联网上公布，供公众监督，同时报送上级水行政主管部门。责任人信息变动时，应及时到信息系统进行变更。

（二）隐患信息

（1）隐患信息内容。隐患信息报告主要包括隐患基本信息、整改方案信息、整改进展信息、整改完成情况信息等四类信息。

①隐患基本信息包括隐患名称、隐患情况、隐患所在工程、隐患级别、隐患类型、排查单位、排查人员、排查日期等。

②整改方案信息包括治理目标和任务、安全防范应急预案、整改措施、整改责任单

位、责任人、资金落实情况、计划完成日期等。

③整改进展信息包括阶段性整改进展情况、填报时间人员等。

④整改完成情况包括实际完成日期、治理责任单位验收情况、验收责任人等。

⑤隐患应按水库建设与运行、水电站建设与运行、农村水电站及配套电网建设与运行、水闸建设与运行、泵站建设与运行、堤防建设与运行、引调水建设与运行、灌溉排水工程建设与运行、淤地坝建设与运行、河道采砂、水文测验、水利工程勘测设计、水利科学研究实验与检验、后勤服务、综合经营、其他隐患等类型填报。

（2）各单位负责填报本单位的隐患信息，项目法人、运行管理单位负责填报工程隐患信息。各单位要实时填报隐患信息，发现隐患应及时登入信息系统，制定并录入整改方案信息，随时将隐患整改进展情况录入信息系统，隐患治理完成要及时填报完成情况信息。

（3）重大事故隐患须经单位（项目法人）主要负责人签字并形成电子扫描件后，通过信息系统上报。

（4）由水行政主管部门或有关单位组织的检查、督查、巡查、稽察中发现的隐患，由各单位（项目法人）及时登录信息系统，并按规定报告隐患相关信息。

（5）隐患信息除通过信息系统报告外，还应依据有关法规规定，向有关政府及相关部门报告。

（6）省级水行政主管部门每月 6 日前将上月本辖区隐患排查治理情况进行汇总并通过信息系统报送水利部安全监督司。隐患月报实行“零报告”制度，本月无新增隐患也要上报。

（7）隐患信息报告应当及时、准确和完整。任何单位和个人对隐患信息不得迟报、漏报、谎报和瞒报。

（三）事故信息

（1）事故信息内容。

①水利生产安全事故信息包括生产安全事故和较大涉险事故信息。

②水利生产安全事故信息报告包括：事故文字报告、电话快报、事故月报和事故调查处理情况报告。

③文字报告包括：事故发生单位概况；事故发生时间、地点以及事故现场情况；事故的简要经过；事故已经造成或者可能造成的伤亡人数（包括下落不明、涉险的人数）和初步估计的直接经济损失；已经采取的措施；其他应当报告的情况。文字报告按附件 1 的格式填报。

④电话快报包括：事故发生单位的名称、地址、性质；事故发生的时间、地点；事故已经造成或者可能造成的伤亡人数（包括下落不明、涉险的人数）。

⑤事故月报包括：事故发生时间、事故单位名称、单位类型、事故工程、事故类别、事故等级、死亡人数、重伤人数、直接经济损失、事故原因、事故简要情况等。事故月报按附件 2 的格式填报。

⑥事故调查处理情况报告包括：负责事故调查的人民政府批复的事故调查报告、事故责任人处理情况等。

⑦水利生产安全事故等级划分按《生产安全事故报告和调查处理条例》第三条执行。

⑧较大涉险事故包括：涉险10人及以上的事故；造成3人及以上被困或者下落不明的事故；紧急疏散人员500人及以上的事故；危及重要场所和设施安全（电站、重要水利设施、危化品库、油气田和车站、码头、港口、机场及其他人员密集场所等）的事故；其他较大涉险事故。

⑨事故信息除通过信息系统报告外，还应依据有关法规规定，向有关政府及相关部门报告。

（2）事故发生单位按以下时限和方式报告事故信息：事故发生后，事故现场有关人员应当立即向本单位负责人电话报告；单位负责人接到报告后，在1小时内向主管单位和事故发生地县级以上水行政主管部门电话报告。其中，水利工程建设项目事故发生单位应立即向项目法人（项目部）负责人报告，项目法人（项目部）负责人应于1小时内向主管单位和事故发生地县级以上水行政主管部门报告。

部直属单位或者其下属单位（以下统称部直属单位）发生的生产安全事故信息，在报告主管单位同时，应于1小时内向事故发生地县级以上水行政主管部门报告。

（3）水行政主管部门按以下时限和方式报告事故信息：水行政主管部门接到事故发生单位的事故信息报告后，对特别重大、重大、较大和造成人员死亡的一般事故以及较大涉险事故信息，应当逐级上报至水利部。逐级上报事故情况，每级上报的时间不得超过2小时。

部直属单位发生的生产安全事故信息，应当逐级报告水利部。每级上报的时间不得超过2小时。

情况紧急时，事故现场有关人员可以直接向事故发生地县级以上水行政主管部门报告，水行政主管部门也可以越级上报。

（4）水行政主管部门按以下时限和方式电话快报事故信息：发生人员死亡的一般事故的，县级以上水行政主管部门接到报告后，在逐级上报的同时，应当在1小时内电话快报省级水行政主管部门，随后补报事故文字报告。省级水行政主管部门接到报告后，应当在1小时内电话快报水利部，随后补报事故文字报告。

发生特别重大、重大、较大事故的，县级以上水行政主管部门接到报告后，在逐级上报的同时，应当在1小时内电话快报省级水行政主管部门和水利部，随后补报事故文字报告。

部直属单位发生特别重大、重大、较大事故、人员死亡的一般事故的，在逐级上报的同时，应当在1小时内电话快报水利部，随后补报事故文字报告。

（5）对于不能立即认定为生产安全事故的，应当先按照本办法规定的信息报告内容、时限和方式报告，其后根据负责事故调查的人民政府批复的事故调查报告，及时补报有关事故定性和调查处理结果。

（6）事故报告后出现新情况，或事故发生之日起30日内（道路交通、火灾事故自发生之日起7日内）人员伤亡情况发生变化的，应当在变化当日及时补报。

（7）事故月报按以下时限和方式报告：水利生产经营单位、部直属单位应当通过信息系统将上月本单位发生的造成人员死亡、重伤（包括急性工业中毒）或者直接经济损失在

100 万元以上的水利生产安全事故和较大涉险事故情况逐级上报至水利部。省级水行政主管部门、部直属单位须于每月 6 日前，将事故月报通过信息系统报水利部安全监督司。

事故月报实行“零报告”制度，当月无生产安全事故也要按时报告。

（8）水利生产安全事故和较大涉险事故的信息报告应当及时、准确和完整。任何单位和个人对事故不得迟报、漏报、谎报和瞒报。

（9）2009 年水利部办公厅《关于完善水利行业生产安全事故快报和月报制度的通知》（办安监〔2009〕112 号）废止。

（四）信息处置

1. 基本信息

（1）上级水行政主管部门应对下级单位和工程基本信息进行审核，对信息缺项和错误的，应督促填报单位及时补齐、修正。

（2）各级水行政主管部门应督促本辖区的单位注册、单位和工程信息录入，每年对单位和工程情况进行复核，确保辖区内水利生产经营单位和规模以上工程 100% 纳入信息系统管理范围。

（3）各级水行政主管部门充分利用信息系统安全生产信息，在开展安全生产检查督查时，全面采用“不发通知、不打招呼、不听汇报、不要陪同接待，直奔基层、直插现场”的“四不两直”检查方式，及时发现安全生产隐患和非法违法生产情况，促进安全隐患的整改和安全管理的加强，切实提升安全检查质量。

2. 隐患信息

（1）各单位应当每月向从业人员通报事故隐患信息排查情况、整改方案、“五落实”情况、治理进展等情况。

（2）各级水行政主管部门应对上报的重大隐患信息进行督办跟踪，督促有关单位消除重大事故隐患。

（3）各级水行政主管部门应定期对隐患信息汇总统计，分析隐患整改率、重大隐患整改情况及存在的问题等，对本地区安全生产形势以及单位或工程安全状况进行判断分析，并提出相应的工作措施，确保安全生产。

3. 事故信息

（1）接到事故报告后，相关水行政主管部门应当立即启动生产安全事故应急预案，研究制定并组织实施相关处置措施，根据需要派出工作组或专家组，做好或协助做好事故处置有关工作。

（2）接到事故报告后，相关水行政主管部门应当派员赶赴事故现场：发生特别重大事故的，水利部负责人立即赶赴事故现场；发生重大事故的，水利部相关司局和省级水行政主管部门负责人立即赶赴事故现场；发生较大事故的，省级水行政主管部门和市级水行政主管部门负责人立即赶赴事故现场；发生人员死亡一般事故和较大涉险事故的，市级水行政主管部门负责人立即赶赴事故现场。发生其他一般事故的，县级水行政主管部门负责人立即赶赴事故现场。

部直属单位发生人员死亡生产安全事故或较大涉险事故的，事故责任单位负责人应当立即赶赴事故现场。水利部负责人或者相关司局负责人根据事故等级赶赴事故现场。

发生较大事故、一般事故和较大涉险事故，上级水行政主管部门认为必要的，可以派员赶赴事故现场。

（3）赶赴事故现场人员应当做好以下工作：指导和协助事故现场开展事故抢救、应急救援等工作；负责与有关部门的协调沟通；及时报告事故情况、事态发展、救援工作进展等有关情况。

（4）有关水行政主管部门依法参与或配合事故救援和调查处理工作。水利部对重大、较大事故处理进行跟踪督导，督促负责事故调查的地方人民政府按照“四不放过”原则严肃追究相关责任单位和责任人责任，将事故处理到位。相关水行政主管部门应当将负责事故调查的人民政府批复的事故调查报告逐级上报至水利部。

（5）各级水行政主管部门应当建立事故信息报告处置制度和内部流程，并向社会公布值班电话，受理事故信息报告和举报。

四、《水利部生产安全事故应急预案（试行）》

为了规范水利部生产安全事故应急管理，提高防范和应对生产安全事故的能力，水利部组织制定了《水利部生产安全事故应急预案（试行）》（水安监〔2016〕443号）（以下简称《预案》）。该预案包括总则、风险分级管控和隐患排查治理、信息报告和先期处置、水利部直属单位（工程）生产安全事故应急响应、地方水利工程生产安全事故应急响应、信息公开与舆情应对、后期处置、保障措施、培训与演练、附则等十部分内容。主要内容包括：

（一）《预案》总体要求

1. 工作原则

（1）以人为本，安全第一。把保障人民群众生命安全、最大程度地减少人员伤亡作为首要任务。

（2）属地为主，部门协调。按照国家有关规定，生产安全事故救援处置的领导和指挥以地方人民政府为主，水利部发挥指导、协调、督促和配合作用。

（3）分工负责，协同应对。综合监管与专业监管相结合，安全监督司负责统筹协调，各司局和单位按照业务分工负责，协同处置水利生产安全事故。

（4）专业指导，技术支撑。统筹利用行业资源，协调水利应急专家和专业救援队伍，为科学处置提供专业技术支持。

（5）预防为主，平战结合。建立健全安全风险分级管控和隐患排查治理双重预防性工作机制，坚持事故预防和应急处置相结合，加强教育培训、预测预警、预案演练和保障能力建设。

2. 事故分级

根据现行有关规定，生产安全事故分为特别重大事故、重大事故、较大事故和一般事故4个等级，分级标准如下。

（1）特别重大事故，是指造成30人以上死亡，或者100人以上重伤（包括急性工业中毒，下同），或者直接经济损失1亿元以上的事故。

（2）重大事故，是指造成10人以上30人以下死亡，或者50人以上100人以下重伤，或者直接经济损失5000万元以上1亿元以下的事故。

（3）较大事故，是指造成3人以上10人以下死亡，或者10人以上50人以下重伤，或者直接经济损失1000万元以上5000万元以下的事故。

（4）一般事故，是指造成3人以下死亡，或者3人以上10人以下重伤，或者直接经济损失100万元以上1000万元以下的事故。

较大涉险事故，是指发生涉险10人以上，或者造成3人以上被困或下落不明，或者需要紧急疏散500人以上，或者危及重要场所和设施（电站、重要水利设施、危化品库、油气田和车站、码头、港口、机场及其他人员密集场所）的事故。

3. 预案体系

本预案与以下应急预案、应急工作方案共同构成水利部生产安全事故应急预案体系：

（1）水利部直属单位针对负责的水利工程建设与运行活动编制的生产安全事故应急预案。

（2）水利部直属单位针对生产经营和后勤保障活动编制的生产安全事故应急预案。

（3）水利部有关司局针对各自业务领域组织编制的生产安全事故专业（专项）应急工作方案。

上述预案、工作方案以及省级水行政主管部门生产安全事故应急预案应与本预案相衔接，按照相关规定做好评审备案工作，并应及时进行动态调整修订。

有关直属单位（工程）生产安全事故应急预案、有关业务司局应急工作方案应向安全监督司备案，并应在本预案启动时相应启动。

（二）风险分级管控和隐患排查治理

1. 风险分级管控

各地、各单位应按照水利行业特点和多年工作实际，参照《企业职工伤亡事故分类》（GB 6441—86）的相关规定，分析事故风险易发领域和事故风险类型，及时对各类风险分级并加强管控。

水利部直属单位和地方水利工程的建设与运行管理单位应对重大危险源做好登记建档，实施安全风险差异化动态管理，明确落实每一处重大危险源的安全管理与监管责任，定期检测、评估、监控，制定应急预案，告知从业人员和相关人员在紧急情况下应当采取的应急措施，报备地方人民政府有关部门。

水利部有关司局、单位应加强部直属单位（工程）重大危险源监管，及时掌握和发布安全生产风险动态。

县级以上地方各级水行政主管部门应加强本行政区域内重大危险源监管，及时掌握和发布安全生产风险动态。

2. 预警

（1）发布预警。水利部直属单位对可能引发事故的险情信息应及时报告上级主管部门及当地人民政府；地方水利工程的建设与运行管理单位对可能引发事故的险情信息应及时报告所在地水行政主管部门及当地人民政府。预警信息由地方人民政府按照有关规定发布。

（2）预警行动。事故险情信息报告单位应及时组织开展应急准备工作，密切监控事故险情发展变化，加强相关重要设施设备检查和工程巡查，采取有效措施控制事态发展。

有关水利主管部门或地方人民政府应视情况制定预警行动方案，组织有关单位采取有效应急处置措施，做好应急资源调运准备。

（3）预警终止。当险情得到有效控制后，由预警信息发布单位宣布解除预警。

3. 隐患排查治理

水利部直属单位和地方水利工程的建设与运行管理单位应建立事故隐患排查治理制度，定期开展工程设施巡查监测和隐患排查，建立隐患清单；对发现的安全隐患，第一时间组织开展治理，及时消除隐患；对于情况复杂、不能立即完成治理的隐患，必须逐级落实责任部门和责任人，做好应急防护措施，制定周密方案限期消除。

安全监督司和有关业务司局应督促部直属单位消除重大事故隐患；县级以上地方各级水行政主管部门应督促生产经营单位消除重大事故隐患。

（三）信息报告和先期处置

1. 事故信息报告

（1）报告方式。事故报告方式分快报和书面报告。

（2）报告程序和时限。水利部直属单位（工程）或地方水利工程发生重特大事故，各单位应力争20分钟内快报、40分钟内书面报告水利部；水利部在接到事故报告后30分钟内快报、1小时内书面报告国务院总值班室。

水利部直属单位（工程）发生较大生产安全事故和有人员死亡的一般生产安全事故、地方水利工程发生较大生产安全事故，应在事故发生1小时内快报、2小时内书面报告至安全监督司。

接到国务院总值班室要求核报的信息，电话反馈时间不得超过30分钟，要求报送书面信息的，反馈时间不得超过1小时。各单位接到水利部要求核报的信息，应通过各种渠道迅速核实，按照时限要求反馈相关情况。原则上，电话反馈时间不得超过20分钟，要求报送书面信息的，反馈时间不得超过40分钟。

事故报告后出现新情况的，应按有关规定及时补报相关信息。

除上报水行政主管部门外，各单位还应按照相关法律法规将事故信息报告地方政府及其有关部门。

（3）报告内容和要求。

①快报。快报可采用电话、手机短信、微信、电子邮件等多种方式，但须通过电话确认。

快报内容应包含事故发生单位名称、地址、负责人姓名和联系方式，发生时间、具体地点，已经造成的伤亡、失踪、失联人数和损失情况，可视情况附现场照片等信息资料。

②书面报告。书面报告内容应包含事故发生单位概况，发生单位负责人和联系人姓名

及联系方式，发生时间、地点以及事故现场情况，发生经过，已经造成伤亡、失踪、失联人数，初步估计的直接经济损失，已经采取的应对措施，事故当前状态以及其他应报告的情况。

（4）报告受理。

联系方式：

电话：010－63202048；传真：010－63205273；

电子邮箱：anquan@ mwr. gov. cn。

备用联系方式：

电话：010－63203069；传真：010－63203070。

安全监督司负责受理全国水利生产安全事故信息。办公厅、有关司局和单位收到有关单位报告的事故信息后，应立即告知安全监督司。

2. 先期处置

水利部接到生产安全事故或较大涉险事故信息报告后，安全监督司和有关司局、单位应做好以下先期处置工作：

（1）安全监督司立即会同有关司局、单位核实事故情况，预判事故级别，根据事故情况及时报告部领导，提出响应建议。

（2）安全监督司及时畅通水利部与事故发生单位、有关主管部门和地方人民政府的联系渠道，及时沟通有关情况。

（3）及时收集掌握相关信息，做好信息汇总与传递，跟踪事故发展态势。

（4）对于重特大生产安全事故，安全监督司通知有关应急专家、专业救援队伍进入待命状态。

（5）其他需要开展的先期处置工作。

（四）水利部直属单位（工程）生产安全事故应急响应

1. 应急响应分级

根据水利生产安全事故级别和发展态势，将水利部应对部直属单位（工程）生产安全事故应急响应设定为一级、二级、三级三个等级。

（1）发生特别重大生产安全事故，启动一级应急响应；

（2）发生重大生产安全事故，启动二级应急响应；

（3）发生较大生产安全事故，启动三级应急响应。

水利部直属单位（工程）发生一般生产安全事故或较大涉险事故，由安全监督司会同相关业务司局、单位跟踪事故处置进展情况，通报事故处置信息。

2. 一级应急响应

（1）启动响应。判断水利部直属单位（工程）发生特别重大生产安全事故时，安全监督司报告部长和分管安全生产副部长；水利部立即召开紧急会议，通报事故基本情况，审定应急响应级别，启动一级响应，响应流程图见附录3。

（2）成立应急指挥部。成立水利部生产安全事故应急指挥部（以下简称应急指挥部），领导生产安全事故的应急响应工作。应急指挥部组成：

指挥长：水利部部长

副指挥长：水利部分管安全生产的副部长和分管相关业务的副部长、事故发生地人民政府分管领导

成员：水利部安全生产领导小组成员单位主要负责人或主持工作的负责人、事故发生地相关部门负责人

指挥长因公不在国内时，按照水利部工作规则，由主持工作的副部长行使指挥长职责。

应急指挥部下设办公室，办公室设在安全监督司。应急组织体系见附录3。

（3）会商研究部署。应急指挥部组织有关成员单位和地方相关部门召开会商会议，通报事故态势和现场处置情况，研究部署事故应对措施。

（4）派遣现场工作组。组成现场应急工作组，立即赶赴事故现场指导协调直属单位开展应急处置工作。现场应急工作组组长由水利部部长或委托副部长担任；组员由安全监督司、相关业务司局或单位负责人、地方相关部门负责人以及专家组成。根据需要，现场应急工作组下设综合协调、技术支持、信息处理和保障服务等小组。

现场应急工作组应及时传达上级领导指示，迅速了解事故情况和现场处置情况，及时向指挥部汇报事故处置进展情况。

（5）跟踪事态进展。应急指挥部办公室与地方人民政府、有关主管部门和事故发生单位等保持24小时通信畅通，接收、处理、传递事故信息和救援进展情况，定时报告事故态势和处置进展情况。

（6）调配应急资源。根据需要，应急指挥部办公室统筹调配应急专家、专业救援队伍和有关物资、器材等。

（7）及时发布信息。办公厅会同地方人民政府立即组织开展事故舆情分析工作，及时组织发布生产安全事故相关信息。

（8）配合国务院或有关部门开展工作。国务院或国务院有关部门派出工作组指导事故处置时，现场应急工作组应主动配合做好调查工作，加强沟通衔接，及时向水利部应急指挥部报告国务院或国务院有关部门的要求和意见。

（9）其他应急工作。配合有关单位或部门做好技术甄别工作等。

（10）响应终止。当事故应急工作基本结束时，现场应急工作组适时提出应急响应终止的建议，报应急指挥部或分管安全生产的副部长批准后，应急响应终止。

3. 二级应急响应

（1）启动响应。判断水利部直属单位（工程）发生重大生产安全事故时，安全监督司报告部长和分管安全生产副部长；水利部立即召开紧急会议，通报事故基本情况，审定应急响应级别，启动二级响应，响应流程图见附录3。

（2）成立应急指挥部。成立应急指挥部，领导生产安全事故的应急响应工作。应急指挥部组成如下：

指挥长：水利部分管安全生产的副部长或分管相关业务的副部长

副指挥长：安全监督司司长、相关业务司（局）司（局）长、事故发生地人民政府分管领导

成员：水利部安全生产领导小组成员单位主要负责人或主持工作的负责人、事故发生地相关部门负责人

应急指挥部下设办公室，办公室设在安全监督司。应急组织体系见附录3。

（3）会商研究部署。应急指挥部组织有关成员单位召开会商会议，通报事故态势和现场处置情况，研究部署事故应对措施。

（4）派遣现场工作组。组成现场应急工作组，立即赶赴事故现场指导协调直属单位开展应急处置工作。现场应急工作组组长由副部长或安全监督司、相关业务司（局）的司（局）长担任；组员由相关业务司（局）或单位负责人、地方相关部门负责人以及专家组成。根据需要，现场应急工作组下设综合协调、技术支持、信息处理和保障服务等小组。

现场应急工作组应及时传达上级领导指示，迅速了解事故情况和现场处置情况，及时向指挥部汇报事故处置进展情况。

（5）跟踪事态进展。应急指挥部办公室与地方人民政府、有关主管部门和事故发生单位等保持通信畅通，接收、处理、传递事故信息和救援进展情况，及时报告事故态势和处置进展情况。

（6）调配应急资源。根据需要，应急指挥部办公室统筹调配应急专家、专业救援队伍和有关物资、器材等。

（7）及时发布信息。办公厅会同地方人民政府组织开展事故舆情分析工作，组织发布生产安全事故相关信息。

（8）配合国务院或有关部门开展工作。国务院或国务院有关部门派出工作组指导事故处置时，现场应急工作组应主动配合做好调查工作，加强沟通衔接，及时向水利部应急指挥部报告应急处置工作进展情况。

（9）其他应急工作。配合有关单位或部门做好技术甄别工作等。

（10）响应终止。当事故应急工作基本结束时，现场应急工作组适时提出应急响应终止的建议，报应急指挥部或分管安全生产的副部长批准后，应急响应终止。

4. 三级应急响应

（1）启动响应。判断水利部直属单位（工程）发生较大生产安全事故时，安全监督司报告分管安全生产副部长；安全监督司会同有关司局、单位应急会商，通报事故基本情况，启动三级响应。

（2）派遣现场工作组。组成现场应急工作组，赴事故现场指导协调直属单位开展应急处置工作。现场应急工作组组长由安全监督司、相关业务司局的司（局）长或副司（局）长担任；组员由安全监督司、相关业务司（局）或单位人员、地方相关部门人员以及专家组成。

现场应急工作组应及时传达上级领导指示，迅速了解事故情况和现场处置情况。

（3）跟踪事态进展。安全监督司应及时掌握事故信息和救援进展情况。

（4）其他应急工作。配合有关单位或部门做好技术甄别工作等。

（5）响应终止。当事故应急工作基本结束时，现场应急工作组适时提出应急响应终止的建议，报安全监督司批准后，应急响应终止。

（五）地方水利工程生产安全事故应急响应

1. 应急响应分级

根据水利生产安全事故级别和发展态势，将水利部应对地方水利工程生产安全事故应急响应设定为一级、二级、三级三个等级。

（1）发生特别重大生产安全事故，启动一级应急响应；

（2）发生重大生产安全事故，启动二级应急响应；

（3）发生较大生产安全事故，启动三级应急响应。

地方水利工程发生一般生产安全事故或较大涉险事故，由安全监督司会同相关业务司局、单位跟踪事故处置进展情况，通报事故处置信息。

2. 一级应急响应

（1）启动响应。判断地方水利工程发生特别重大生产安全事故时，安全监督司报告部长和分管安全生产的副部长；水利部召开紧急会议，通报事故基本情况，启动一级响应，研究部署水利部应对事故措施，响应流程见附录3。

（2）派遣现场工作组。组成现场应急工作组，赴事故现场协助配合地方人民政府、有关主管部门以及事故发生单位开展处置工作。现场应急工作组组长由部领导或委托安全监督司、相关业务司（局）的司（局）长担任；组员由安全监督司、相关业务司（局）或单位负责人、地方人民政府分管领导以及专家组成。根据需要，现场应急工作组下设综合协调、技术支持、信息处理和保障服务等小组。

现场应急工作组应及时传达上级领导指示，迅速了解事故情况和现场处置情况，及时向部领导汇报事故处置进展情况。

（3）跟踪事态进展。安全监督司与地方人民政府、有关主管部门和事故发生单位等保持24小时通信畅通，接收、处理、传递事故信息和救援进展情况，定时报告事故态势和处置进展情况。

（4）调配应急资源。根据需要，安全监督司协调水利应急专家、专业救援队伍和有关专业物资、器材等支援事故救援工作。

（5）舆情分析。办公厅会同地方人民政府及时组织开展事故舆情分析工作。

（6）配合国务院或有关部门开展工作。国务院或国务院有关部门派出工作组指导事故处置时，现场应急工作组应主动配合做好调查工作，加强沟通衔接，及时向水利部报告应急处置工作进展情况。

（7）其他应急工作。配合有关单位或部门做好技术甄别工作等。

（8）响应终止。当事故应急工作基本结束时，现场应急工作组适时提出应急响应终止的建议，报水利部批准后，应急响应终止。

3. 二级应急响应

（1）启动响应。判断地方水利工程发生重大生产安全事故时，安全监督司报告部长和分管安全生产副部长，水利部召开应急会议，通报事故基本情况，启动二级响应，响应流程见附录3。

（2）派遣现场工作组。组成现场应急工作组，赴事故现场协助配合地方人民政府、有关主管部门以及事故发生单位开展处置工作。现场应急工作组组长由安全监督司、相关业务司（局）的司（局）长担任；组员由安全监督司、相关业务司（局）或单位负责人、地方相关部门负责人以及专家组成。根据需要，现场应急工作组下设综合协调、技术支持、信息处理和保障服务等小组。

现场应急工作组应及时传达上级领导指示，迅速了解事故情况和现场处置情况，及时向部领导汇报事故处置进展。

（3）跟踪事态进展。安全监督司与地方人民政府、有关主管部门和事故发生单位等保持通信畅通，接收、处理、传递事故信息救援进展情况，定时报告事故态势和处置进展情况。

（4）调配应急资源。根据需要，安全监督司协调水利应急专家、专业救援队伍和有关专业物资、器材等支援事故救援工作。

（5）其他应急工作。配合有关单位或部门做好技术甄别工作等。

（6）响应终止。当事故应急工作基本结束时，现场应急工作组适时提出应急响应终止的建议，报水利部批准后，应急响应终止。

4. 三级应急响应

（1）启动响应。判断地方水利工程发生较大生产安全事故时，安全监督司会同有关司局、单位应急会商，通报事故基本情况，启动三级响应。

（2）派遣现场工作组。根据事故情况，安全监督司商有关司局、单位组成现场应急工作组，赴事故现场开展协助配合工作。现场应急工作组组长由安全监督司、相关业务司局副司（局）长担任；组员由安全监督司或相关业务司局人员、地方相关部门人员以及专家组成。

（3）跟踪事态进展。安全监督司与地方人民政府、有关主管部门和事故发生单位等保持通信畅通，接收、处理事故信息和救援进展情况，及时将有关情况和水利部应对措施建议报告分管安全生产的副部长。

（4）其他应急工作。配合有关单位或部门做好技术甄别工作等。

（5）响应终止。当事故应急工作基本结束时，现场应急工作组适时提出应急响应终止的建议，报安全监督司批准后，应急响应终止。

（六）信息公开与舆情应对

1. 信息发布

对于直属单位（工程）发生的重特大生产安全事故，办公厅会同地方人民政府有关部门及时跟踪社会舆情态势，及时组织向社会发布有关信息。

2. 舆情应对

办公厅、有关司局和单位会同地方人民政府，采取适当方式，及时回应生产安全事故引发的社会关切。

（七）后期处置

1. 善后处置

直属单位（工程）发生生产安全事故的，安监司会同相关司局指导直属单位做好伤残抚恤、修复重建和生产恢复工作。

地方发生生产安全事故的，按照有关法律法规规定由地方人民政府处置。

2. 应急处置总结

安全监督司会同有关司局和单位对事故基本情况、事故信息接收处理与传递报送情况、应急处置组织与领导、应急预案执行情况、应急响应措施及实施情况、信息公开与舆情应对情况进行梳理分析，总结经验教训，提出相关建议并形成总结报告。

（八）保障措施

1. 信息与通信保障

水利部水利信息中心和有关单位应为应急响应工作提供信息畅通相关支持。相关司局和单位的工作人员在水利生产安全事故应急响应期间应保持通信畅通。

各地、各单位应保持应急期间通信畅通，在正常通信设备不能工作时，迅速抢修损坏的通信设施，启用备用应急通信设备，为本预案实施提供通信保障。

2. 人力资源保障

安全监督司应会同建设管理与质量安全中心加强水利生产安全事故应急专家库的建设与管理工作。专家库中应包括从事科研、勘察、设计、施工、监理、安全监督等工作的技术人员，应保持与专家的及时沟通，充分发挥专家的技术支撑作用。

应充分依托和发挥所在地和水利部现有专业救援队伍的作用，加强专业救援队伍救援能力建设，做到专业过硬、作风优良、服从指挥、机动灵活。

各地、各单位应建立地方应急救援协作机制，充分发挥中国人民解放军应急救援力量的作用，为本预案实施提供人力资源保障。

3. 应急经费保障

财务司、安全监督司根据需求安排年度应急管理经费，用于水利部应对生产安全事故、应急培训、预案宣传演练等工作。

各地、各单位应积极争取应急管理经费安排，用于应对生产安全事故、应急培训、预案宣传演练等工作。

4. 物资与装备保障

各地、各单位应根据有关法律、法规和专项应急预案的规定，组织工程有关施工单位配备适量应急机械、设备、器材等物资装备，配齐救援物资，配好救援装备，做好生产安全事故应急救援必需保护、防护器具储备工作；建立应急物资与装备管理制度，加强应急物资与装备的日常管理。

各地、各单位生产安全事故应急预案中应包含与地方公安、消防、卫生以及其他社会资源的调度协作方案，为第一时间开展应急救援提供物资与装备保障。

（九）培训与演练

1. 预案培训

安全监督司应将本预案培训纳入安全生产培训工作计划，定期组织举办应急预案培训工作，指导各单位定期组织应急预案、应急知识、自救互救和避险逃生技能的培训活动。

2. 预案演练

本预案应定期演练，确保相关工作人员了解应急预案内容和生产安全事故避险、自救互救知识，熟悉应急职责、应急处置程序和措施。各单位应及时对演练效果进行总结评估，查找、分析预案存在的问题并及时改进。

第四节　水利水电工程建设有关管理规定

一、《中华人民共和国防汛条例》

（一）防汛与抢险的基本责任

为了做好防汛抗洪工作，保障人民生命财产安全和经济建设的顺利进行，根据《中华人民共和国水法》，1991 年 6 月 28 日国务院第八十七次常务会议通过了《中华人民共和国防汛条例》，这是新中国第一部管理防汛工作的法规，标志着我国防汛管理步入了法制化轨道。但是，随着社会经济的发展和防汛抗洪实际工作的要求，《中华人民共和国防汛条例》存在的问题和局限性也逐渐显现出来，国务院对《中华人民共和国防汛条例》进行了修改，2005 年 7 月 15 日国务院发布了《关于修改〈中华人民共和国防汛条例〉的决定》（国务院令第 441 号，以下简称《防汛条例》）并于发布之日起施行。该条例分为总则、防汛组织、防汛准备、防汛与抢险、善后工作、防汛经费、奖励与罚则、附则等 8 章共49 条。

《防汛条例》规定，防汛工作实行“安全第一，常备不懈，以防为主，全力抢险”的方针，遵循团结协作和局部利益服从全局利益的原则。防汛工作实行各级人民政府行政首长负责制，实行统一指挥，分级分部门负责。各有关部门实行防汛岗位责任制。任何单位和个人都有参加防汛抗洪的义务。中国人民解放军和武装警察部队是防汛抗洪的重要力量。

《防汛条例》第 23 条规定：“省级人民政府防汛指挥部，可以根据当地的洪水规律，规定汛期起止日期。当江河、湖泊、水库的水情接近保证水位或者安全流量时，或者防洪工程设施发生重大险情，情况紧急时，县级以上地方人民政府可以宣布进入紧急防汛期，并报告上级人民政府防汛指挥部。”汛期是指江河、湖泊中每年出现汛水的期间。汛是指江河、湖泊中每年季节性或周期性的涨水现象。保证水位是指保证江河、湖泊、水库在汛期安全运用的上限水位。相应保证水位时的流量称为安全流量。警戒水位是指江河、湖泊的水位在汛期上涨可能出现险情之前而必须开始警戒并准备防汛工作时的水位。

《防汛条例》第 27 条规定：“在汛期，河道、水库、水电站、闸坝等水工程管理单位必须按照规定对水工程进行巡查，发现险情，必须立即采取抢护措施，并及时向防汛指挥部和上级主管部门报告。其他任何单位和个人发现水工程设施出现险情，应当立即向防汛指挥部和水工程管理单位报告。”

《防汛条例》第32条规定：“在紧急防汛期，为了防汛抢险需要，防汛指挥部有权在其管辖范围内，调用物资、设备、交通运输工具和人力，事后应当及时归还或者给予适当补偿。因抢险需要取土占地、砍伐林木、清除阻水障碍物的，任何单位和个人不得阻拦。

前款所指取土占地、砍伐林木的，事后应当依法向有关部门补办手续。”

《防汛条例》第33条规定：“当河道水位或者流量达到规定的分洪、滞洪标准时，有管辖权的人民政府防汛指挥部有权根据经批准的分洪、滞洪方案，采取分洪、滞洪措施。采取上述措施对毗邻地区有危害的，须经有管辖权的上级防汛指挥机构批准，并事先通知有关地区。

在非常情况下，为保护国家确定的重点地区和大局安全，必须作出局部牺牲时，在报经有管辖权的上级人民政府防汛指挥部批准后，当地人民政府防汛指挥部可以采取非常紧急措施。

实施上述措施时，任何单位和个人不得阻拦，如遇到阻拦和拖延时，有管辖权的人民政府有权组织强制实施。”分洪和滞洪措施通常是指利用低洼地或在湖泊修筑圩堤分泻或分蓄河道超标准洪水的措施。

对于违反上述规定的行为，《防汛条例》第43条规定：“有下列行为之一者，视情节和危害后果，由其所在单位或者上级主管机关给予行政处分；应当给予治安管理处罚的，依照《中华人民共和国治安管理处罚条例》的规定处罚；构成犯罪的，依法追究刑事责任：

（一）拒不执行经批准的防御洪水方案、洪水调度方案，或者拒不执行有管辖权的防汛指挥机构的防汛调度方案或者防汛抢险指令的；

（二）玩忽职守，或者在防汛抢险的紧要关头临阵逃脱的；

（三）非法扒口决堤或者开闸的；

（四）挪用、盗窃、贪污防汛或者救灾的钱款或者物资的；

（五）阻碍防汛指挥机构工作人员依法执行职务的；

（六）盗窃、毁损或者破坏堤防、护岸、闸坝等水工程建筑物和防汛工程设施以及水文监测、测量设施、气象测报设施、河岸地质监测设施、通信照明设施的；

（七）其他危害防汛抢险工作的。”

《防汛条例》第44条规定：“违反河道和水库大坝的安全管理，依照《中华人民共和国河道管理条例》和《水库大坝安全管理条例》的有关规定处理。”

（二）防汛组织的基本要求

《防汛条例》第6条规定：“国务院设立国家防汛总指挥部，负责组织领导全国的防汛抗洪工作，其办事机构设在国务院水行政主管部门。

长江和黄河，可以设立由有关省、自治区、直辖市人民政府和该江河的流域管理机构（以下简称流域机构）负责人等组成的防汛指挥机构，负责指挥所辖范围的防汛抗洪工作，其办事机构设在流域机构。长江和黄河的重大防汛抗洪事项须经国家防汛总指挥部批准后执行。国务院水行政主管部门所属的淮河、海河、珠江、松花江、辽河、太湖等流域机构，设立防汛办事机构，负责协调本流域的防汛日常工作。”

《防汛条例》第7条规定：“有防汛任务的县级以上地方人民政府设立防汛指挥部，由有关部门、当地驻军、人民武装部负责人组成，由各级人民政府首长担任指挥。各级人民政府防汛指挥部在上级人民政府防汛指挥部和同级人民政府的领导下，执行上级防汛指令，制订各项防汛抗洪措施，统一指挥本地区的防汛抗洪工作。”防汛减灾工作是一项社会性的公益事业，也是一项非常复杂的系统工程，需要各级政府对其实施有效的社会管理，因此，《防汛条例》明确规定，有防汛任务的县级以上地方人民政府设立防汛指挥部，明确了防汛指挥部的政府职能，同时明确了防汛紧急情况下各部门各单位的职责。对防汛抗洪工作实行统一领导、统一指挥、统一调度是夺取防洪抗灾胜利的最基本条件，防汛指挥部必须具有很强的权威性。《防汛条例》规定了防汛抗洪工作实行各级人民政府行政首长负责制，这是防汛抗洪必须具备的组织保证。《防洪法》第38条规定：“防汛抗洪工作实行各级人民政府行政首长负责制，统一指挥、分级分部门负责”。所以，防汛工作责任制必须依法严格执行，并贯穿到防汛工作的全过程。

《防汛条例》第8条规定：“石油、电力、邮电、铁路、公路、航运、工矿以及商业、物资等有防汛任务的部门和单位，汛期应当设立防汛机构，在有管辖权的人民政府防汛指挥部统一领导下，负责做好本行业和本单位的防汛工作。”

《防汛条例》第9条规定：“河道管理机构、水利水电工程管理单位和江河沿岸在建工程的建设单位，必须加强对所辖水工程设施的管理维护，保证其安全正常运行，组织和参加防汛抗洪工作。”

《防汛条例》第42条规定：“有下列事迹之一的单位和个人，可以由县级以上人民政府给予表彰或者奖励：

（一）在执行抗洪抢险任务时，组织严密，指挥得当，防守得力，奋力抢险，出色完成任务者；

（二）坚持巡堤查险，遇到险情及时报告，奋力抗洪抢险，成绩显著者；

（三）在危险关头，组织群众保护国家和人民财产，抢救群众有功者；

（四）为防汛调度、抗洪抢险献计献策，效益显著者；

（五）气象、雨情、水情测报和预报准确及时，情报传递迅速，克服困难，抢测洪水，因而减轻重大洪水灾害者；

（六）及时供应防汛物料和工具，爱护防汛器材，节约经费开支，完成防汛抢险任务成绩显著者；

（七）有其他特殊贡献，成绩显著者。”

（三）防汛准备工作的基本要求

《防汛条例》第11条规定：“有防汛任务的县级以上人民政府，应当根据流域综合规划、防洪工程实际状况和国家规定的防洪标准，制订防御洪水方案（包括对特大洪水的处置措施）。

长江、黄河、淮河、海河的防御洪水方案，由国家防汛总指挥部制订，报国务院批准后施行；跨省、自治区、直辖市的其他江河的防御洪水方案，有关省、自治区、直辖市人民政府制订后，经有管辖权的流域机构审查同意，由省、自治区、直辖市人民政府报国务院或其授权的机构批准后施行。

有防汛抗洪任务的城市人民政府，应当根据流域综合规划和江河的防御洪水方案，制订本城市的防御洪水方案，报上级人民政府或其授权的机构批准后施行。

防御洪水方案经批准后，有关地方人民政府必须执行。”

《防汛条例》第12条规定：“有防汛任务的地方，应当根据经批准的防御洪水方案制订洪水调度方案。长江、黄河、淮河、海河（海河流域的永定河、大清河、漳卫南运河和北三河）、松花江、辽河、珠江和太湖流域的洪水调度方案，由有关流域机构会同有关省、自治区、直辖市人民政府制订，报国家防汛总指挥部批准。跨省、自治区、直辖市的其他江河的洪水调度方案，由有关流域机构会同有关省、自治区、直辖市人民政府制订，报流域防汛指挥机构批准；没有设立流域防汛指挥机构的，报国家防汛总指挥部批准。其他江河的洪水调度方案，由有管辖权的水行政主管部门会同有关地方人民政府制订，报有管辖权的防汛指挥机构批准。

洪水调度方案经批准后，有关地方人民政府必须执行。修改洪水调度方案，应当报经原批准机关批准。”洪水调度方案是规范防汛抗洪工作程序，有效防控、科学防洪，实施洪水管理的具体措施。洪水调度方案要与防御洪水方案所确定的目标、原则和总体对策一致，要具体，具有可操作性。

《防汛条例》第13条规定：“有防汛抗洪任务的企业应当根据所在流域或者地区经批准的防御洪水方案和洪水调度方案，规定本企业的防汛抗洪措施，在征得其所在地县级人民政府水行政主管部门同意后，由有管辖权的防汛指挥机构监督实施。”

《防汛条例》第14条规定：“水库、水电站、拦河闸坝等工程的管理部门，应当根据工程规划设计、经批准的防御洪水方案和洪水调度方案以及工程实际状况，在水利服从防洪，保证安全的前提下，制定汛期调度运用计划，经上级主管部门审查批准后，报有管辖权的人民政府防汛指挥部备案，并接受其监督。汛期调度运用计划经批准后，由水库、水电站、拦河闸坝等工程的管理部门负责执行。”

《防汛条例》第15条规定：“各级防汛指挥部应当在汛前对各类防洪设施组织检查，发现影响防洪安全的问题，责成责任单位在规定的期限内处理，不得贻误防汛抗洪工作。各有关部门和单位按照防汛指挥部的统一部署，对所管辖的防洪工程设施进行汛前检查后，必须将影响防洪安全的问题和处理措施报有管辖权的防汛指挥部和上级主管部门，并按照该防汛指挥部的要求予以处理。”

《防汛条例》第21条规定：“各级防汛指挥部应当储备一定数量的防汛抢险物资，由商业、供销、物资部门代储的，可以支付适当的保管费。受洪水威胁的单位和群众应当储备一定的防汛抢险物料。

防汛抢险所需的主要物资，由计划主管部门在年度计划中予以安排。”

对于拒不执行经批准的防御洪水方案、洪水调度方案，或者拒不执行有管辖权的防汛指挥机构的防汛调度方案或者防汛抢险指令的，《防汛条例》第43条规定：“视情节和危害后果，由其所在单位或者上级主管机关给予行政处分；应当给予治安管理处罚的，依照《中华人民共和国治安管理处罚条例》的规定处罚；构成犯罪的，依法追究刑事责任。”

二、《中华人民共和国河道管理条例》

（一）河道整治与建设的基本规定

为加强河道管理，保障防洪安全，发挥江河湖泊的综合效益，根据《中华人民共和国水法》，国务院于1988年6月10日颁发了《中华人民共和国河道管理条例》（国务院令第3号，以下简称《河道管理条例》）自公布之日起施行。该条例分总则、河道整治与建设、河道保护、河道清障、经费、罚则和附则共7章51条。《河道管理条例》适用于中华人民共和国领域内的河道（包括湖泊、人工水道、行洪区、蓄洪区、滞洪区）。河道内的航道，同时适用《中华人民共和国航道管理条例》。《河道管理条例》强调“开发利用江河湖泊水资源和防治水害，应当全面规划、统筹兼顾、综合利用、讲求效益，服从防洪的总体安排，促进各项事业的发展。”

河道是供江河湖泊水流流通的通道和载体。河道的管理范围分为，有堤防的河道，其管理范围为两岸堤防之间的水域、沙洲、滩地（包括可耕地）、行洪区，两岸堤防及护堤地。无堤防的河道，其管理范围根据历史最高洪水位或者设计洪水位确定。河道的具体管理范围，由县级以上地方人民政府负责划定。河道整治与建设的总体要求是，河道的整治与建设应当服从流域综合规划，符合国家规定的防洪标准、通航标准和其他有关技术要求，维护堤防安全，保持河势稳定和行洪、航运通畅。

《河道管理条例》第11条规定：“建开发水利、防治水害、整治河道的各类工程和跨河、穿河、穿堤、临河的桥梁、码头、道路、渡口、管道、缆线等建筑物及设施，建设单位必须按照河道管理权限，将工程建设方案报送河道主管机关审查同意后，方可按照基本建设程序履行审批手续。建设项目经批准后，建设单位应当将施工安排告知河道主管机关。”关于河道管理权限，《河道管理条例》规定：“国家对河道实行按水系统一管理和分级管理相结合的原则。长江、黄河、淮河、海河、珠江、松花江、辽河等大江大河的主要河段，跨省、自治区、直辖市的重要河段，省、自治区、直辖市之间的边界河道以及国境边界河道，由国家授权的江河流域管理机构实施管理，或者由上述江河所在省、自治区、直辖市的河道主管机关根据流域统一规划实施管理。其他河道由省、自治区、直辖市或者市、县的河道主管机关实施管理。”

《河道管理条例》第12条规定：“修建桥梁、码头和其他设施，必须按照国家规定的防洪标准所确定的河宽进行，不得缩窄行洪通道。桥梁和栈桥的梁底必须高于设计洪水位，并按照防洪和航运的要求，留有一定的超高。设计洪水位由河道主管机关根据防洪规划确定。跨越河道的管道、线路的净空高度必须符合防洪和航运的要求。”设计洪水位系指根据防洪标准分析计算与该标准相应的洪水位。防洪标准是指根据防洪保护对象的重要性和经济合理性而由国家确定的防御洪水的标准，通常采用洪水的重现期（N）或出现频率（P%）表示。

《河道管理条例》第 13 条规定：“交通部门进行航道整治，应当符合防洪安全要求，并事先征求河道主管机关对有关设计和计划的意见。水利部门进行河道整治，涉及航道的，应当兼顾航运的需要，并事先征求交通部门对有关设计和计划的意见。

在国家规定可以流放竹木的河流和重要的渔业水域进行河道、航道整治，建设单位应当兼顾竹木水运和渔业发展的需要，并事先将有关设计和计划送同级林业、渔业主管部门征求意见。”河道整治是指采取各种治理措施改善河道边界条件及水流流态以满足人类各项工作的需要。

《河道管理条例》第 14 条规定：“堤防上已修建的涵闸、泵站和埋设的穿堤管道、缆线等建筑物及设施，河道主管机关应当定期检查，对不符合工程安全要求的，限期改建。

在堤防上新建前款所指建筑物及设施，必须经河道主管机关验收合格后方可启用，并服从河道主管机关的安全管理。”

《河道管理条例》第 18 条规定：“河道清淤和加固堤防取土以及按照防洪规划进行河道整治需要占用的土地，由当地人民政府调剂解决。因修建水库、整治河道所增加的可利用土地，属于国家所有，可以由县级以上人民政府用于移民安置和河道整治工程。”防洪规划是指为防治某河流或某沿河地区的洪水灾害而制定的工程措施与非工程措施总体计划。

《河道管理条例》第 25 条规定：“在河道管理范围内进行下列活动，必须报经河道主管机关批准；涉及其他部门的，由河道主管机关会同有关部门批准：

（一）采砂、取土、淘金、弃置砂石或者淤泥；

（二）爆破、钻探、挖筑鱼塘；

（三）在河道滩地存放物料、修建厂房或者其他建筑设施；

（四）在河道滩地开采地下资源及进行考古发掘。”

（二）违反《河道管理条例》的处罚规定

《河道管理条例》第 44 条规定：“违反本条例规定，有下列行为之一的，县级以上地方人民政府河道主管机关除责令其纠正违法行为、采取补救措施外，可以并处警告、罚款、没收非法所得；对有关责任人员，由其所在单位或者上级主管机关给予行政处分；构成犯罪的，依法追究刑事责任：

（一）在河道管理范围内弃置、堆放阻碍行洪物体的；种植阻碍行洪的林木或者高杆植物的；修建围堤、阻水渠道、阻水道路的；

（二）在堤防、护堤地建房、放牧、开渠、打井、挖窖、葬坟、晒粮、存放物料、开采地下资源、进行考古发掘以及开展集市贸易活动的；

（三）未经批准或者不按照国家规定的防洪标准、工程安全标准整治河道或者修建水工程建筑物和其他设施的；

（四）未经批准或者不按照河道主管机关的规定在河道管理范围内采砂、取土、淘金、弃置砂石或者淤泥、爆破、钻探、挖筑鱼塘的；

（五）未经批准在河道滩地存放物料、修建厂房或者其他建筑设施，以及开采地下资源或者进行考古发掘的；

（六）违反本条例第 27 条的规定，围垦湖泊、河流的；

（七）擅自砍伐护堤护岸林木的；

（八）汛期违反防汛指挥部的规定或者指令的。”

《河道管理条例》第45条规定：“违反本条例规定，有下列行为之一的，县级以上地方人民政府河道主管机关除责令其纠正违法行为、赔偿损失、采取补救措施外，可以并处警告、罚款；应当给予治安管理处罚的，按照《中华人民共和国治安管理处罚条例》的规定处罚；构成犯罪的，依法追究刑事责任：

（一）损毁堤防、护岸、闸坝、水工程建筑物，损毁防汛设施、水文监测和测量设施、河岸地质监测设施以及通信照明等设施；

（二）在堤防安全保护区内进行打井、钻探、爆破、挖筑鱼塘、采石、取土等危害堤防安全的活动的；

（三）非管理人员操作河道上的涵闸闸门或者干扰河道管理单位正常工作的。”

三、《农田水利条例》

2016年4月27日国务院第131次常务会议公布《农田水利条例》（中华人民共和国国务院令第669号）。

（一）总体要求

发展农田水利，坚持政府主导、科学规划、因地制宜、节水高效、建管并重的原则。农田水利，是指为防治农田旱、涝、渍和盐碱灾害，改善农业生产条件，采取的灌溉、排水等工程措施和其他相关措施。

国务院水行政主管部门负责全国农田水利的管理和监督工作。国务院有关部门按照职责分工做好农田水利相关工作。

县级以上地方人民政府水行政主管部门负责本行政区域农田水利的管理和监督工作。县级以上地方人民政府有关部门按照职责分工做好农田水利相关工作。

乡镇人民政府应当协助上级人民政府及其有关部门做好本行政区域农田水利工程建设和运行维护等方面的工作。

国家鼓励和引导农村集体经济组织、农民用水合作组织、农民和其他社会力量进行农田水利工程建设、经营和运行维护，保护农田水利工程设施，节约用水，保护生态环境。

国家依法保护农田水利工程投资者的合法权益。

（二）农田水利规划

国务院水行政主管部门负责编制全国农田水利规划，征求国务院有关部门意见后，报国务院或者国务院授权的部门批准公布。

县级以上地方人民政府水行政主管部门负责编制本行政区域农田水利规划，征求本级人民政府有关部门意见后，报本级人民政府批准公布。

编制农田水利规划应当统筹考虑经济社会发展水平、水土资源供需平衡、农业生产需求、灌溉排水发展需求、环境保护等因素。

农田水利规划应当包括发展思路、总体任务、区域布局、保障措施等内容；县级农田水利规划还应当包括水源保障、工程布局、工程规模、生态环境影响、工程建设和运行维护、技术推广、资金筹措等内容。

县级人民政府水行政主管部门编制农田水利规划，应当征求农村集体经济组织、农民用水合作组织、农民等方面的意见。

经批准的农田水利规划是农田水利建设和管理的依据。农田水利规划确需修改的，应当按照原审批程序报送审批。

（三）农田水利工程建设

县级人民政府应当根据农田水利规划组织制定农田水利工程建设年度实施计划，统筹协调有关部门和单位安排的与农田水利有关的各类工程建设项目。

乡镇人民政府应当协调农村集体经济组织、农民用水合作组织以及其他社会力量开展农田水利工程建设的有关工作。

农田水利工程建设应当符合国家有关农田水利标准。农田水利标准由国务院标准化主管部门、水行政主管部门以及省、自治区、直辖市人民政府标准化主管部门、水行政主管部门依照法定程序和权限组织制定。

农田水利工程建设单位应当建立健全工程质量安全管理制度，对工程质量安全负责，并公示工程建设情况。

县级以上人民政府水行政主管部门和其他有关部门应当按照职责分工加强对农田水利工程建设的监督管理。

政府投资建设的农田水利工程由县级以上人民政府有关部门组织竣工验收，并邀请有关专家和农村集体经济组织、农民用水合作组织、农民代表参加。社会力量投资建设的农田水利工程由投资者或者受益者组织竣工验收。政府与社会力量共同投资的农田水利工程，由县级以上人民政府有关部门、社会投资者或者受益者共同组织竣工验收。

大中型农田水利工程应当按照水利建设工程验收规程组织竣工验收。小型农田水利工程验收办法由省、自治区、直辖市人民政府水行政主管部门会同有关部门制定。

农田水利工程验收合格后，由县级以上地方人民政府水行政主管部门组织造册存档。

（四）农田水利工程运行维护

农田水利工程按照下列规定确定运行维护主体：

（1）政府投资建设的大中型农田水利工程，由县级以上人民政府按照工程管理权限确定的单位负责运行维护，鼓励通过政府购买服务等方式引进社会力量参与运行维护；

（2）政府投资建设或者财政补助建设的小型农田水利工程，按照规定交由受益农村集体经济组织、农民用水合作组织、农民等使用和管理的，由受益者或者其委托的单位、个人负责运行维护；

（3）农村集体经济组织筹资筹劳建设的农田水利工程，由农村集体经济组织或者其委托的单位、个人负责运行维护；

（4）农民或者其他社会力量投资建设的农田水利工程，由投资者或者其委托的单位、个人负责运行维护；

（5）政府与社会力量共同投资建设的农田水利工程，由投资者按照约定确定运行维护主体。

农村土地承包经营权依法流转的，应当同时明确该土地上农田水利工程的运行维护主体。

县级以上人民政府应当建立农田水利工程运行维护经费合理负担机制。农田水利工程所有权人应当落实农田水利工程运行维护经费，保障运行维护工作正常进行。

禁止危害农田水利工程设施的下列行为：

（1）侵占、损毁农田水利工程设施；

（2）危害农田水利工程设施安全的爆破、打井、采石、取土等活动；

（3）堆放阻碍蓄水、输水、排水的物体；

（4）建设妨碍蓄水、输水、排水的建筑物和构筑物；

（5）向塘坝、沟渠排放污水、倾倒垃圾以及其他废弃物。

任何单位和个人不得擅自占用农业灌溉水源、农田水利工程设施。

农田水利工程设施因超过设计使用年限、灌溉排水功能基本丧失或者严重毁坏而无法继续使用的，工程所有权人或者管理单位应当按照有关规定及时处置，消除安全隐患，并将相关情况告知县级以上地方人民政府水行政主管部门。

（五）灌溉排水管理

农田灌溉用水应当合理确定水价，实行有偿使用、计量收费。灌区管理单位应当根据有管辖权的县级以上人民政府水行政主管部门核定的年度取用水计划，制定灌区内用水计划和调度方案，与用水户签订用水协议。

农田灌溉用水应当符合相应的水质标准。县级以上地方人民政府环境保护主管部门应当会同水行政主管部门、农业主管部门加强对农田灌溉用水的水质监测。

国家鼓励推广应用喷灌、微灌、管道输水灌溉、渠道防渗输水灌溉等节水灌溉技术，以及先进的农机、农艺和生物技术等，提高灌溉用水效率。

粮食主产区和严重缺水、生态环境脆弱地区以及地下水超采地区应当优先发展节水灌溉。

国家鼓励企业、农村集体经济组织、农民用水合作组织等单位和个人投资建设节水灌溉设施，采取财政补助等方式鼓励购买节水灌溉设备。

规划建设商品粮、棉、油、菜等农业生产基地，应当充分考虑当地水资源条件。水资源短缺地区，限制发展高耗水作物；地下水超采区，禁止农田灌溉新增取用地下水。

（六）保障与扶持

农田水利工程建设实行政府投入和社会力量投入相结合的方式。县级以上人民政府应当多渠道筹措农田水利工程建设资金，保障农田水利建设投入。

县级人民政府应当及时公布农田水利工程建设年度实施计划、建设条件、补助标准等信息，引导社会力量参与建设农田水利工程。

县级以上地方人民政府应当支持社会力量通过提供农田灌溉服务、收取供水水费等方式，开展农田水利工程经营活动，保障其合法经营收益。

县级以上地方人民政府水行政主管部门应当为社会力量参与建设、经营农田水利工程提供指导和技术支持。

国家引导金融机构推出符合农田水利工程项目特点的金融产品和服务方式，加大对农田水利工程建设的信贷支持力度。

农田灌溉和排水的用电执行农业生产用电价格。

县级人民政府应当建立健全基层水利服务体系，将基层水利服务机构公益性业务经费纳入本级政府预算。基层水利服务机构应当履行农田水利建设管理、科技推广等公益性职能。

国家通过政府购买服务等方式，支持专业化服务组织开展农田灌溉和排水、农田水利工程设施维修等公益性工作。

（七）法律责任

违反本条例规定，县级以上人民政府水行政主管部门和其他有关部门不依法履行农田水利管理和监督职责的，对负有责任的领导人员和直接责任人员依法给予处分；负有责任的领导人员和直接责任人员构成犯罪的，依法追究刑事责任。

违反本条例规定，县级以上人民政府确定的农田水利工程运行维护单位不按照规定进行维修养护和调度、不执行年度取用水计划的，由县级以上地方人民政府水行政主管部门责令改正；发生责任事故或者造成其他重大损失的，对直接负责的主管人员和其他直接责任人员依法给予处分；直接负责的主管人员和其他直接责任人员构成犯罪的，依法追究刑事责任。

违反本条例规定，有下列行为之一的，由县级以上地方人民政府水行政主管部门责令停止违法行为，限期恢复原状或者采取补救措施；逾期不恢复原状或者采取补救措施的，依法强制执行；造成损失的，依法承担民事责任；构成违反治安管理行为的，依法给予治安管理处罚；构成犯罪的，依法追究刑事责任：

（1）堆放阻碍农田水利工程设施蓄水、输水、排水的物体；

（2）建设妨碍农田水利工程设施蓄水、输水、排水的建筑物和构筑物；

（3）擅自占用农业灌溉水源、农田水利工程设施。

违反本条例规定，侵占、损毁农田水利工程设施，以及有危害农田水利工程设施安全的爆破、打井、采石、取土等行为的，依照《中华人民共和国水法》的规定处理。

违反本条例规定，向塘坝、沟渠排放污水、倾倒垃圾以及其他废弃物的，依照环境保护有关法律、行政法规的规定处理。

四、《大中型水利水电工程建设征地补偿和移民安置条例》

（一）征地补偿标准的有关规定

为了做好大中型水利水电工程建设征地补偿和移民安置工作，维护移民合法权益，保障工程建设的顺利进行，根据《中华人民共和国土地管理法》（以下简称《土地管理法》）和《中华人民共和国水法》（以下简称《水法》），国务院1991年颁布了《大中型水利水电工程建设征地补偿和移民安置条例》。《土地管理法》于1986年6月25日第六届全国人民代表大会常务委员会第十六次会议通过。1998年8月29日第九届全国人民代表大会常务委员会第四次会议通过对《土地管理法》第一次修正。根据2004年8月28日第十届全国人民代表大会常务委员会第十一次会议《关于修改〈中华人民共和国土地管理法〉的决定》，对《土地管理法》进行了第二次修正。《水法》2002年进行了修订。同时，1991年制定的《大中型水利水电工程建设征地补偿和移民安置条例》也暴露出补偿补助标准偏低、移民安置程序不够规范等问题，故需要作全面修订。2006年3月29日国务院第130次常务会议通过修订后的《大中型水利水电工程建设征地补偿和移民安置条例》（国务院令第471号，以下简称《条例》），自2006年9月1日起施行。《条例》分为总则、移民安置规划、征地补偿、移民安置、后期扶持、监督管理、法律责任和附则等8章共63条。

《土地管理法》第51条规定："大中型水利、水电工程建设征收土地的补偿费标准和移民安置办法，由国务院另行规定。"《水法》第29条规定："国家对水工程建设移民实行开发性移民的方针，按照前期补偿、补助与后期扶持相结合的原则，妥善安排移民的生产和生活，保护移民的合法权益。移民安置应当与工程建设同步进行。建设单位应当根据安置地区的环境容量和可持续发展的原则，因地制宜，编制移民安置规划，经依法批准后，由有关地方人民政府组织实施。所需移民经费列入工程建设投资计划。"这为《条例》的制定提供了重要依据。

《条例》提出，国家实行开发性移民方针，采取前期补偿、补助与后期扶持相结合的办法，使移民生活达到或者超过原有水平。《条例》规定大中型水利水电工程建设征地补偿和移民安置应当遵循原则是：①以人为本，保障移民的合法权益，满足移民生存与发展的需求；②顾全大局，服从国家整体安排，兼顾国家、集体、个人利益；③节约利用土地，合理规划工程占地，控制移民规模；④可持续发展，与资源综合开发利用、生态环境保护相协调；⑤因地制宜，统筹规划。《条例》指出，移民安置工作实行政府领导、分级负责、县为基础、项目法人参与的管理体制。国务院水利水电工程移民行政管理机构（以下简称国务院移民管理机构）负责全国大中型水利水电工程移民安置工作的管理和监督。县级以上地方人民政府负责本行政区域内大中型水利水电工程移民安置工作的组织和领导；省、自治区、直辖市人民政府规定的移民管理机构，负责本行政区域内大中型水利水电工程移民安置工作的管理和监督。

《条例》第16条规定："征地补偿和移民安置资金、依法应当缴纳的耕地占用税和耕地开垦费以及依照国务院有关规定缴纳的森林植被恢复费等应当列入大中型水利水电工程概算。征地补偿和移民安置资金包括土地补偿费、安置补助费，农村居民点迁建、城（集）镇迁建、工矿企业迁建以及专项设施迁建或者复建补偿费（含有关地上附着物补偿费），移民个人财产补偿费（含地上附着物和青苗补偿费）和搬迁费，库底清理费，淹没区文物保护费和国家规定的其他费用。"国家规定的其他费用包括勘测设计科研费、实施管理费、技术培训费等。

《条例》第20条规定："依法批准的流域规划中确定的大中型水利水电工程建设项目

的用地，应当纳入项目所在地的土地利用总体规划。大中型水利水电工程建设项目核准或者可行性研究报告批准后，项目用地应当列入土地利用年度计划。属于国家重点扶持的水利、能源基础设施的大中型水利水电工程建设项目，其用地可以以划拨方式取得。”

《条例》第21条规定：“大中型水利水电工程建设项目用地，应当依法申请并办理审批手续，实行一次报批、分期征收，按期支付征地补偿费。对于应急的防洪、治涝等工程，经有批准权的人民政府决定，可以先行使用土地，事后补办用地手续。”

《条例》第22条规定：“大中型水利水电工程建设征收耕地的，土地补偿费和安置补助费之和为该耕地被征收前三年平均年产值的16倍。土地补偿费和安置补助费不能使需要安置的移民保持原有生活水平、需要提高标准的，由项目法人或者项目主管部门报项目审批或者核准部门批准。

征收其他土地的土地补偿费和安置补助费标准，按照工程所在省、自治区、直辖市规定的标准执行。

被征收土地上的零星树木、青苗等补偿标准，按照工程所在省、自治区、直辖市规定的标准执行。

被征收土地上的附着建筑物按照其原规模、原标准或者恢复原功能的原则补偿；对补偿费用不足以修建基本用房的贫困移民，应当给予适当补助。

使用其他单位或者个人依法使用的国有耕地，参照征收耕地的补偿标准给予补偿；使用未确定给单位或者个人使用的国有未利用地，不予补偿。

移民远迁后，在水库周边淹没线以上属于移民个人所有的零星树木、房屋等应当分别依照本条第3款、第4款规定的标准给予补偿。”

《土地管理法》规定，征收耕地的补偿费用包括土地补偿费、安置补助费以及地上附着物和青苗的补偿费。征收耕地的土地补偿费，为该耕地被征收前三年平均年产值的6～10倍。征收耕地的安置补助费，按照需要安置的农业人口数计算。需要安置的农业人口数，按照被征收的耕地数量除以征地前被征收单位平均每人占有耕地的数量计算。每一个需要安置的农业人口的安置补助费标准，为该耕地被征收前三年平均年产值的4～6倍。但是，每公顷被征收耕地的安置补助费，最高不得超过被征收前三年平均年产值的15倍。征收其他土地的土地补偿费和安置补助费标准，由省、自治区、直辖市参照征收耕地的土地补偿费和安置补助费的标准规定。被征收土地上的附着物和青苗的补偿标准，由省、自治区、直辖市规定。征收城市郊区的菜地，用地单位应当按照国家有关规定缴纳新菜地开发建设基金。当土地补偿费和安置补助费尚不能使需要安置的农民保持原有生活水平的，经省、自治区、直辖市人民政府批准，可以增加安置补助费。但是，土地补偿费和安置补助费的总和不得超过土地被征收前三年平均年产值的30倍。

《条例》规定，大中型水利水电工程建设临时用地，由县级以上人民政府土地主管部门批准。工矿企业和交通、电力、电信、广播电视等专项设施以及中小学的迁建或者复建，应当按照其原规模、原标准或者恢复原功能的原则补偿。

（二）移民安置建设工程的验收规定

为了做好移民安置工作，《条例》规定大中型水利水电工程应当编制移民安置规划大纲，按照审批权限报省、自治区、直辖市人民政府或者国务院移民管理机构审批；经批准的移民安置规划大纲是编制移民安置规划的基本依据，应当严格执行，不得随意调整或者修改；确需调整或者修改的，应当报原批准机关批准。移民安置规划大纲应当根据工程占地和淹没区实物调查结果以及移民区、移民安置区经济社会情况和资源环境承载能力编制。工程占地和淹没区实物调查应当全面准确，调查结果经调查者和被调查者签字认可并公示后，由有关地方人民政府签署意见。实物调查工作开始前，工程占地和淹没区所在地的省级人民政府应当发布通告，禁止在工程占地和淹没区新增建设项目和迁入人口，并对实物调查工作作出安排。《条例》规定，移民安置规划大纲应当主要包括移民安置的任务、去向、标准和农村移民生产安置方式以及移民生活水平评价和搬迁后生活水平预测、水库移民后期扶持政策、淹没线以上受影响范围的划定原则、移民安置规划编制原则等内容。移民安置规划应当对农村移民安置、城（集）镇迁建、工矿企业迁建、专项设施迁建或者复建、防护工程建设、水库水域开发利用、水库移民后期扶持措施、征地补偿和移民安置资金概（估）算等作出安排。对淹没线以上受影响范围内因水库蓄水造成的居民生产、生活困难问题，应当纳入移民安置规划，按照经济合理的原则，妥善处理。

为了保证移民安置工作顺利进行，《条例》规定移民区和移民安置区县级以上地方人民政府负责移民安置规划的组织实施。大中型水利水电工程开工前，项目法人应当根据经批准的移民安置规划，与移民区和移民安置区所在的省、自治区、直辖市人民政府或者市、县人民政府签订移民安置协议；签订协议的省、自治区、直辖市人民政府或者市人民政府，可以与下一级有移民或者移民安置任务的人民政府签订移民安置协议。项目法人应当根据大中型水利水电工程建设的要求和移民安置规划，在每年汛期结束后60日内，向与其签订移民安置协议的地方人民政府提出下年度移民安置计划建议；签订移民安置协议的地方人民政府，应当根据移民安置规划和项目法人的年度移民安置计划建议，在与项目法人充分协商的基础上，组织编制并下达本行政区域的下年度移民安置年度计划。

为了加强移民安置资金的管理和使用，针对不同的移民安置形式，《条例》规定了有关移民安置资金的兑付形式：

（1）农村移民在本县通过新开发土地或者调剂土地集中安置的，县级人民政府应当将土地补偿费、安置补助费和集体财产补偿费直接全额兑付给该村集体经济组织或者村民委员会。

（2）农村移民分散安置到本县内其他村集体经济组织或者村民委员会的，应当由移民安置村集体经济组织或者村民委员会与县级人民政府签订协议，按照协议安排移民的生产和生活。

（3）农村移民在本省行政区域内其他县安置的，与项目法人签订移民安置协议的地方人民政府，应当及时将相应的征地补偿和移民安置资金交给移民安置区县级人民政府，用于安排移民的生产和生活。农村移民跨省安置的，项目法人应当及时将相应的征地补偿和移民安置资金交给移民安置区省、自治区、直辖市人民政府，用于安排移民的生产和生活。

（4）搬迁费以及移民个人房屋和附属建筑物、个人所有的零星树木、青苗、农副业设施等个人财产补偿费，由移民区县级人民政府直接全额兑付给移民。

（5）移民自愿投亲靠友的，应当由本人向移民区县级人民政府提出申请，并提交接收地县级人民政府出具的接收证明。移民区县级人民政府确认其具有土地等农业生产资料后，应当与接收地县级人民政府和移民共同签订协议，将土地补偿费、安置补助费交给接收地县级人民政府，统筹安排移民的生产和生活，将个人财产补偿费和搬迁费发给移民个人。

《条例》同时规定，城（集）镇迁建、工矿企业迁建、专项设施迁建或者复建补偿费，由移民区县级以上地方人民政府交给当地人民政府或者有关单位。因扩大规模、提高标准增加的费用，由有关地方人民政府或者有关单位自行解决。

为了加强移民安置工作以及建设工程的监督管理和验收，《条例》第37条规定："移民安置达到阶段性目标和移民安置工作完毕后，省、自治区、直辖市人民政府或者国务院移民管理机构应当组织有关单位进行验收；移民安置未经验收或者验收不合格的，不得对大中型水利水电工程进行阶段性验收和竣工验收。"《条例》提出国家对移民安置实行全过程监督评估。签订移民安置协议的地方人民政府和项目法人应当采取招标的方式，共同委托有移民安置监督评估专业技术能力的单位对移民搬迁进度、移民安置质量、移民资金的拨付和使用情况以及移民生活水平的恢复情况进行监督评估；被委托方应当将监督评估的情况及时向委托方报告。从事移民安置规划编制和移民安置监督评估的专业技术人员，应当通过国家考试，取得相应的资格。

《条例》第57条规定："违反本条例规定，有关地方人民政府、移民管理机构、项目审批部门及其他有关部门有下列行为之一的，对直接负责的主管人员和其他直接责任人员依法给予行政处分；造成严重后果，有关责任人员构成犯罪的，依法追究刑事责任：

（一）违反规定批准移民安置规划大纲、移民安置规划或者水库移民后期扶持规划的；

（二）违反规定批准或者核准未编制移民安置规划或者移民安置规划未经审核的大中型水利水电工程建设项目的；

（三）移民安置未经验收或者验收不合格而对大中型水利水电工程进行阶段性验收或者竣工验收的；

（四）未编制水库移民后期扶持规划，有关单位拨付水库移民后期扶持资金的；

（五）移民安置管理、监督和组织实施过程中发现违法行为不予查处的；

（六）在移民安置过程中发现问题不及时处理，造成严重后果以及有其他滥用职权、玩忽职守等违法行为的。"

《条例》第58条规定："违反本条例规定，项目主管部门或者有关地方人民政府及其有关部门调整或者修改移民安置规划大纲、移民安置规划或者水库移民后期扶持规划的，由批准该规划大纲、规划的有关人民政府或者其有关部门、机构责令改正，对直接负责的主管人员和其他直接责任人员依法给予行政处分；造成重大损失，有关责任人员构成犯罪的，依法追究刑事责任。

违反本条例规定，项目法人调整或者修改移民安置规划大纲、移民安置规划的，由批准该规划大纲、规划的有关人民政府或者其有关部门、机构责令改正，处10万元以上50万元以下的罚款；对直接负责的主管人员和其他直接责任人员处1万元以上5万元以下的罚款；造成重大损失，有关责任人员构成犯罪的，依法追究刑事责任。”

《条例》第 59 条规定：“违反本条例规定，在编制移民安置规划大纲、移民安置规划、水库移民后期扶持规划，或者进行实物调查、移民安置监督评估中弄虚作假的，由批准该规划大纲、规划的有关人民政府或者其有关部门、机构责令改正，对有关单位处 10 万元以上 50 万元以下的罚款；对直接负责的主管人员和其他直接责任人员处 1 万元以上 5 万元以下的罚款；给他人造成损失的，依法承担赔偿责任。”

《条例》第 61 条规定：“违反本条例规定，拖延搬迁或者拒迁的，当地人民政府或者其移民管理机构可以申请人民法院强制执行；违反治安管理法律、法规的，依法给予治安管理处罚；构成犯罪的，依法追究有关责任人员的刑事责任。”

五、《水利工程建设项目招标投标审计办法》

（一）招标投标审计目的

《中华人民共和国审计法》规定，为了加强国家的审计监督，维护国家财政经济秩序，促进廉政建设，保障国民经济健康发展，国家实行审计监督制度。国务院和县级以上地方人民政府设立审计机关。《中华人民共和国审计法实施条例》（国务院令第 571 号）指出，审计是指审计机关依法独立检查被审计单位的会计凭证、会计账簿、会计报表以及其他与财政收支、财务收支有关的资料和资产，监督财政收支、财务收支真实、合法和效益的行为。

《中华人民共和国审计法》第 29 条规定“国务院各部门和地方人民政府各部门、国有的金融机构和企业事业组织，应当按照国家有关规定建立健全内部审计制度。各部门、国有的金融机构和企业事业组织的内部审计，应当接受审计机关的业务指导和监督”。

《中华人民共和国审计法》第 23 条规定“审计机关对国家建设项目预算的执行情况和决算，进行审计监督”。接受审计监督的国家建设项目，是指以国有资产投资或者融资为主的基本建设项目和技术改造项目。与国家建设项目直接有关的建设、设计、施工、采购等单位的财务收支，应当接受审计机关的审计监督。审计机关对国家建设项目总预算或者概算的执行情况、年度预算的执行情况和年度决算、项目竣工决算，依法进行审计监督。

《中华人民共和国招标投标法》第 7 条规定“招标投标活动及其当事人应当接受依法实施的监督。有关行政监督部门依法对招标投标活动实施监督，依法查处招标投标活动中的违法行为”。

《中华人民共和国政府采购法》第 13 条规定“各级人民政府财政部门是负责政府采购监督管理的部门，依法履行对政府采购活动的监督管理职责。各级人民政府其他有关部门依法履行与政府采购活动有关的监督管理职责”。

《中华人民共和国政府采购法》第 59 条规定“政府采购监督管理部门应当加强对政府采购活动及集中采购机构的监督检查。监督检查的主要内容是：

（一）有关政府采购的法律、行政法规和规章的执行情况；

（二）采购范围、采购方式和采购程序的执行情况；

（三）政府采购人员的职业素质和专业技能”。

《中华人民共和国政府采购法》第 68 条“审计机关应当对政府采购进行审计监督。政府采购监督管理部门、政府采购各当事人有关政府采购活动，应当接受审计机关的审计监督”。

为了加强对水利工程建设项目招标投标的审计监督，规范水利工程建设项目招标投标行为，提高投资效益，根据《中华人民共和国审计法》、《中华人民共和国招标投标法》、《中华人民共和国政府采购法》等法律、法规，结合水利工作实际，2007 年 12 月水利部印发了《水利工程建设项目招标投标审计办法》，该办法规定，各级水利审计部门在本单位负责人领导下，依法对本单位及其所属单位水利工程建设项目的招标投标活动进行审计监督。上级水利审计部门对下级单位的招标投标审计工作进行指导和监督。审计项目是指《水利工程建设项目招标投标管理规定》所规定的水利工程建设项目的勘察设计、施工、监理以及与水利工程建设项目有关的重要设备、材料采购等的招标投标。

（二）招标投标审计方式与内容

《水利工程建设项目招标投标审计办法》规定，审计部门根据工作需要，对水利工程建设项目的招标投标进行事前、事中、事后的审计监督，对重点水利建设项目的招标投标进行全过程跟踪审计，对有关招标投标的重要事项进行专项审计或审计调查。

《水利工程建设项目招标投标审计办法》规定，在招标投标审计中，审计部门具有以下职责：

（1）对招标人、招标代理机构及有关人员执行招标投标有关法律、法规和行业制度的情况进行审计监督；

（2）对招标项目评标委员会成员执行招标投标有关法律、法规和行业制度的情况进行审计监督；

（3）对属于审计监督对象的投标人及有关人员遵守招标投标有关法律、法规和行业制度的情况进行审计监督；

（4）对与招标投标项目有关的投资管理和资金运行情况进行审计监督；

（5）协同行政监督部门、行政监察部门查处招标投标中的违法违纪行为。

《水利工程建设项目招标投标审计办法》规定，在招标投标审计中，审计部门具有以下权限：

（1）有权参加招标人或其代理机构组织的开标、评标、定标等活动，招标人或其代理机构应当通知同级审计部门参加；

（2）有权要求招标人或其代理机构提供与招标投标活动有关的文件、资料，招标人或其代理机构应当按照审计部门的要求提供相关文件、资料；

（3）对招标人或其代理机构正在进行的违反国家法律、法规规定的招标投标行为，有权予以纠正或制止；

（4）有权向招标人、投标人、招标代理机构等调查了解与招标投标有关的情况；

（5）监督检查招标投标结果执行情况。

《水利工程建设项目招标投标审计办法》规定，审计部门对水利工程建设项目招标投标中的下列事项进行审计监督：

（1）招标项目前期工作是否符合水利工程建设项目管理规定，是否履行规定的审批程序；

（2）招标项目资金计划是否落实，资金来源是否符合规定；

（3）招标文件确定的水利工程建设项目的标准、建设内容和投资是否符合批准的设计文件；

（4）与招标投标有关的取费是否符合规定；

（5）招标人与中标人是否签订书面合同，所签合同是否真实、合法；

（6）与水利工程建设项目招标投标有关的其他经济事项。

审计部门会同行政监督部门、行政监察部门对招标投标中的下列事项进行审计监督：

（1）招标项目的招标方式、招标范围是否符合规定；

（2）招标人是否符合规定的招标条件，招标代理机构是否具有相应资质，招标代理合同是否真实、合法；

（3）招标项目的招标、投标、开标、评标和中标程序是否合法；

（4）招标项目评标委员会、评标专家的产生及人员组成、评标标准和评标方法是否符合规定；

（5）对招投标过程中泄露保密资料、泄露标底、串通招标、串通投标、规避招标、歧视排斥投标等违法行为进行审计监督；

（6）对勘察、设计、施工单位转包、违法分包和监理单位违法转让监理业务，以及无证或借用资质承接工程业务等违法违规行为进行审计监督。

《水利工程建设项目招标投标审计办法》规定，审计部门根据审计项目计划确定的审计事项组成审计组，并应在实施审计 3 日前，向被审计单位送达审计通知书。被审计单位以及与招标投标活动有关的单位、部门，应当配合审计部门的工作，并提供必要的工作条件。审计人员通过审查招标投标文件、合同、会计资料，以及向有关单位和个人进行调查等方式实施审计，并取得证明材料。

审计组对招标投标事项实施审计后，应当向派出的审计部门提出审计报告。审计报告应当征求被审计单位的意见。被审计单位应当自接到审计报告之日起 10 日内，将其书面意见送交审计组或者审计部门。审计部门审定审计报告，对审计事项作出评价，出具审计意见书；对违反国家规定的招标投标行为，需要依法给予处理、处罚的，在职权范围内作出审计决定或者向有关主管部门提出处理、处罚意见。被审计单位应当执行审计决定并将结果反馈审计部门；有关主管部门对审计部门提出的处理、处罚意见应及时进行研究，并将结果反馈审计部门。

六、《节水供水重大水利工程建设质量监督巡查实施细则》

为加强节水供水重大水利工程建设质量管理工作，规范工程建设质量管理行为，确保工程建设质量，根据《节水供水重大水利工程建设督导检查工作制度》（水建管〔2015〕145 号），水利部制定并印发了《节水供水重大水利工程建设质量监督巡查实施细则》（水建管〔2016〕18 号）。

（一）质量监督巡查工作的原则和依据

质量监督巡查针对在建的节水供水重大水利工程开展。主要对象是重大引调水工程、重点水源工程、江河湖泊治理骨干工程、新建大型灌区工程等重大水利工程的主体工程建设。

质量监督巡查工作坚持“检查、指导、整改、提高”的原则，加强对工程建设质量的监管。巡查工作不替代工程参建单位的质量责任和水行政主管部门的相应职责。

质量监督巡查工作的依据是国家法律法规、技术标准、批复的设计文件和相关合同文本等。

（二）质量监督巡查工作的主要内容

质量监督巡查工作主要对工程各参建单位的质量行为和实体质量进行抽查，对质量监督工作开展情况进行检查。

对项目法人（建设单位）巡查的主要内容，包括质量管理机构建立及人员配备情况，质量责任制建立和执行情况，对其他参建单位质量行为和工程实体质量的检查工作开展情况，对上级有关部门检查、巡查或稽察提出质量问题的整改落实情况等。

对勘察设计单位巡查的主要内容，包括现场服务情况，设计变更是否符合规定，设计图纸和施工技术要求是否满足施工需要，是否按规定参加质量评定与验收工作等情况。

对监理单位巡查的主要内容，包括组建的现场监理机构、现场监理人员是否满足要求，现场质量控制体系建立及运行情况，平行检测工作开展情况，监理资料记录是否及时、真实、完整等。

对施工单位巡查的主要内容，包括现场管理机构的组建和人员到位情况，施工过程质量控制情况，工程原材料、中间产品和实体质量的检测情况，施工资料是否完整、真实，工程质量评定是否及时、规范，工程实体质量情况等。

对金属结构及设备制造单位巡查的主要内容，包括出厂检验和进场检验、验收等情况。

对安全监测、检测单位巡查的主要内容，包括单位资质和人员资格是否满足要求，与工程质量相关技术标准的执行情况，以及安全监测、检测数据和结论的符合性情况等。

对政府质量监督工作的巡查，主要检查是否按规定开展了质量监督工作。

（三）质量监督巡查工作的组织实施

水利部建设与管理司负责组织指导节水供水重大水利工程建设的质量监督巡查工作。水利部建设管理与质量安全中心（以下简称建安中心）负责具体实施，主要包括制定年度巡查计划，组建巡查组开展巡查工作，提交巡查工作成果。工程所属的流域机构配合建安中心开展相关工作。

质量监督巡查工作实行巡查组长负责制，巡查组长对现场巡查报告及整改意见等巡查成果负责。巡查组根据被查项目的实际情况，制定工作方案，开展现场巡查工作。

质量监督巡查工作通过听取相关单位汇报，查看工程现场，与有关单位人员座谈，查阅相关资料等方式开展。必要时可责成项目法人（建设单位）开展补充检测对工程实体质量作进一步验证。

现场监督巡查工作结束后，巡查组应客观准确地向有关单位和部门通报巡查相关情况和发现的主要问题，并及时提交现场巡查报告。

部建安中心根据现场巡查情况，下发整改通知，督促整改落实。被查单位原则上应在整改通知下发20个工作日内，将整改落实情况分别报送建设与管理司和建安中心。建安中心负责巡查整改意见的落实，必要时组织复查。

质量监督巡查过程中，发现重大质量问题或安全隐患后，巡查组可向项目法人建议停工或返工整改，并及时向水利部报告。对存在问题的责任单位根据相关规定予以处理。巡查结果纳入水利生产经营单位市场信用体系和年度质量考核体系。

各有关单位应积极协助配合巡查工作，如实反映工程建设实际情况并提供巡查工作所需要的文件资料。

质量监督巡查工作要深入细致、坚持原则、严谨求实、客观公正；巡查组应严格执行保密纪律，不擅自泄露巡查掌握的内部资料和情况；巡查组成员应严格遵守廉洁自律各项规定。

七、《水利建设质量工作考核办法》

为进一步加强水利建设质量管理，全面提高水利建设质量水平，根据党中央、国务院有关加强质量工作的部署安排和《国务院办公厅关于印发质量工作考核办法的通知》要求，结合水利建设实际，水利部组织对《水利建设质量工作考核办法》进行了修订，2018年5月24日，发布了《水利部关于修订印发水利建设质量工作考核办法的通知》（水建管〔2018〕102号）。

水利建设质量工作考核对象为各省、自治区、直辖市水利（水务）厅（局），新疆生产建设兵团水利局（以下简称“省级水行政主管部门”）。每年7月1日至次年6月30日为一个考核年度。考核工作由水利部建设与管理司牵头，有关司局、单位和流域管理机构配合，水利部建设管理与质量安全中心承担有关具体工作。

水利建设质量工作考核内容包括水利建设质量工作总体考核和水利建设质量工作项目考核两部分。考核要点分别见表5-1和表5-2。考核评定采用评分法，满分为100分。考核结果分4个等级，分别为：A级（考核排名前10名，且得分90分及以上的）、B级（A级以后，且得分80分及以上的）、C级（B级以后，且得分在60及分以上的）、D级（得分60分以下或发生重、特大质量事故的）。

水利建设质量工作考核采取以下步骤：

（1）发布细则。水利部于每年年初发布年度水利建设质量工作考核评分细则。

（2）自我评价。各省级水行政主管部门按照本办法和年度评分细则，结合本地区质量工作的目标、任务和特点进行自我评价，并于每年8月10日前将上一考核年度的质量工作情况自评报告及相关材料、考核年度内在建项目清单、考核年度内开展的监督检查情况等报水利部。

（3）集中核查。组织总体考核工作组，依据各省级水行政主管部门上报的自评报告等，集中开展总体考核。同时根据各省级水行政主管部门上报的在建工程项目清单，按照工程类型、规模选取一定数量的项目作考核抽查对象（具体数量及要求在年度考核评分细则中规定）。

（4）实地核查。组织现场考核工作组，对所选项目进行实地核查，同时核查总体考核中的有关问题。

（5）综合评价。统计汇总总体考核和项目考核情况，提出各省份考核得分及考核等级建议，形成考核报告。

（6）结果认定。考核结果经水利部审定后，报送全国质量工作考核部际联席会议办公室，并向社会公告。

（7）整改工作。考核结果通报各省级水行政主管部门，抄送各省、自治区、直辖市人民政府，同时提出整改建议，限期整改。

考核结果经水利部审定后，通报各省级水行政主管部门，抄送各省、自治区、直辖市人民政府，并向社会公告。考核结果作为项目和资金安排的一个重要参考因素。对考核结果为 D 级的，省级水行政主管部门应在考核结果通报后一个月内向水利部作出书面报告，提出限期整改措施。

水利建设质量工作总体考核要点如表 5 – 1 所示。水利建设质量工作项目考核要点如表 5 – 2 所示。

表 5 – 1　　水利建设质量工作总体考核要点

考核指标	序号	考核要点	考核内容
质量目标（9 分）	1	水利工程竣工验收	各地水利建设项目应按批复工期如期完工，并按照《水利工程建设项目竣工验收管理规定》及时组织竣工验收。建设周期长或者因故无法继续实施的项目，其已完成的工程可按单项工程或者分期进行竣工验收
	2	水利工程质量创优	省级水行政主管部门应完善质量激励政策，开展质量奖评选表彰，树立质量标杆，弘扬质量先进
	3	水利工程质量发展	省级水行政主管部门应积极开展水利工程质量提升等相关活动；限制和淘汰落后、危险工艺工法，保障施工安全；组织质量提升关键技术攻关，推动企业积极应用新技术、新工艺、新材料
质量规章制度（12 分）	4	地方规章制度和技术标准	省级水行政主管部门应结合地方实际，建立健全地方水利建设质量规章制度和技术标准体系
	5	促进市场公平竞争维护市场正常秩序	省级水行政主管部门应结合当地实际，贯彻落实《水利部关于促进市场公平竞争维护水利建设市场正常秩序的实施意见》，按照分级管理的原则合理划分和落实本地区水利建设市场的监管责任。不得设置法律法规之外的市场准入门槛，不得抬高或降低招标工程对应的资质资格等级，不得自行设置或变相设置从业人员资格。不得以备案、登记、注册等形式排斥、限制外地注册企业进入本地区承揽水利建设业务，不得将在本地区注册设立独立子公司或分公司、参加本地区培训等作为外地注册企业进入本地区水利建设市场的准入条件。不得以市场准入违法违规设定收费项目或变相实施收费、有偿服务
	6	地方水利建设质量工作考核	省级水行政主管部门应结合当地实际，建立地方水利建设质量工作考核制度，对本行政区域内水利建设质量工作进行考核

续表

考核指标	序号	考核要点	考核内容
质量监督管理（20分）	7	省级质量监督能力建设	各级水行政主管部门应加强工程质量监督队伍建设，监督机构履行职能所需经费由同级财政预算全额保障，监督机构能力应与大规模水利建设相适应；可采取购买服务的方式，委托具备条件的社会力量进行工程质量监督检查
	8	市、县级质量监督能力建设	
	9	新开工项目质量监督率	水利建设工程开工前应按规定办理工程质量监督手续
质量检测管理（9分）	10	质量检测管理	省级水行政主管部门应及时审批检测单位乙级资质，受理时间由审批机关提前三个月向社会公告 改进市场监管手段，创新监管方式，制定监管规则。积极推行“双随机、一公开”监管。大力推进工程建设项目法人抽检
质量诚信建设（12分）	11	信用体系建设	按照《关于加快水利建设市场信用体系建设的实施意见》，省级水行政主管部门应制定本地区水利建设市场信用信息应用管理办法。加大信息公开力度，全面公开企业信用信息和本地区在建项目信息。提高信息公开的及时性，各类行政处罚信息应在行政处罚作出之日起20个工作日内对外发布。按照《水利部办公厅关于全国水利建设市场监管服务平台上线运行的通知》要求，积极组织市场主体在监管服务平台填报信息，并做好本年度水利市场监管中各类处罚信息报送工作。加快省级监管平台或信用信息平台和全国水利建设市场监管服务平台的互联互通建设
质量问题处理（6分）	12	质量事故调查处理和责任追究	质量事故发生后，按照国家和水利部有关规定，根据管理权限组织调查组进行调查，查明事故原因，提交调查报告；造成质量事故的，要依法追究有关从业人员的责任；因调动工作、退休等原因离开原单位的相关人员，如在原单位工作期间违反工程质量管理有关规定，或未切实履行相应职责，造成重大质量事故的，也要依法追究其终身责任
	13	质量举报投诉受理	省级水行政主管部门应设立水利工程质量举报投诉电话、传真、信箱，运用现代信息技术完善质量投诉举报信息平台，并向社会公开
质量基础工作（32分）	14	落实质量终身责任制	省级水行政主管部门应严格执行工程质量终身责任制，项目法人、勘察、设计、施工、监理、质量检测等参建单位工作人员，按各自职责对相应工程质量负终身责任。明确项目法人首要责任和勘察、设计、施工主体责任；在水利工程建筑物明显部位设置永久性标牌，公示质量责任主体和主要责任人
	15	市场监督管理	各级水行政主管部门应加大执法力度，对在水利建设市场监督管理等工作中发现的转包、违法分包、出借借用资质等违法行为，应当依法进行调查和处罚。接到转包、违法分包、出借借用资质等违法行为举报的水行政主管部门，应当依法受理、调查、认定和处理，除无法告知举报人的情况外，应当将查处结果告知举报人。强化措施，有效预防和解决拖欠农民工工资问题，切实保障农民工劳动报酬权益
	16	质量监督检查	省级水行政主管部门或质量监督机构应严格按照法律法规加强质量监督，采取巡查、抽查等方式，实行分类、差别化监管，对水利工程从业单位和从业人员的质量行为及工程实体质量进行检查，督促各单位建立健全质量保证体系。及时开展强制性条文执行情况监督检查

续表

考核指标	序号	考核要点	考核内容
质量基础工作（32分）	17	信息管理系统建设	省级水行政主管部门应加快水利工程质量管理信息化建设，加强对水利工程质量信息的采集、追踪、分析和处理，提高质量控制和质量管理的信息化水平
	18	质量宣传教育和培训	省级水行政主管部门应采取多种宣传形式，加大宣传力度，增强人们对水利工程质量重要性的认识，提升全行业质量意识，努力形成政府重视质量、企业追求质量、行业崇尚质量、人人关心质量的良好氛围。各级水行政主管部门要定期组织工程质量教育培训，推动全行业人员素质不断提升
其他扣分项	19	发生一般质量事故的，每发生一起扣5分。 发生较大质量事故的，每发生一起扣20分。 发生重（特）大质量事故的，或存在弄虚作假、故意隐瞒情况的，总体考核得分为0	

表5-2　　水利建设质量工作项目考核要点

考核指标	序号	考核要点	考核内容
项目法人质量管理（25分）	1	质量管理体系建立情况	项目法人应在工程开工前组建完成，全面负起管理责任，建立健全工程质量管理体系，应落实内设机构质量责任和质量管理岗位责任，明确质量责任主体和责任人，按职责对其经手的工程质量负终身责任，严格执行工程质量终身责任制，在明显部位设置标牌，公示质量责任主体和主要责任人；质量管理人员应满足工程建设要求，应建立健全质量管理制度；在管理体系文件中明确设置执行、检查强制性条文的环节和要求
	2	质量管理程序报备情况	项目法人在工程开工前，应按有关规定办理质量监督手续；应及时报送开工备案手续；主体工程开工前应将项目划分表及说明书面报质量监督机构，项目划分进行调整时应重新报送质量监督机构；主体工程开工初期应将单位工程外观质量评定标准及标准分报质量监督机构，将法人验收计划报法人验收监督管理机关和竣工验收主持单位；重大设计变更文件应按原报审程序报原初步设计审批部门审批；质量缺陷备案表应及时报送质量监督机构；发生质量事故后，应及时开展质量事故应急处置，做好安全防护和相关记录，对质量事故责任单位与责任人员调查处理和责任追究；工程质量核备材料应在规定时间内以书面形式报送质量监督机构，将验收鉴定书在规定时间内报法人验收监督管理机关，并对报送材料的真实性负责
	3	质量主体责任履行情况	项目法人应对施工、监理等现场管理机构主要人员变更进行审批；一般设计变更文件由项目法人组织审查确认后实施，并报项目主管部门核备，必要时报项目主管部门审批。设计变更文件批准后由项目法人负责组织实施；按相关规定要求组织（或委托监理）对重要隐蔽单元工程及关键部位单元工程、分部工程、单位工程、合同工程完工等验收
	4	参建单位质量检查情况	项目法人与参建单位签订委托合同，应对工程质量以及相应的责任和义务作出明确约定，并督促参建单位履行质量义务；对强制性条文执行情况进行检查，检查情况应作为验收资料的组成部分；积极推进项目法人抽检
	5	历次稽察、检查、巡查提出质量问题整改	针对考核年度内历次稽察、检查、巡查等发现的质量问题，项目法人应组织有关参建单位制定整改方案，落实整改责任，明确处理标准和时限，建立整改台账，及时整改到位

续表

考核指标	序号	考核要点	考核内容
勘察设计质量保证（10分）	6	现场服务体系建立情况	勘察设计单位应结合工程实际设立现场设计代表机构或派驻设计代表，配备满足工作需要的设计代表；建立设计质量管理制度，加强设计过程质量控制，健全设计文件的审核、会签批准制度；在全国水利建设市场监管服务平台建立信用档案，及时公开信用信息；明确质量责任主体和责任人，承担工程质量终身责任
	7	现场设计服务情况	勘察设计单位应按有关规定和合同要求及时向项目法人提供设计文件及图纸、设计变更报告，按有关规定提供验收所需的设计工作报告；必须按照强制性条文开展工作，对强制性条文执行情况进行自查，并对其完成的成果质量负责；不符合强制性条文的勘察、设计等成果，不得批准。加强工程现场服务，做好设计文件的技术交底工作，参加工程验收，在施工过程中要随时掌握施工现场情况，优化设计，及时解决有关设计问题，并做好相关记录
监理质量控制（18分）	8	质量控制体系建立情况	监理单位应依照有关规定和合同约定组建项目监理机构，配置满足监理工作需要的监理人员，更换总监理工程师和其他主要监理人员应向项目法人报告并经其同意；应建立健全监理工作制度，严格按照现行法律、法规以及有关技术标准、设计文件和合同约定，制定完善监理规划和监理实施细则；在管理体系文件中明确设置执行、检查强制性条文的环节和要求；明确质量责任主体和责任人，承担工程质量终身责任；在全国水利建设市场监管服务平台建立信用档案，及时公开信用信息
	9	监理控制相关材料报送情况	监理单位应按有关规定或合同约定及时向项目法人报送对承包人拟选择的分包项目和分包人的审查材料，报告检查、检测发现存在的质量问题，报送监理控制相关材料，提供工程质量结论及有关材料，提供验收所需的监理工作报告等
	10	监理控制责任履行情况	监理单位应根据合同和相关规定核查、审核或审批由发包人或承包人提供的施工图纸、技术文件、施工组织设计、生产工艺试验方案、专项检测方案及成果、专项施工方案、质量安全事故应急预案等文件；签发监理指示、通知、批复、纪要等文件；组织填写工程质量缺陷备案表 监理单位应根据合同和相关规定参加或主持设计交底；对用于工程的原材料、中间产品、工程设备、施工设备等进行核验、验收或检查；对施工人员、设备投入等施工准备进行检查，采取旁站、巡视、跟踪检测和平行检测等方式，对工程实施监理；对执行强制性条文情况进行检查，检查情况应作为验收资料的组成部分；对施工单位的质量自评结果进行复核；做好监理相关记录
施工质量保证（31分）	11	质量保证体系建立情况	施工单位应按照合同约定，设置现场施工管理机构，配备满足施工需要的管理人员。变更项目经理、技术负责人、质量负责人等有关负责人，应征得项目法人同意。应加强全面质量管理，建立质量保证体系，制定和完善岗位质量规范、质量责任及考核办法，落实质量责任制；在管理体系文件中明确设置执行、检查强制性条文的环节和要求；在全国水利建设市场监管服务平台建立信用档案，及时公开信用信息

续表

考核指标	序号	考核要点	考核内容
施工质量保证（31分）	12	施工过程质量控制情况	施工单位必须依据国家、水利行业有关工程建设法规、技术标准的规定以及设计文件和施工合同的要求进行施工，并对其施工的工程质量负责。在施工过程中要加强质量检验工作，认真执行“三检制”，检验项目、检验数量、检验方法应符合有关规定和施工合同的约定，严格工序管理，切实做好工程质量的全过程控制，并认真做好工程原始记录管理。 施工单位应加强原材料、中间产品、构配件等的质量检验，有关参建单位要按照合同对采购的水工金属结构设备、启闭机及机电产品进行交货检查验收，检查产品出厂合格证、安装说明及有关技术文件，不得将不合格的建筑材料用于工程，不得将无出厂合格证或不符合质量标准的产品用于工程。及时对质量缺陷进行修复处理，未能及时进行处理的，或处理后部分质量指标仍达不到设计要求的，或经加固补强后改变了外形尺寸等工程质量缺陷问题，必须以工程质量缺陷备案形式进行记录备案
政府验收、质量监督（6分）	13	政府验收	阶段验收、竣工验收由政府组织验收，验收条件、验收程序、验收内容以及验收资料和成果性文件等应符合相关规定要求
	14	质量监督计划	质量监督机构应根据工程规模、重要性等，制订质量监督计划，确定质量监督方式
	15	参建单位质量行为和实体质量检查	各级水行政主管部门按照分级负责的原则开展水利工程质量监督工作。质量监督机构要对参建单位和人员的质量行为、强制性条文执行情况和工程实体质量进行抽查
	16	工程质量核备	质量监督机构按照相关规定及时对工程质量检验评定标准、重要隐蔽（关键部位）单元工程质量等级、分部工程验收质量结论、单位工程验收质量结论、外观质量评定结果、工程项目质量等级进行核备
施工现场管理、实体质量（10分）	17	施工现场管理情况	施工单位应规范存放原材料、中间产品、构配件、设备等，按施工规范和技术要求组织施工
		已完工程实体质量情况	参建单位应严格质量管理，切实保证工程实体质量
其他扣分项	18	（1）发生违法违规行为的，每发生一起扣10分； （2）发生一般质量事故的，每发生一起扣10分； （3）发生较大及以上质量事故或存在弄虚作假、故意隐瞒情况的，该项目考核得分为0	

八、《关于加强中小河流治理项目质量管理工作的意见》

（一）做好开工前各项准备工作

（1）科学制定治理方案。中小河流治理方案应尊重自然规律，充分考虑河流生态保护要求，统筹上下游、左右岸，河道治理应宜弯则弯、宜宽则宽、宜滩则滩，尽量维持河道自然形态，杜绝以治理为名围垦侵占河道，缩小行洪断面。河道堤岸防护应尽可能采取生物措施，采用有利于保护河流生态的护岸形式，避免过度硬化、渠化河道。

（2）保证前期工作质量。加强勘察设计质量的过程管理，勘察单位应提供真实、准确的勘察成果，设计单位应加强现场勘查和技术方案论证，严格按照有关技术标准和勘察成果进行工程设计，设计成果应满足《中小河流治理工程初步设计指导意见》（水规计〔2011〕277 号）及《关于进一步提高中小河流治理勘察设计工作质量的意见》（水规计〔2013〕495 号）的要求。技术审查单位要深入现场了解情况，认真审查设计文件，防止审查走过场。项目审批单位要认真研究设计文件和技术审查意见，加强与项目申报单位和技术审查单位的沟通协调，切实把好审批关。严格执行设计变更管理的有关规定，发生涉及工程规模、设计标准等重大设计变更的，必须由初步设计原审批单位进行审批。

（3）规范项目法人组建。中小河流治理项目的项目法人由县级及以上地方人民政府负责组建。要配备足够的管理和技术力量，完善内部机构设置，健全规章制度，具备独立履行建设单位各项职责的能力和条件。提倡按照精简高效的原则以县为单元组建统一的项目法人，由其承担县域内包括中小河流治理项目在内的各类中小型民生水利工程项目的建设管理职责。省级水行政主管部门要加强对市、县水行政主管部门和各类项目法人的指导，组织对项目法人负责人和技术负责人等项目管理人员的培训。

（4）严格招标投标监管。各级水行政主管部门要加强对中小河流治理项目招标投标工作的监管，科学合理划分标段，原则上一个初步设计一个标的，有条件的地方可采取打捆招标方式，选择符合资质要求、信誉好、实力强的施工、监理队伍。要严格履行招标投标程序，规范招标投标行为，中小河流治理项目的招标投标必须按照规定进入公共资源交易市场交易。招标文件要对质量标准提出明确要求，各项合同要对各方质量责任作出明确规定，不得压缩合理工期。中标价格要体现合理造价要求，建立防范低于成本价中标的机制，避免施工、监理单位恶性低价竞争，防止由此引发质量问题。

（5）加强建设监理力量。严格执行《水利工程建设监理规定》（水利部令第 28 号），监理单位要按照合同组建现场监理机构，配备足够的监理力量，切实履行监理职责，监理人员必须持证上岗，总监理工程师和各类监理人员要按合同约定到岗到位，采取旁站、巡视、跟踪检测和平行检测等方式认真开展监理工作，确保中小河流治理项目施工关键部位、关键环节、关键工序监理到位。

（二）强化工程建设各方主体的质量管理责任

（1）项目法人对中小河流治理工程质量负总责。项目法人与参建单位签订的各类合同文件中，应明确质量条款和质量奖惩制度；在项目开工前按规定办理质量监督手续；设置专门质量管理机构，配备满足要求的技术负责人和专职质量管理人员；组织技术交底和工程项目重大设计变更方案的申报；按规定和合同条款检查施工、监理、设计和检测等单位的质量行为和实体质量；按规定及时组织有关单位对分部工程、单位工程等进行验收。

（2）勘察、设计单位对中小河流治理工程勘察、设计质量负责。设计单位应当进行设计交底，就施工图设计文件向施工单位作出详细说明，派驻具备相应技术能力、熟悉工程设计情况的人员担任设计代表，及时解决施工过程中的有关设计问题；勘察、设计单位应当按照有关规定参加水利工程质量评定和验收。在单位工程验收、阶段验收和竣工验收时，设计单位应当对施工质量是否满足设计要求提出意见。

（3）施工单位对中小河流治理工程施工质量负责。施工单位要按照合同约定，完善质量管理制度，设置现场施工管理机构，明确与工程相适应的质量检测部门或人员。建立健全施工质量保证体系，加强施工过程质量控制；施工单位派驻现场的主要管理、技术人员数量及资格应与施工合同文件一致。如有变化，应报项目法人认定；施工单位进场施工设备的数量和规格、性能应符合施工合同约定要求；工程施工前按规定编制施工组织设计和施工技术方案，经监理批准后实施；按照施工规范、验收标准和施工合同规定，对建筑材料、中间产品、建筑构、配件、设备等进行取样检验，检验合格后方可使用；按照设计图纸进行施工，不得擅自修改工程设计，不得偷工减料；严格工序管理，认真落实“三检制”，单元（工序）工程质量未经监理工程师签字确认为合格的，不得进行下一单元（工序）施工。

（4）监理单位对中小河流治理工程质量承担监理责任。监理单位应当依照监理规范和合同的要求，配备相应专业的监理人员、编制监理规划、监理实施细则；总监理工程师应签发施工图；组织审查施工单位的开工报审文件，签发项目开工令；按照事前审查、事中监督、事后验证的工作流程，采取旁站、巡视、跟踪检测、平行检测等方法控制工程质量；按照规定，及时对施工质量评定表进行复核；对发现的质量缺陷应责令进行处理，并做好记录。对发现的质量事故，应按有关规定及时报告项目法人。

（5）质量检测单位对中小河流治理工程质量检测结果负责。质量检测单位应具备水利工程质量检测资质，在资质等级许可的范围内承担质量检测业务。质量检测单位应按照合同和有关标准，及时、准确地向委托方提交质量检测报告并对质量检测报告负责，不得出具虚假质量检测报告，不得篡改或者伪造质量检测报告；检测单位应当将可能形成质量隐患或者影响工程正常运行的检测结果以及检测过程中发现的违反法律、法规和强制性标准的情况，及时报告委托方和具有管辖权的水行政主管部门。

（三）加强重点环节的质量管理

（1）河堤填筑。河堤土石方填筑应分层统一填筑、统一碾压，防止出现局部“弹簧土”、层间光面、层间中空、松土层或剪切破坏等质量问题；土料填筑应按设计要求填至规定部位，严禁将砂（砾）料或其他透水料与粘性土料混杂；填料厚度和土块直径的限制尺寸，宜通过碾压试验确定，压实质量应符合设计和相关规范要求。

（2）防渗工程。粘土防渗体分层铺筑时，应控制合理的铺土厚度，层面间应刨毛、洒水，严禁上下层接缝贯通；土工膜防渗施工应自下游侧开始，依次向上游侧平展铺设，避免土工膜打皱、破损；搭接及检验应符合设计要求；及时填筑保护层，保护层厚度应符合设计要求。灌浆施工所用的材料、浓度、孔口压力、胶凝时间等应符合设计要求。

（3）常规护坡。浆砌石护坡采用坐浆法分层砌筑，严禁先堆砌石块再用砂浆灌缝。干砌石护坡不得使用有尖角或薄边的石料砌筑；砌石应垫稳填实，与周边砌石靠紧，严禁架空。现浇混凝土及钢筋混凝土护坡应严格按设计和规范要求的配合比施工，加强振捣和养护。预制混凝土块护坡应严格检测预制混凝土块的质量，经检测合格后方可铺砌。砌缝应平整美观，砌缝内砂浆应填充饱满。

（4）新工艺护坡。采用格宾网箱、雷诺护垫等新工艺时，主要材料必须有出厂检验报告或质量合格证明书。格宾网箱、雷诺护垫填充料必须是坚固密实、遇水不易崩解和水解、耐风化好的材料。

（5）混凝土生态护坡。生态混凝土摊铺应均匀、表面平整。可采用平板振动器或人工捣实；生态混凝土铺摊结束后，经检验标高、平整度等达到要求后，及时洒水养护或覆盖；生态混凝土表面覆土绿化宜采用喷播机械向混凝土孔隙内灌注填充材料，然后覆土进行绿化。

（6）穿堤建筑物基础处理。涵闸、涵管等穿堤建筑物基础的开挖和处理，应根据相关规定做好地质编录、详细测量记录等，地基承载力应符合设计要求，经联合验收合格后，方能进行后续工程施工；基础采用混凝土灌注桩的穿堤建筑物，成孔达到设计深度后，必须核实地质情况，孔径、孔深应符合设计要求，桩身不得出现断桩、缩径。

（四）强化对施工质量的过程管理

（1）严把原材料进场关。建筑材料、构配件和设备进场时，施工和监理单位必须进行进场复验，核查产品合格证和出厂检验报告，并按有关规定进行见证取样检测，质量、规格、性能应符合有关技术标准和技术条款的要求，杜绝不合格建筑材料进入中小河流治理工程现场，加大新材料、新技术的推广应用。

（2）加强施工质量检测工作。施工质量检验的人员、检验方法、计量器具和试验仪器仪表及设备应满足要求，有条件的项目应委托有资质的第三方检测单位进行质量检验。施工单位应当依据工程设计要求、施工技术标准和合同约定进行自检，监理单位按监理规范或合同约定执行进行平行检测和跟踪检测，项目法人对施工单位自检和监理单位抽检过程进行督促检查。中小河流治理工程质量检验项目和数量应符合单元工程评定标准规定。

（3）做好施工质量评定与验收工作。参建各方应严格按照有关规定、规程，做好中小河流治理项目施工的质量评定与验收工作。工序、单元工程质量评定应在施工单位自评的基础上，由监理单位复核。监理单位在复核时，应核查施工单位报验的自检资料是否真实、齐全。重要隐蔽单元工程及关键部位单元工程质量需经项目法人、监理、设计、施工等单位联合检查，由质量监督机构核定其质量等级合格后，方可覆盖或进行下一工序施工。工程质量达到规定要求的，方可通过验收；工程质量未达到要求的，应及时采取补救措施，直至符合工程相关质量验收标准后，方可通过验收。

（五）切实加强质量监管

（1）加强政府质量监督。原则上由项目所在地的市级或县级水行政主管部门负责中小河流治理工程的质量监督工作，以抽查和巡查方式为主进行。质量监督机构应核实工程勘察、设计、施工、监理、质量检测等单位、人员的资质、资格；检查项目法人、勘察、设计、施工、监理、质量检测等单位履行法律、行政法规、规章规定的质量责任和义务的情况；对工程的项目划分进行确认，并检查质量检验和质量评定情况。要结合中小河流治理项目特点，探索行之有效的监督模式，提高监督管理效能。

（2）加强质量风险管理。完善质量风险管理工作机制，加大中小河流治理工程质量隐患整治力度，及时开展质量隐患排查和施工质量通病治理，提升风险防范能力，切实做到对质量风险的早发现、早研判、早预警、早处置，有效预防、及时控制和消除中小河流治理项目质量事故的危害。督促参建单位组织制定质量事故应急预案，落实质量事故报告制度，做好中小河流治理工程质量事故应急处置工作。

（3）加强建设市场监管。要加强对中小河流治理工程招标投标过程和合同履行的监督管理，严厉打击围标、串标、转包和非法分包等违法违规行为，从源头上保障质量管理体系的落实。加强质量诚信体系建设，把市场主体质量行为作为水利工程建设市场主体信用评价的重要内容，强化质量不良行为记录管理工作，实施质量信用分类监管，加大对质量失信惩戒力度。

（4）严肃查处质量违规违法行为。要加强对中小河流治理项目工程质量的督导检查，对发现的问题及时提出整改意见，落实整改措施，限期进行整改，对人员不到位、工作失职渎职、造成工程质量事故、将不合格工程按照合格工程验收等，依法依规，严肃查处，严厉打击危害工程安全和人民生命财产安全的质量违法行为。坚持“事故原因不查清楚不放过、主要事故责任者和职工未受到教育不放过、补救和防范措施不落实不放过、责任人员未受到处理不放过”的原则，做好质量事故处理工作。

九、《关于加强中小河流治理项目验收管理的指导意见》

为加强中小河流治理项目验收管理，明确验收责任，规范验收行为，保障验收工作质量，根据中小河流治理项目管理有关规定，参照《水利工程建设项目验收管理规定》（水利部令第30号）和《水利水电建设工程验收规程》（SL 223—2008），结合中小河流治理项目特点，水利部制定并印发了《关于加强中小河流治理项目验收管理指导意见》。

（一）总则

（1）中小河流治理项目验收分为法人验收和政府验收，法人验收包括分部工程验收和单位工程验收，政府验收为竣工验收。

（2）中小河流治理项目具备验收条件时，应当及时组织验收。未经验收或者验收不合格的，不得进行后续工程施工。

（3）中小河流治理项目验收的依据是国家有关法律、法规、规章和技术标准，有关主管部门的规定，经批准的初步设计文件、调整概算文件、设计变更文件，施工图纸及技术说明，设备技术说明书，施工合同等。

（4）各级人民政府水行政主管部门按照规定权限负责本行政区域内中小河流治理项目

验收的监督管理工作。

（二）关于法人验收

（1）分部工程或单位工程完工并具备验收条件时，施工单位应向项目法人提出验收申请，项目法人应在收到验收申请之后10个工作日内决定是否同意进行验收。

（2）法人验收由项目法人主持，项目法人可以委托监理单位主持分部工程验收，涉及隐蔽工程、穿堤涵闸、险工险段整治等关键部位（以下简称“关键部位”）的分部工程验收应由项目法人主持。

（3）法人验收应成立验收工作组。工作组由项目法人、勘测设计、监理、施工、主要设备制造（供应）等单位的代表组成。对于分部工程验收，质量监督机构可派员列席涉及关键部位的验收会议。对于单位工程验收，运行管理单位应参加验收会议，质量监督机构应派员列席验收会议。

（4）法人验收会议按以下程序进行：

①听取有关参建单位的工程建设情况汇报；

②现场检查工程完成情况和工程质量；

③对于分部工程验收，检查单元工程施工质量验收评定及相关档案资料；对于单位工程验收，检查分部工程验收文件及相关档案资料；

④评定工程施工质量；

⑤对验收中发现的问题提出处理意见；

⑥讨论并通过验收鉴定书。

（5）分部工程验收应具备的条件为单元工程已完建，施工质量经评定全部合格，有关质量缺陷已处理完毕或有监理机构批准的处理意见，以及合同约定的其他条件。

（6）分部工程验收应重点检查的内容包括：工程是否满足设计要求或合同约定；设计、施工、监理及质量检验评定等相关资料的完整性、真实性、合法性；工程设计变更及履行程序情况；施工中的质量事故和质量缺陷处理情况。

（7）单位工程验收应具备的条件为分部工程已完建并验收合格，分部工程验收遗留问题已基本处理完毕，未处理的遗留问题不影响单位工程质量评定并有处理意见，以及合同约定的其他条件。

（8）单位工程验收应重点检查的内容包括：工程是否按批准的设计内容完成；参建单位提供验收资料的完整性、真实性、合法性；工程设计变更及履行程序情况；分部工程验收遗留问题处理情况。

（9）项目法人应在法人验收通过之日起10个工作日内，将验收质量结论报质量监督机构核备（定）。质量监督机构应在收到核备（定）材料之日起20个工作日内完成核备（定）并反馈项目法人。

（10）项目法人应当自法人验收通过之日起30个工作日内，制作法人验收鉴定书，发送参加验收单位并报送法人验收监督管理机关备案。

（11）法人验收监督管理机关应加强对法人验收的监督管理，对法人验收工作情况组织检查，当发现验收工作中存在问题时，应及时要求项目法人予以纠正，必要时可要求暂停验收或重新验收。

（三）关于政府验收

（1）中小河流治理项目竣工验收由省级人民政府水行政主管部门或者其委托的市（地）级人民政府水行政主管部门主持。

有关水行政主管部门可视情况邀请同级财政部门共同主持竣工验收或参加验收会议，涉及省际河段的建设项目需邀请相关流域机构参加会议。

（2）竣工验收应在中小河流治理项目全部完成并经过一个汛期运行考验后的6个月内进行。

（3）项目法人编制完成竣工财务决算后，应报送竣工验收主持单位的财务、审计部门进行审查和审计，经竣工验收主持单位同意，也可由县级以上财政、审计主管部门进行审查和审计。对竣工决算审查、审计意见中提出的问题，项目法人应进行整改。

（4）根据项目实际情况，需要进行专项验收的，应按照有关规定进行。

（5）竣工验收应具备以下条件：

①工程已按批准设计的内容建设完成，能够正常投入运行；

②工程重大设计变更已经有审批权的单位批准，一般设计变更已履行有关程序，并出具了相应文件；

③工程投资已到位，竣工财务决算已完成并通过竣工决算审计，审计提出的问题已整改落实并提交了整改报告；

④单位工程验收已完成，历次验收发现的问题已基本处理完毕，遗留问题已明确处理方案；

⑤归档资料符合工程档案管理的有关规定；

⑥工程质量和安全监督报告已提交，经质量监督机构核定，工程质量达到合格标准；

⑦工程运行管理单位已明确，运行管理措施、管护经费渠道已落实；

⑧验收资料已准备就绪。

（6）项目具备竣工验收条件时，项目法人应当提出竣工验收申请，经法人验收监督管理机关审查后转报竣工验收主持单位。

（7）竣工验收主持单位可以根据竣工验收工作需要，委托具有相应资质的工程质量检测单位对工程质量进行抽样检测。对抽样检测中发现的质量问题，项目法人应及时组织有关单位研究处理，影响工程安全运行及使用功能的质量问题处理完毕后方可进行竣工验收。

（8）竣工验收应包括以下主要内容：

①检查工程是否按批准的设计完成，设计变更是否履行有关程序；

②检查工程是否存在质量隐患和影响工程安全运行的问题；

③检查历次验收遗留问题和工程初期运行发现问题处理情况，检查工程尾工安排情况；

④鉴定工程质量是否合格；

⑤检查工程投资、财务管理情况及竣工决算审计整改落实情况；

⑥检查工程档案管理情况；

⑦检查工程管理机构、人员、经费、管理制度等运行管理条件的落实情况；

⑧研究验收中发现的问题，提出处理意见。

（9）竣工验收会议程序主要包括现场检查工程建设情况、查阅相关资料、听取有关单位工作报告、讨论并通过验收鉴定书等。

（10）竣工验收主持单位应成立竣工验收委员会进行验收。竣工验收委员会由验收主持单位、有关地方人民政府和相关部门、质量和安全监督机构、运行管理等单位的代表以及相关专业专家组成。项目法人、勘测设计、监理、施工和主要设备制造（供应）等单位应派代表参加验收会议，解答验收委员会提出的有关问题，并作为被验收单位代表在验收鉴定书上签字。

（11）参加竣工验收委员会的专家应来自非工程参建单位，具有相应专业技术职称或从业资格，人员构成应基本涵盖工程建设涉及的主要专业。验收专家应通过检查工程现场、查阅设计、施工、监理及质量检验评定资料等方式，重点对工程建设内容、质量和安全等进行评价，对验收中的技术问题提出处理意见，作出相关验收结论并在竣工验收鉴定书上签字。

（12）竣工验收鉴定书通过之日起30个工作日内，应由竣工验收主持单位发送有关单位。对于市（地）级人民政府水行政主管部门主持竣工验收的项目，竣工验收鉴定书应报省级人民政府水行政主管部门核备。省级人民政府水行政主管部门应按一定比例对竣工验收工作进行抽查，必要时可委托具有相应资质的工程质量检测单位对工程质量进行抽样检测。当发现竣工验收工作中存在问题时，应及时要求竣工验收主持单位予以纠正，必要时可要求重新验收。

（13）项目法人和其他有关单位应按照竣工验收鉴定书的要求妥善处理竣工验收遗留问题，完成工程尾工，法人验收监督管理机关应加强督促检查。验收遗留问题处理完毕，尾工完成并通过验收后，项目法人应将处理情况和验收成果及时报送竣工验收主持单位。

（14）竣工验收鉴定书印发后60个工作日内，项目法人与工程运行管理单位应完成工程移交手续。

（15）中小河流治理项目通过竣工验收后，项目法人应及时将竣工财务决算报地方财政部门审批。

（四）其他事项

（1）项目法人、设计、施工、监理等有关单位对提交的验收资料负责，验收委员会（工作组）对所提出的验收结论负责。

（2）中小河流治理项目验收、质量抽样检测所需费用列入工程投资，由项目法人列支。

（3）本指导意见未规定之处，可参照《水利工程建设项目验收管理规定》（水利部令第30号）和《水利水电建设工程验收规程》（SL 223—2008）的有关规定执行。

十、《水利工程建设项目验收管理规定》

（一）验收管理规定实施的意义

水利部于2006年12月18日颁发《水利工程建设项目验收管理规定》（水利部令第30号，以下简称《验收管理规定》），该规定自2007年4月1日起施行。

根据国家和行业有关规定，水利工程建设程序分为项目建议书、可行性研究报告、初步设计、施工准备、建设实施、生产准备、竣工验收、后评价8个阶段，国务院办公厅《关于加强基础设施工程质量管理的通知》（国发办〔1999〕16号）中指出工程建设项目管理“必须实行竣工验收制度。项目建成后必须按国家有关规定进行严格的竣工验收，由验收人员签字负责。项目竣工验收合格后，方可投入使用。”竣工验收是工程建设中不可缺少的一个重要环节。

有关水利工程建设项目的竣工验收工作，过去一直执行的是行业技术标准《水利水电建设工程验收规程》SL 223—1999，但缺少行业管理具体的规章。《验收管理规定》是水利行业第一部针对验收工作的具体管理规章，该规定的颁布和实施，是完善水利工程建设管理方面制度的一项重要举措，标志着水利工程项目建设过程中的验收工作以及竣工验收管理工作进一步走向规范化、制度化，将有力推动水利工程建设管理各方面管理水平的提高。

《验收管理规定》的颁布和实施，为一系列围绕工程项目验收所需要的规章制度（如工程建设的技术鉴定、质量检测、优质工程评定、质量监督管理等）和技术标准（如验收规程、质量检验与评定规程、单元工程施工质量评定标准等）的修订提供了重要的依据。

（二）验收管理规定的主要特点

（1）对比现行有关水利工程建设项目验收方面的规定和技术标准，《验收管理规定》主要有以下特点：

①强调依据职责和责任划分工程验收的类别，将工程验收分为政府验收和法人验收。改变了以验收时工程是否投入使用作为划分工程验收类别的方法。明确法人验收是指在项目建设过程中由项目法人组织进行的验收。法人验收是政府验收的基础。政府验收是指由有关人民政府、水行政主管部门或者其他有关部门组织进行的验收，包括专项验收、阶段验收和竣工验收。

②工程项目验收的依据在保持以往规定不变的基础上，增加和进一步明确了施工合同是验收工作的重要依据，强化工程参建单位的合同意识。

③在验收工作中进一步落实水利工程建设项目法人责任制，强调项目法人以及其他参建单位应当提交真实、完整的验收资料，并对提交的资料负责。

④加强对项目法人等参建单位工程建设过程中验收工作的监督管理，提出对法人验收进行监督管理，明确由水行政主管部门或者流域管理机构组建项目法人的，该水行政主管

部门或者流域管理机构是本项目的法人验收监督管理机关；由地方人民政府组建项目法人的，本级地方人民政府水行政主管部门是本项目的法人验收监督管理机关。

⑤针对水利工程建设项目的复杂性以及招标投标和合同管理等需要，除验收管理规定已经给出的验收工作种类外，明确项目法人可以根据工程建设的需要增设法人验收的环节。给项目法人的项目管理创造了更大的管理空间。

⑥将验收工作纳入工程建设计划进度管理的一部分，要求项目法人在开工报告批准后60个工作日内，制订法人验收工作计划，报法人验收监督管理机关和竣工验收主持单位备案。

⑦改变了工程质量监督机构对于工程质量评定的监督方式，除单位工程以及大型枢纽主要建筑物的分部工程验收的质量结论应当报该项目的质量监督机构核定外，其余改为核备，进一步强化了工程参建单位的质量责任。

⑧解决了水利工程建设中施工合同双方关于工程保修期计算起止日期不清问题，明确工程保修期从通过单项合同工程完工验收之日算起，保修期限按合同约定执行。

⑨进一步明确竣工验收的时间，将项目竣工验收的时间由全部工程完建后3个月内进行，改为竣工验收应当在工程建设项目全部完成并满足一定运行条件后1年内进行，进一步保证竣工验收工作的质量，防止竣工验收时验收遗留问题太多。

⑩提出竣工验收原则上按照经批准的初步设计所确定的标准和内容进行，既进一步强调项目法人在工程建设时应当以批准的初步设计为依据，又明确了工程验收的范围，防止工程竣工验收时由于参加验收的人员所代表的单位不同，可能在验收标准和范围上引起的歧义，影响竣工验收工作的正常进行。

⑪用竣工技术预验收取代验收责任不明确的竣工初步验收，规范和强化技术专家在竣工验收工作的技术把关作用，进一步提高竣工验收工作的质量，把好竣工验收关。

⑫进一步发挥第三方在工程建设中的作用，提出大型水利工程在竣工技术预验收前，项目法人应当按照有关规定对工程建设情况进行竣工验收技术鉴定。中型水利工程在竣工技术预验收前，竣工验收主持单位可以根据需要决定是否进行竣工验收技术鉴定。

⑬进一步明确对工程建设中专项工程和工作的专项验收，提出专项验收成果文件是阶段验收以及竣工验收成果文件的组成部分，通过专项验收是阶段验收和竣工验收应具备的条件之一。

⑭落实验收遗留问题的处理责任单位，规范和完善验收遗留问题的处理程序，提出项目法人和其他有关单位应当按照竣工验收鉴定书的要求妥善处理竣工验收遗留问题和完成尾工。强调验收遗留问题处理完毕以及尾工完成并通过验收后，项目法人应当将处理情况和验收成果报送竣工验收主持单位。

⑮闭合管理环节，提出工程通过竣工验收以及验收遗留问题处理完毕和尾工完成并通过验收时，竣工验收主持单位向项目法人颁发工程竣工证书。工程竣工验收后颁发工程竣工证书，也同时进一步规范了政府对水利工程建设项目管理以及工程参建单位业绩证明。

⑯对于验收工作中存在的不规范以及违法违规行为，明确了相应的处罚。

（2）《验收管理规定》是一项全新的管理规章，在工程建设实施过程中，应当注意以下问题：

①根据国家有关投资体制改革的决定和行政管理的有关规定，验收管理规定的适用范围是中央或者地方财政全部投资或者部分投资建设的大中型水利工程建设项目（含1、2、3级堤防工程）的验收活动，不是习惯上笼统的大中型水利工程建设项目。

②工程验收可以通过也可以不通过，强调验收委员会（验收工作组）对工程验收不予通过的，应当明确不予通过的理由并提出整改意见。有关单位应当及时组织处理有关问题，完成整改，并按照程序重新申请验收。

③明确法人验收由项目法人主持。验收工作组由项目法人、设计、施工、监理等单位的代表组成，必要时可以邀请工程运行管理单位等参建单位以外的代表及专家参加。项目法人可以委托监理单位主持分部工程验收，有关委托权限应当在监理合同或者委托书中明确。除分部工程验收外，其余的法人验收应当由项目法人负责主持并承担责任。

④有关部门在批准开工报告时，同时明确竣工验收主持单位，不是以往在申请竣工验收时才明确竣工验收主持单位。

⑤为提高工作效率，经商有关部门同意，专项验收可以与竣工验收一并进行。

⑥将工程运行管理单位调整进竣工验收委员会组成单位，不再是竣工验收的被验收单位，有利于工程运行管理单位职责的明确和落实。

⑦明确水利工程建设项目验收应当具备的条件、验收程序、验收主要工作以及有关验收资料和成果性文件等具体要求，按照有关验收规程执行。即验收管理规定主要解决验收时应当做什么工作，至于相关工作怎么做，则需要根据有关验收技术标准，如《水利水电建设工程验收规程》《水利水电工程施工质量检验与评定规程》等。

（三）验收分类与程序

（1）水利工程建设项目主持单位的分类。水利工程建设项目验收，按验收主持单位性质不同分为法人验收和政府验收两类。

法人验收是指在项目建设过程中由项目法人组织进行的验收。法人验收是政府验收的基础。

政府验收是指由有关人民政府、水行政主管部门或者其他有关部门组织进行的验收，包括专项验收、阶段验收和竣工验收等。

（2）水利工程建设项目验收的依据。

①国家有关法律、法规、规章和技术标准；

②有关主管部门的规定；

③经批准的工程立项文件、初步设计文件、调整概算文件；

④经批准的设计文件及相应的工程变更文件；

⑤施工图纸及主要设备技术说明书等；

⑥法人验收还应当以施工合同为验收依据。

（3）法人验收包括分部工程、单位工程、单项合同工程验收等环节。项目法人可以根据工程建设的需要增设法人验收的环节。

（4）法人验收由项目法人主持。由项目法人、设计、施工、监理等单位的代表组成验收工作组负责；必要时可以邀请工程运行管理单位等参建单位以外的代表及专家参加验收工作组。项目法人可以委托监理单位主持分部工程验收，有关委托权限应当在监理合同或者委托书中明确。

（5）分部工程验收的质量结论应当报该项目的质量监督机构核备；未经核备的，项目法人不得组织下一阶段的验收。单位工程以及大型枢纽主要建筑物的分部工程验收质量结论应当报该项目的质量监督机构核定；未经核定的，项目法人不得通过法人验收；核定不合格的，项目法人应当重新组织验收。质量监督机构应当自收到核定材料之日起 20 个工作日内完成核定。

（6）政府验收中竣工验收主持单位按以下原则确定：

①国家重点水利工程建设项目，竣工验收主持单位依照国家有关规定确定。

②除前款规定以外，在国家确定的重要江河、湖泊建设的流域控制性工程、流域重大骨干工程建设项目，竣工验收主持单位为水利部。

③除前两款规定以外的其他水利工程建设项目，竣工验收主持单位按照以下原则确定：

a. 水利部或者流域管理机构负责初步设计审批的中央项目，竣工验收主持单位为水利部或者流域管理机构；

b. 水利部负责初步设计审批的地方项目，以中央投资为主的，竣工验收主持单位为水利部或者流域管理机构，以地方投资为主的，竣工验收主持单位为省级人民政府（或者其委托的单位）或者省级人民政府水行政主管部门（或者其委托的单位）；

c. 地方负责初步设计审批的项目，竣工验收主持单位为省级人民政府水行政主管部门（或者其委托的单位）。

竣工验收主持单位为水利部或者流域管理机构的，可以根据工程实际情况，会同省级人民政府或者有关部门共同主持。

④竣工验收主持单位应当在工程开工报告的批准文件中明确。

（7）竣工验收应当在工程建设项目全部完成并满足一定运行条件后 1 年内进行。不能按期进行竣工验收的，经竣工验收主持单位同意，可以适当延长期限，但最长不得超过 6 个月。逾期仍不能进行竣工验收的，项目法人应当向竣工验收主持单位做出专题报告。

（8）工程具备竣工验收条件的，项目法人应当提出竣工验收申请，经法人验收监督管理机关审查后报竣工验收主持单位。竣工验收主持单位应当自收到竣工验收申请之日起 20 个工作日内决定是否同意进行竣工验收。

（9）竣工验收分为竣工技术预验收和竣工验收两个阶段。大型水利工程在竣工技术预验收前，项目法人应当按照有关规定对工程建设情况进行竣工验收技术鉴定。中型水利工程在竣工技术预验收前，竣工验收主持单位可以根据需要决定是否进行竣工验收技术鉴定。

（10）竣工验收原则上按照经批准的初步设计所确定的标准和内容进行。项目有总体初步设计又有单项工程初步设计的，原则上按照总体初步设计的标准和内容进行，也可以先进行单项工程竣工验收，最后按照总体初步设计进行总体竣工验收。

项目有总体可行性研究但没有总体初步设计而有单项工程初步设计的，原则上按照单项工程初步设计的标准和内容进行竣工验收。

建设周期长或者因故无法继续实施的项目，对已完成的部分工程可以按单项工程或者分期进行竣工验收。

（四）违反验收管理规定的处罚

《验收管理规定》中关于违反该规定的主要处罚有：

（1）违反本规定，项目法人不按时限要求组织法人验收或者不具备验收条件而组织法人验收的，由法人验收监督管理机关责令改正。

（2）项目法人以及其他参建单位提交验收资料不真实导致验收结论有误的，由提交不真实验收资料的单位承担责任。竣工验收主持单位收回验收鉴定书，对责任单位予以通报批评；造成严重后果的，依照有关法律法规处罚。

（3）参加验收的专家在验收工作中玩忽职守、徇私舞弊的，由验收监督管理机关予以通报批评；情节严重的，取消其参加验收的资格；构成犯罪的，依法追究刑事责任。

（4）国家机关工作人员在验收工作中玩忽职守、滥用职权、徇私舞弊，尚不构成犯罪的，依法给予行政处分；构成犯罪的，依法追究刑事责任。

第五节　工程技术标准体系

一、水利技术标准的分类和体系

根据《中华人民共和国标准化法》的规定，我国的标准分为国家标准、行业标准、地方标准和企业标准四大类。保障人体健康、人身、财产安全的标准和法律、行政法规规定强制执行的标准是强制性标准，其他标准是推荐性标准。

水利部是中国水利标准化的行政主管部门，组织制订了《水利技术标准体系表》。根据标准体系的内在联系特征和水利行业的具体特点，体系表采用由专业门类、专业序列和层次构成的三维框架结构（见图5－1）。

二、主要水利水电工程设计和施工标准及法律法规

现行有效的主要水利水电工程设计和施工标准及法律法规详见表5－3。

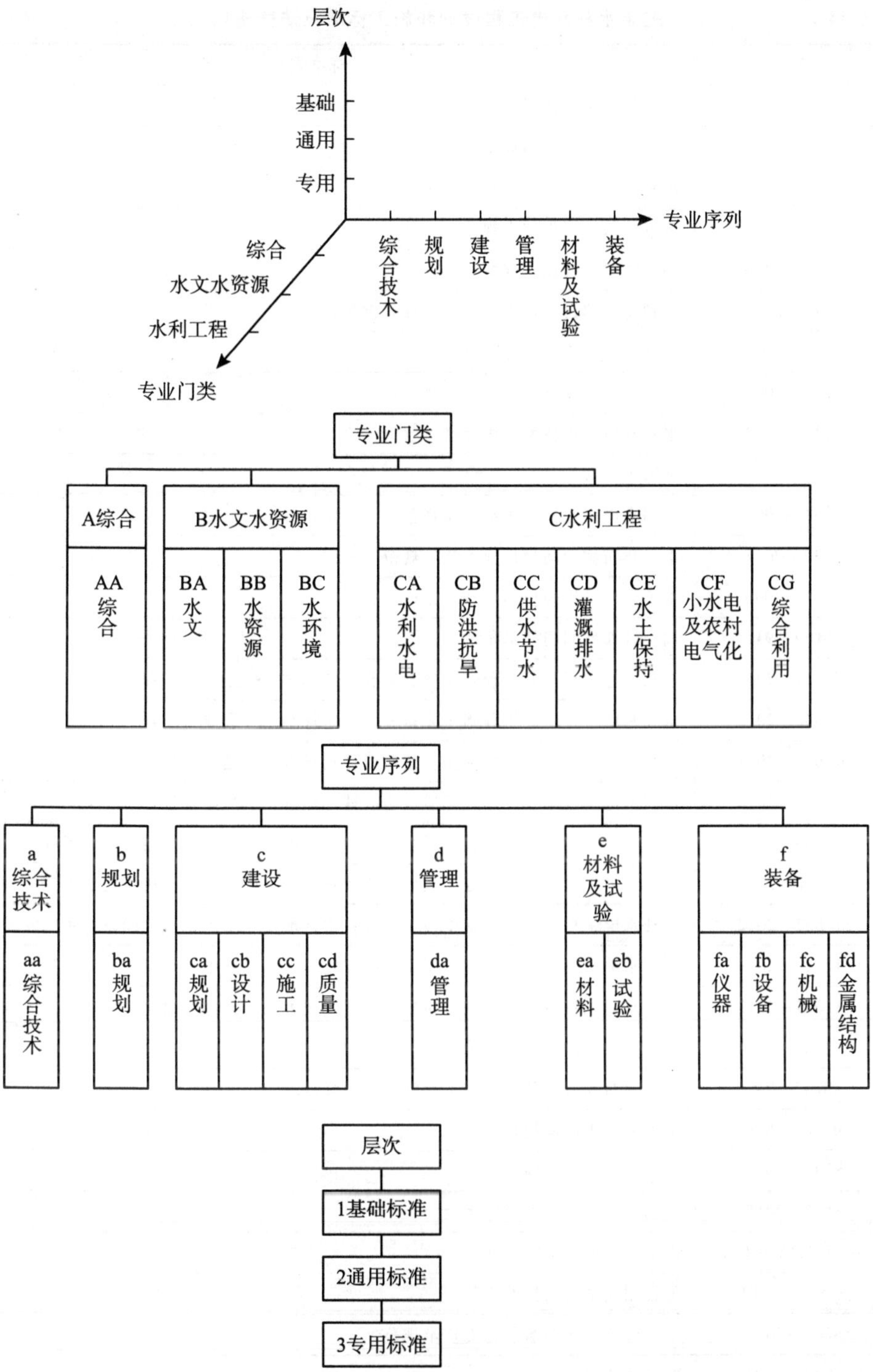

图 5－1　水利技术标准体系结构框图

表 5-3 主要水利水电工程设计和施工标准及法律法规

序号	标准编号	标准名称
1		水利技术标准体系表
2	SL1—2014	水利技术标准编写规定
3	SL15—2011	水利水电专用混凝土泵技术条件
4	SL17—2014	疏浚与吹填工程技术规范
5	SL18—2004	渠道防渗工程技术规范
6	SL19—2014	水利基本建设项目竣工财务决算编制规程
7	SL23—2006	渠系工程抗冻胀设计规范
8	SL25—2006	砌石坝设计规范
9	SL26—2012	水利水电工程技术术语标准
10	SL27—2014	水闸施工规范
11	SL31—2003	水利水电工程钻孔压水试验规程
12	SL32—2014	水工建筑物滑动模板施工技术规范
13	SL36—2006	水工金属结构焊接通用技术条件
14	SL37—91	偏心铰弧形闸门技术条件
15	SL 631—2012	水利水电工程单元工程施工质量验收评定标准——土石方工程
16	SL 632—2012	水利水电工程单元工程施工质量验收评定标准——混凝土工程
17	SL 633—2012	水利水电工程单元工程施工质量验收评定标准——地基处理与基础工程
18	SL 634—2012	水利水电工程单元工程施工质量验收评定标准——堤防工程
19	SL 635—2012	水利水电工程单元工程施工质量验收评定标准——水工金属结构安装工程
20	SL 636—2012	水利水电工程单元工程施工质量验收评定标准——水轮发电机组安装工程
21	SL 637—2012	水利水电工程单元工程施工质量验收评定标准——水力机械辅助设备系统安装工程
22	SL 638—2013	水利水电工程单元工程施工质量验收评定规程——发电电气设备安装工程
23	SL 639—2013	水利水电工程单元工程施工质量验收评定规程——升压变电电气设备安装工程
24	SL46—94	水工预应力锚固施工规范
25	SL47—94	水工建筑物岩石基础开挖工程施工技术规范
26	SL352—2006	水工混凝土试验规程
27	SL49—2015	混凝土面板堆石坝施工规范
28	SL52—2015	水利水电工程施工测量规范
29	DL/T 5112—2009	水工碾压混凝土施工规范
30	SL551—2012	土石坝安全监测技术规范
31	SL62—2014	水工建筑物水泥灌浆施工技术规范
32	SL/T64—94	两栖式清淤机
33	SL/T65—94	SLWY-60 型水陆两用液压挖掘机技术条件
34	SL/T66—94	SLQY-30 型两栖式清淤机技术条件
35	SL74—2013	水利水电工程钢闸门设计规范
36	SL101—2014	水工钢闸门和启闭机安全检测技术规程

续表

序号	标准编号	标准名称
37	SL/T102—1995	水文自动测报系统设备基本技术条件
38	SL103—95	微灌工程技术规范
39	SL105—2007	水工金属结构防腐蚀规范
40	SL110—2014	切土环刀校验方法
41	SL111—95	透水板校验方法
42	SL112—95	击实仪校验方法
43	SL115—2014	渗透仪校验方法
44	SL116—2012	应变控制式直剪仪校验方法
45	SL117—2012	应变控制式无侧限压缩仪校验方法
46	SL118—2014	应变控制式三轴仪校验方法
47	SL119—2012	岩石三轴试验仪校验方法
48	SL120—2012	岩石声波参数测试仪校验方法
49	SL121—2012	岩石直剪（中型剪）仪校验方法
50	SL122—2012	岩石变形测试仪校验方法
51	SL126—2011	砂料标准筛检验方法
52	SL127—95	容重筒检验方法
53	SL128—95	试验室用混凝土搅拌机检验方法
54	SL129—95	混凝土成型用标准振动台检验方法
55	SL130—95	混凝土试模检验方法
56	SL131—95	混凝土坍落度仪校验方法
57	SL132—95	气压式含气量测定仪校验方法
58	SL138—2011	混凝土标准养护室检验方法
59	SL/T153—95	低压管道输水灌溉工程技术规范（井灌区部分）
60	SL/T154—2013	机井井管标准
61	SL163—2010	水利水电工程施工导流和截流模型试验规范
62	SL164—2010	溃坝洪水模拟技术规范
63	SL168—2012	小型水电站建设工程验收规程
64	SL172—96	小型水电站施工技术规范
65	SL174—96	水利水电工程混凝土防渗墙施工技术规范
66	SL176—2007	水利水电工程施工质量检验与评定规程
67	SL188—2005	堤防工程地质勘察规程
68	SL189—2013	小型水利水电工程碾压式土石坝设计导则
69	SL191—2008	水工混凝土结构设计规范
70	SL197—2013	水利水电工程测量规范（规划设计阶段）
71	SL203—97	水工建筑物抗震设计规范
72	SL210—2015	土石坝养护修理规程

续表

序号	标准编号	标准名称
73	SL211—2006	水工建筑物抗冰冻设计规范
74	SL212—2012	水工预应力锚固设计规范
75	SL214—2015	水闸安全鉴定规定
76	SL223—2008	水利水电建设工程验收规程
77	SL/T225—98	水利水电工程土工合成材料应用技术标准
78	SL227—98	橡胶坝技术规范
79	SL228—2013	混凝土面板堆石坝设计规范
80	SL230—2015	混凝土坝养护修理规程
81	SL/T231—98	聚乙烯（PE）土工膜防渗工程技术规范
82	GB/T 51033—2014	水利泵站施工及验收规范
83	SL/T242—2009	周期式混凝土搅拌楼（站）
84	SL251—2015	水利水电工程天然建筑材料勘察规程
85	SL252—2017	水利水电工程等级划分及洪水标准
86	SL253—2000	溢洪道设计规范
87	SL258—2000	水库大坝安全评价导则
88	SL 260—2014	堤防工程施工规范
89	SL 265—2016	水闸设计规范
90	SL 266—2014	水电站厂房设计规范
91	SL 274—2001	碾压式土石坝设计规范
92	SL 275. 1—2001	表层型核子水分—密度仪现场测试规程
93	SL 275. 2—2001	深层型核子水分—密度仪现场测试规程
94	SL279—2016	水工隧洞设计规范
95	SL281—2003	水电站压力钢管设计规范
96	SL282—2003	混凝土拱坝设计规范
97	SL285—2003	水利水电工程进水口设计规范
98	SL288—2014	水利工程建设项目施工监理规范
99	SL290—2009	水利水电工程建设征地移民设计规范
100	SL302—2004	水坠坝技术规范
101	SL303—2017	水利水电工程施工组织设计规范
102	SL313—2004	水利水电工程施工地质勘察规程
103	SL314—2004	碾压混凝土坝设计规范
104	SL316—2015	泵站安全鉴定规程
105	SL317—2015	泵站安装及验收规范
106	SL319—2005	混凝土重力坝设计规范
107	SL320—2005	水利水电工程钻孔抽水试验规程
108	SL328—2005	水利水电工程设计工程量计算规定

续表

序号	标准编号	标准名称
109	SL352—2006	水工混凝土试验规程
110	SL381—2007	水利水电工程启闭机制造、安装及验收规范
111	SL 398—2007	水利水电工程施工通用安全技术规程
112	SL 399—2007	水利水电工程土建施工安全技术规程
113	SL 400—2007	水利水电工程金属结构与机电设备安装安全技术规程
114	SL 401—2007	水利水电工程施工作业人员安全操作规程
115	SL 714—2015	水利水电工程施工安全防护设施技术规范
116		工程建设标准强制性条文（水利工程部分）（2016 年版）
117		工程建设标准强制性条文（电力工程部分）（2012 年版）
118	DL/T822—2012	水电厂计算机监控系统试验验收规程
119	DL/T827—2014	灯泡贯流式水轮发电机组启动试验规程
120	DL/T835—2003	水工钢闸门和启闭机安全检测技术规程
121	DL/T944—2005	混凝土泵技术条件
122	DL/T 946—2005	水利电力建设用起重机
123	DL/T949—2005	水上建筑物塑性嵌缝密封材料技术标准
124	DL5006—2007	水利水电工程岩体观测规程
125	DL/T5010—2005	水电水利工程物探规程
126	DL/T5016—2011	混凝土面板堆石坝设计规范
127	DL5017—2007	水电水利工程压力钢管制造安装及验收规范
128	DL/T5018—2004	水电水利工程钢闸门制造安装及验收规范
129	NB/T35045—2014	水电水利工程钢闸门制造安装及验收规范
130	DL/T5055—2007	水工混凝土掺用粉煤灰技术规范
131	DL/T5057—2009	水工混凝土结构设计规范
132	NB/T35021—2014	水电站调压室设计规范
133	NB35074—2015	水利水电工程劳动安全与工业卫生设计规范
134	NB35047—2015	水工建筑物抗震设计规范
135	DL5077—1997	水工建筑物荷载设计规程
136	NB/T35024—2014	水工建筑物抗冰冻设计规范
137	DL/T5083—2010	水电水利工程预应力锚索施工规范
138	DL/T5085—1999	钢—混凝土组合结构设计规程
139	NB/T35005—2013	水电工程混凝土生产系统设计导则
140	NB/T35006—2013	水电工程围堰设计导则
141	DL/T5088—1999	水电水利工程工程量计算规定
142	DL/T5098—2010	水电工程砂石加工系统设计规范
143	DL/T5099—2011	水工建筑物地下开挖工程施工技术规范
144	DL/T5100—2014	水工混凝土外加剂技术规程

续表

序号	标准编号	标准名称
145	NB/T35026—2014	混凝土重力坝设计规范
146	NB/T35007—2013	水电工程施工地质规程
147	DL/T5110—2013	水电水利工程模板施工规范
148	DL/T5111—2012	水电水利工程施工监理规范
149	DL/T5112—2009	水工碾压混凝土施工规范
150	NB/T35041—2014	水电工程施工导流设计规范
151	DL/T5115—2008	混凝土面板堆石坝接缝止水技术规范
152	NB/T35062—2015	碾压式土石坝施工组织设计规范
153	NB/T35048—2015	水电工程验收规程
154	DL/T5127—2001	水力发电工程 CAD 制图技术规定
155	DL/T5128—2009	混凝土面板堆石坝施工规范
156	DL/T5129—2013	碾压式土石坝施工规范
157	DL/T5133—2001	水电水利工程施工机械选择设计导则
158	DL/T5134—2001	水电水利工程施工交通设计导则
159	DL/T5135—2035	水电水利工程爆破施工技术规范
160	DL/T5144—2015	水工混凝土施工规范
161	DL/T5148—2012	水工建筑物水泥灌浆施工技术规范
162	DL/T5150—2001	水工混凝土试验规程
163	DL/T5151—2014	水工混凝土砂石骨料试验规程
164	DL/T5152—2001	水工混凝土水质分析试验规程
165	DL5162—2013	水电水利工程施工安全防护设施技术规范
166	DL/T5166—2002	溢洪道设计规范
167	DL/T5167—2002	水电水利工程启闭机设计规范
168	DL/T5169—2013	水工混凝土钢筋施工规范
169	DL/T5173—2012	水电水利工程施工测量规范
170	DL/T5176—2003	水电工程预应力锚固设计规范
171	DL/T5178—2016	混凝土安全监测技术规范
172	DL/T5179—2003	水电水利工程混凝土预热系统设计导则
173	DL/T5180—2003	水电枢纽工程等级划分及设计安全标准
174	DL/T5181—2003	水电水利工程锚喷支护施工规范
175	DL/T5192—2004	水电水利工程施工总布置设计导则
176	DL/T5195—2004	水工隧洞设计规范（替代 SD134—1984）
177	DL/T5198—2004	水电水利工程岩壁梁施工规程
178	DL/T5199—2004	水电水利工程混凝土防渗墙施工规范
179	DL/T5200—2004	水电水利工程高压喷射灌浆技术规范
180	DL/T5201—2004	水电水利工程地下工程施工组织设计导则

续表

序号	标准编号	标准名称
181	DL/T5207—2005	水工建筑物抗冲磨防空蚀混凝土技术规范
182	DL/T5208—2005	抽水蓄能电站设计导则
183	DL/T5209—2005	混凝土坝安全监测资料整编规程
184	DL/T5211—2005	大坝安全监测自动化技术规范
185	DL/T5212—2005	水电工程招标设计报告编制规程
186	DL/T5213—2005	水电水利工程钻孔抽水试验规程
187	DL/T5214—2005	水电水利工程振冲法地基处理技术规范
188	DL/T5215—2005	水工建筑物止水带技术规范
189	DL/T5330—2005	水工混凝土配合比设计规程
190	DL/T5331—2005	水电水利工程钻孔压水试验规程
191	DL/T 5332—2005	水工混凝土断裂试验规程
192	DL/T5333—2005	水电水利工程爆破安全监测规程
193	DL/T5337—2006	水电水利工程边坡工程地质勘察技术规程
194	DL/T5363—2006	土石坝沥青混凝土防渗墙施工规范
195	DL/T5370—2007	水电水利工程施工通用安全技术规程
196	DL/T5371—2007	水电水利工程土建施工安全技术规程
197	DL/T5372—2007	水电水利工程金属结构与机电设备安装安全技术规程
198	DL/T5373—2007	水电水利工程施工作业人员安全操作规程
199	GB6722—2014	爆破安全规程
200	GB1346—2011	水泥标准稠度用水量、凝结时间、安定性检验方法
201	GB/T14684—2011	建筑用砂
202	GB/T17638—1998	土工合成材料　短纤针刺非织造土工布
203	GB/T17639—2008	土工合成材料　长丝纺粘针刺非织造土工布
204	GB/T17640—2008	土工合成材料　长丝机织土工布
205	GB/T17641—1998	土工合成材料　裂膜丝机织土工布
206	GB/T17642—2008	土工合成材料　非织造复合土工膜
207	GB/T17678.1—1999	CAD 电子文件光盘存储、归档与档案管理要求第一部分：电子文件归档与档案管理
208	GB/T17678.2—1999	CAD 电子文件光盘存储归档与档案管理要求第二部分：光盘信息组织结构
209	GB/T17679—1999	CAD 电子文件光盘存储归档一致性测试
210	GB/T17688—1999	土工合成材料　聚氯乙烯土工膜
211	GB17741—2005	工程场地地震安全性评价
212	GB/T17920—1999	土方机械　提升臂支承装置
213	GB/T18148—2015	压实机械压实性能试验方法
214	GB50003—2011	砌体结构设计规范
215	GB50007—2011	建筑地基基础设计规范
216	GB50009—2012	建筑结构荷载规范

续表

序号	标准编号	标准名称
217	GB50010—2010	混凝土结构设计规范
218	GB50026—2007	工程测量规范
219	GB50027—2001	供水水文地质勘察规范
220	GB50071—2014	小型水力发电站设计规范
221	GB50086—2015	锚杆喷射混凝土支护技术规范
222	GB50181—93	蓄滞洪区建筑工程技术规范
223	GB50191—2012	构筑物抗震设计规范
224	GB50194—2014	建设工程施工现场供用电安全规范
225	GB50202—2002	建筑地基基础工程施工质量验收规范
226	GB50203—2011	砌体工程施工质量验收规范
227	GB50204—2015	混凝土结构工程施工质量验收规范
228	GB50205—2001	钢结构工程施工质量验收规范
229	GB50208—2011	地下防水工程质量验收规范
230	GB50209—2010	建筑地面工程施工质量验收规范
231	GB50214—2013	组合钢模板技术规范
232	GB50218—2014	工程岩体分级标准
233	GB50224—2010	建筑防腐蚀工程质量检验评定标准
234	GB/T50107—2010	混凝土强度检验评定规程
235	GB/T50132—2014	工程结构设计通用符号标准
236	GB/T50265—2010	泵站设计规范
237	GB/T50266—2013	工程岩体试验方法标准
238	GB/T50279—2014	岩土工程基本术语标准
239	GB502862013	堤防工程设计规范
240	GB50287—2006	水利水电工程地质勘察规范
241	GB50288—99	灌溉与排水工程设计规范
242	GB50290—2014	土工合成材料应用技术规范
243	GB50296—2014	供水管井技术规范
244	GB50300—2013	建筑工程施工质量验收统一标准
245	GB50303—2015	建筑电气工程施工质量验收规范
246	GB50319—2013	建设工程监理规范
247	GB/T8077—2012	混凝土外加剂均质性试验方法
248	SL631—2012	水利水电工程单元工程施工质量验收评定标准—土石方工程
249	SL632—2012	水利水电工程单元工程施工质量验收评定标准—混凝土工程
250	SL633—2012	水利水电工程单元工程施工质量验收评定标准—地基处理与基础工程
251	SL634—2012	水利水电工程单元工程施工质量验收评定标准—堤防工程
252	SL635—2012	水利水电工程单元工程施工质量验收评定标准—水工金属结构安装工程

续表

序号	标准编号	标准名称
253	SL636—2012	水利水电工程单元工程施工质量验收评定标准—水轮发电机组安装工程
254	SL637—2002	水利水电工程单元工程施工质量验收评定标准—水力机械辅助设备系统安装工程
255	JGJ/T23—2001	回弹法检测混凝土抗压强度技术规程
256	JC475—2004	混凝土防冻剂
257	JTJ/T239—2005	水运工程土工织物应用技术规程
258		国务院关于环境保护工作的决定
259		国务院关于进一步加强环境保护工作的决定
260		国务院关于环境保护若干问题的决定
261		中华人民共和国建筑法
262		建设工程质量管理条例
263		建设工程安全生产管理条例
264		中华人民共和国安全生产法
265		中华人民共和国政府采购法
266		中华人民共和国招投标法
267		中华人民共和国招投标法释义
268		中华人民共和国水法
269		中华人民共和国水污染防治法
270		中华人民共和国水污染防治法实施细则
271		饮用水水源保护区污染防治管理规定
272		中华人民共和国防洪法
273		中华人民共和国水土保持法
274		中华人民共和国水土保持法实施条例
275		中华人民共和国河道管理条例
276		农田水利条例
277		水库大坝安全管理条例
278		水库大坝注册登记办法
279		水库大坝安全鉴定办法
280		水利工程质量事故处理暂行规定
281		水利工程建设项目招标投标管理规定
282		建设项目环境保护管理办法
283		建设项目环境保护设计规定
284		中华人民共和国标准化法
285		中华人民共和国标准化法条文解释
286		中华人民共和国电力法
287		中华人民共和国海洋环境保护法
288		中华人民共和国森林法

续表

序号	标准编号	标准名称
289		中华人民共和国档案法
290		中华人民共和国建设项目环境保护管理条例
291		基本农田保护条例
292		中华人民共和国土地管理法
293		中华人民共和国土地管理法实施条例
294		中华人民共和国合同法
295		重点用能单位节能管理办法
296		建设工程勘察设计管理规定
297		电力行业标准化管理办法
298		中华人民共和国标准化法实施条例
299		水利水电勘测设计技术标准管理办法
300		水电勘测设计技术标准管理办法
301		国家科学技术奖励条例
302		中华人民共和国专利法
303		中华人民共和国产品质量法
304		地震安全性评价管理条例
305		工程建设项目勘察设计招标投标办法
306		水利工程建设项目勘察（测）设计招投标管理办法
307		入河排污口监督管理办法
308		水行政许可实施办法
309		水利部关于修改部分水利行政许可规章的决定
310		水利部关于修改或者废止部分水利行政许可规范性文件的决定
311		水利标准化工作管理办法

第六节 工程质量创优

一、中国水利工程优质（大禹）奖

（一）评选范围

根据2012年国务院已颁发的《质量发展纲要（2011～2020）》和水利部有关规定，为提高我国水利工程建设质量水平，中国水利工程协会（以下简称“中水协”）组织评选中国水利工程优质（大禹）奖（简称“大禹工程奖”），该奖是水利工程行业优质工程的最高奖项，奖励以工程质量为主，兼顾工程建设管理、工程效益和社会影响等因素的优秀水利工程。

大禹工程奖评选对象为我国境内已经建成并投入使用的水利工程，原则上以批准的初步设计作为一个项目评选。获奖单位为工程建设项目法人（或建设单位）与主要参建单位。

大禹工程奖每年评选一次。评选工作按申报、初审、复查与现场抽查、评审和奖励等程序进行。

凡在中华人民共和国境内建设的水利工程项目，符合基本建设程序，具备申报条件的都可以参加评选。

评选范围包括：已建成投产或使用的新建大中型水利工程；工程量较大，具有显著经济、社会和生态效益的大中型改建、扩建和除险加固工程。

（二）申报条件及程序单位

申报工程应具备以下条件：

（1）符合基本建设程序且已经竣工验收，工程质量达到现行规范要求的等级；

（2）主要单位工程和主要分部工程的工程质量等级评定为优良；

（3）水利枢纽工程、堤防工程和引水工程在通过竣工验收后，原则上应达到或接近设计标准（不低于80%）的运行考验，且未发生质量问题；

（4）具有有关主管部门或单位关于推荐评选的签署意见和加盖的公章。

以下单位负责程序申报：

（1）由工程建设项目法人（或建设单位）负责申报；

（2）中央项目按项目管理权限，由部主管司局或主管流域机构签署意见；地方项目由省、自治区、直辖市水利（水务）厅（局）或省级地方相关协会签署意见。

（三）申报资料的内容和要求

1. 申报资料内容

（1）申报资料总目录一份；

（2）《中国水利工程优质（大禹）奖申报表》一式两份；

（3）《中国水利工程优质（大禹）奖申报表》电子版一份；

（4）工程项目初步设计批准文件复印件一份；

（5）工程竣工验收资料一份；

（6）反映工程情况有解说词的多媒体光盘两件。

2. 申报资料要求

（1）必须使用由中水协统一制订的《中国水利工程优质（大禹）奖申报表》，填写内容必须全面、准确、真实；

（2）有关部门或单位推荐评选的签署意见；

（3）申报单位负责确定该工程设计单位（仅一个）、监理单位（不超过两个）和施工单位（不超过三个）为主要参建单位，并填写有关内容；

（4）工程多媒体光盘为技术性资料，内容要反映工程全貌、工程质量、主要建筑物内外处理效果与工程管理范围内环境景观、使用的新技术与新工艺等。工程多媒体光盘限时6分钟。

（四）评选程序

（1）中水协对申报工程的资料进行初审并将没有通过初审的工程告知申报单位。

（2）中水协组织专家组对初审合格的工程按大禹工程奖的评审要点进行申报资料复查，并形成复查报告。必要时，专家组应对某些工程进行现场抽查。

（3）工程现场抽查的内容与要求：

①听取申报单位情况介绍并实地查看工程质量水平；

②查阅工程有关立项、审批和技术与质量等档案资料；

③听取工程运行管理单位对工程质量及运行状况的评价意见；

④工程现场抽查情况应纳入复查报告。

（4）大禹工程奖的评审工作由中国水利工程优质（大禹）奖评审委员会进行。评审委员以无记名投票方式评选优质工程。

（5）评选结果在相关媒体上公示，接受社会公众监督指导。

（6）中水协对获奖工程的项目法人（或建设单位）授予大禹工程奖奖牌、荣誉证书；对主要参建单位授予荣誉称号。

二、中国电力优质工程奖

（一）评选范围及申报条件

为贯彻国务院颁发的《质量振兴纲要》和《关于加强基础设施建设质量的通知》精神，推动电力建设企业加强质量管理，提高工程建设质量和投资效益，中国电力建设企业协会（以下简称“中电建协”）特设“中国电力优质工程奖”。该奖项是我国电力建设行业工程质量的最高荣誉奖。“中国电力优质工程奖”每年评选一次，由中电建协负责并组织实施。审核工作由“中国电力建设专家委员会”负责。审定工作由中电建协组织评审委员会负责。中电建协本着优中选优的原则，从“中国电力优质工程奖”的项目中，推荐有代表性的项目申报国家优质工程奖（金奖或银奖）和中国建筑工程鲁班奖。

“中国电力优质工程奖”本着自愿申报的原则，采取严格审查、重点抽查、资料核查、关键部位和重要工序过程追溯核查、客观公正评价的方法进行。

申报“中国电力优质工程奖”应具备以下条件：

（1）电力建设工程符合国家的法律、法规和有关规定。

（2）工程开工时，应根据质量方针和目标，制订创优质工程的计划，并按照计划在工程中组织实施。

（3）工程建设期间和评选考核期间，未发生过人身死亡责任事故和工程重大质量事故，未发生过重大社会影响事件。

（4）工程项目应是已投产并使用 1 年及以上且不超过 3 年的电力工程；对于目前国内同期、同类建设规模最大、电压等级最高、技术最新的大型电力工程，申报要求的竣工时间可适当放宽。

（5）容量和规模：

①单机容量为300MW及以上的新建、扩建或改建的火电工程（含燃油）。

②单机容量为1000MW及以上的核电常规岛工程。

③装机容量为250MW及以上的水电工程（含抽水蓄能）。

④装机容量为50MW及以上的风电工程。

⑤电压等级为500kV及以上（线路长度100km及以上、变电容量750MVA及以上）的输变电工程。

（6）工程通过了项目主管单位或中电建协达标投产考核。

（7）工程设计合理、先进。

（8）工程性能试验指标满足设计或合同保证值，且主要技术经济指标达到国内同期、同类项目先进水平。

（9）工程档案资料完整、准确、系统、有效，便于快捷检索。

不具备以上容量和规模的中小型电力工程，但工程造价1亿元以上或建安工作量5000万元以上并满足下列条件之一的电力工程，可以申报：

（1）节约型、环保型、新能源等电力工程；

（2）本地区规模最大或电压等级最高的电力工程；

（3）新纪录、专利、技术进步、管理创新等成果显著的电力工程；

（4）工艺质量精细，观感质量优良的电力工程；

（5）性能指标在电力行业领先的电力工程。

（二）申报材料

中国电力优质工程奖申报材料包括以下三项内容：

（1）申报表独立装订一册。

（2）申报材料独立装订一册。包括以下内容：

①工程质量创优简介（1500字以内）

a. 工程概况。

b. 工程建设的合法性。

c. 工程质量管理的有效性。

d. 建筑、安装工程质量优良的符合性。

e. 性能、技术指标的先进性。

f. “四新”应用、工程获奖情况。

g. 经济效益和社会效益。

②工程建设合法性证明文件（复印件）：

a. 项目核准文件。

b. 土地使用证。

c. 移交生产签证书。

d. 建设期无较大安全事故证明。

e. 档案专项验收证书。

f. 消防专项验收证书。

g. 竣工财务决算审计报告（首页、审计结论页和审定部门盖章页）。

h. 环保专项验收证书。

i. 工程竣工验收签证书。

③达标投产证书。

④工程质量监督中心站对工程投产后质量监督评价意见。

⑤反映工程质量全貌和工程亮点的 6 吋数码彩照 12 张（其中工程全貌 3 张、与工程结构和使用安全相关的 3 张、主体设备安装工程 2 张，工程独具特色部位 4 张），粘贴在 A4 纸上（见照片粘贴页），并附电子版（照片有简要说明，JPEG 格式 3M 及以上，不得用 Word 文档和扫描件）。

（3）DVD 光盘。反映工程质量的 DVD 中的主要内容参见“工程质量创优简介”，光盘配有解说词，播放时间 5 分钟。

（三）申报和评选程序

“中国电力优质工程奖”申报单位应是建设单位或主体施工单位。主体工程由两个及以上单位共同承建的，可联合申报。

“中国电力优质工程奖”的评选，分为申报材料预审、现场复查、审定和表彰三个阶段。

（1）申报材料预审，主要是审查申报材料是否符合本《办法》的规定。

（2）现场复查的主要内容及方法：

①首次会。

a. 听取工程建设质量情况简要汇报。

b. 播放 DVD 光盘。

c. 参建单位补充发言。

d. 听取工程质量监督中心站对工程质量监督评价意见。

②现场复查。

③末次会。

由复查组提出书面复查报告（1500 字以内）和该工程的“现场复查结果表”，现场复查工作结束。

（3）审定和表彰。按本《办法》的规定，依据复查组提出的复查报告及复查结果表，经中电建协组织的评审委员会审定后，由中电建协批准，在中电建协网站 www. cepca. org. cn 上公示 10 天。公示期满后，符合本《办法》的工程将授予“中国电力优质工程奖”。

受奖单位应是建设和参加主体工程设计、施工、监理、调试、生产运行的单位。其中，受奖主体施工单位的承包工程结算额应不小于总建筑安装工作量的 15%（以合同价款或工程结算书为准）。

对获得“中国电力优质工程奖”的建设、设计、主体施工、监理、调试和生产运行单位等，由中电建协予以表彰，颁发证书和奖牌，并在相关媒体宣传。

获奖单位的主管单位，可根据有关规定，对获奖单位及做出突出贡献的人员，给予精神和物质奖励。

三、其他相关奖

（一）全国电力建设优秀施工企业

全国电力建设优秀施工企业评选范围包括中电建协会员单位中的水电、火电、送变电施工企业。

评选条件包括：

（1）坚持科学发展观，认真贯彻执行党的路线、方针、政策，遵守国家的法律、法规，重合同、守信誉、无不良信用记录、无违法行为的企业。

（2）具有施工总承包和专业施工承包一级及以上资质，近三年内获得过集团公司、地（市）级或同等级别及以上企业、工程质量等方面的奖励。

（3）企业基础管理工作扎实，专业管理和综合管理水平较高，质量管理体系健全，现代化管理工作成绩突出，各项经营管理指标处于行业前列。

（4）企业近三年内无安全较大事故（含）、重大质量事故及重大社会影响事件，工程合格率 100%。

（二）全国电力建设优秀职业经理人

电力建设优秀职业经理人分为优秀高级职业经理人和优秀中级职业经理人两个类别。

电力建设优秀职业经理人申报人需获得由中国企业联合会、中国施工企业管理协会、中国建筑业协会及其他全国性社团组织颁发的职业经理人资格证书，并按规定参加年检。

评选条件包括：

（1）高举中国特色社会主义伟大旗帜，以邓小平理论和三个代表重要思想为指导，深入贯彻落实科学发展观。认真执行党的路线、方针、政策，遵守国家法律、法规，在政治上、思想上、行动上同党中央保持一致。

（2）善于学习，勤于思考，勇于创新；不断学习国际国内同行业发展经验和先进理论，探讨适合我国国情和电力建设行业实际的经济发展规律；企业发展理念、管理模式和管理手段先进，所在企业的经济效益和社会效益处于行业先进水平。

（3）爱岗敬业、务实肯干，有较强的执行能力、创新能力和团队意识，岗位工作业绩突出。

（4）严于律己、诚实守信、克己奉公、清正廉洁，在行业或企业内有良好的口碑。

（5）申报优秀高级职业经理人的人员，应为现任企业三总师以上的人员，并在近三年内获得过集团公司或地、市级（含）以上的综合性奖励；申报优秀中级职业经理人的人员，应为所在企业生产、经营及管理岗位（包括在岗项目经理）的中层管理人员，并在近三年内获得过所在企业（含）及以上的综合性奖励。

（三）全国电力建设优秀项目经理

全国电力建设优秀项目经理评选范围为：中电建协会员单位的施工企业中，具有二级执业资格并在岗的项目经理。

评选条件包括：

（1）拥护党的路线方针政策，遵守国家法律法规；坚持科学发展观，努力实践三个代表重要思想；勤奋敬业、勇于创新，有强烈的社会责任感。

（2）认真贯彻国家《质量振兴纲要》精神，模范遵守电力建设行业的各项管理规定，并在工程项目全过程质量控制和全面质量管理工作中取得突出成绩。

（3）具有符合国家倡导的质量管理理念，积极推广低碳技术项目管理方法，有较高的专业技术水平和较强的项目管理能力。

（4）电力建设优秀项目经理还应符合下列条件：

①近三年负责承建的工程，均通过达标投产考核并至少有一项工程获地、市级（含）以上的优质工程奖；

②近三年负责承建的工程，质量合格率100%；

③近三年负责承建的工程，无较大（含）以上安全事故、重大质量事故和社会影响事件；

④坚持文明施工、注重现场管理，环境保护、节能减排和“四新”应用有成效；

⑤有较强的履约能力，重合同、守信用、兑承诺；

⑥所承建的工程项目经济效益和社会效益显著。

第六章　水利水电工程建设工法与专题

第一节　工程建设工法

一、工程建设工法

（一）工程建设工法概述

工程建设工法是指以工程为对象、工艺为核心，运用系统工程的原理，把先进技术和科学管理结合起来，经过工程实践形成的综合配套的施工方法。工法必须符合国家工程建设的方针、政策和标准，具有先进性、科学性和适用性，能保证工程质量安全、提高施工效率和综合效益，满足节约资源、保护环境等要求。工法是企业标准的重要组成部分，是企业开发应用新技术工作的一项重要内容，是企业技术水平和施工能力的重要标志。

1989 年原建设部以（建施字〔1989〕546 号）下发了《施工企业实行工法制度的试行管理办法》，选择一些大型建筑企业作为第一批工法编制试点单位，着手进行工法编制工作。1996 年原建设部发布了《建筑施工企业工法管理办法》（建建〔1996〕163 号）规范了建设施工工法的管理。2005 年原建设部对 1996 年的文件进行了修订，发布了《工程建设工法管理办法》（建质〔2005〕145 号）；2014 年住房建设部再次修订了工法管理规定，发布了《工程建设工法管理办法》（建质〔2014〕第 103 号）。

（二）工程建设工法的分类

按照工法的评审和公布的机关，可以将工法分为企业级、省（部）级和国家级，实施分级管理。

企业级工法由建筑施工企业（以下简称企业）根据工程特点开发，通过工程实际应用，经企业组织评审和公布。企业应当建立工法管理制度，根据工程特点制定工法开发计划，定期组织企业级工法评审，并将公布的企业级工法向省（部）级工法主管部门备案。企业应在工程建设中积极推广应用工法，推动技术创新成果转化，提升工程施工的科技含量。

省（部）级工法由企业自愿申报，经省、自治区、直辖市住房城乡建设主管部门或国务院有关部门（行业协会）、中央管理的有关企业（以下简称省（部）级工法主管部门）组织评审和公布。省（部）级工法主管部门应当督促指导企业开展工法开发和推广应用，组织省（部）级工法评审，将公布的省（部）级工法报住房和城乡建设部备案，择优推荐申报国家级工法。

国家级工法由企业自愿申报，经省（部）级工法主管部门推荐，由住房和城乡建设部组织评审和公布。住房和城乡建设部每两年组织一次国家级工法评审，评审遵循优中选优、总量控制的原则进行评审。国家级工法有效期为8年。

按照专业类别，工法分为房屋建筑工程、土木工程、工业安装工程三个类别。

（三）工程建设工法的申报

由于各省（部）可以制订自己的工程建设工法管理办法，这里介绍国家工法的申报。

1. 国家级工法的申报原则

国家级工法申报遵循企业自愿原则，每项工法由一家建筑施工企业申报，主要完成人员不超过5人。申报企业应是开发应用工法的主要完成单位。

2. 申报国家级工法应满足的条件

（1）已公布为省（部）级工法；

（2）工法的关键性技术达到国内领先及以上水平；工法中采用的新技术、新工艺、新材料尚没有相应的工程建设国家、行业或地方标准的，已经省级及以上住房城乡建设主管部门组织的技术专家委员会审定；

（3）工法已经过2项及以上工程实践应用，安全可靠，具有较高推广应用价值，经济效益和社会效益显著；

（4）工法遵循国家工程建设的方针、政策和工程建设强制性标准，符合国家建筑技术发展方向和节约资源、保护环境等要求；

（5）工法编写内容齐全完整，包括前言、特点、适用范围、工艺原理、工艺流程及操作要点、材料与设备、质量控制、安全措施、环保措施、效益分析和应用实例；

（6）工法内容不得与已公布的有效期内的国家级工法雷同。

3. 申报国家级工法的程序

（1）申报企业向省（部）级工法主管部门提交申报材料；

（2）省（部）级工法主管部门审核企业申报材料，择优向住房和城乡建设部推荐。

4. 申报国家级工法需要的资料

（1）国家级工法申报表；

（2）工法文本；

（3）省（部）级工法批准文件、工法证书；

（4）省（部）级工法评审意见（包括关键技术的评价）；

（5）建设单位或监理单位出具的工程应用证明、施工许可证或开工报告、工程施工合同；

（6）经济效益证明；

（7）工法应用的有关照片或视频资料；

（8）科技查新报告；

（9）涉及他方专利的无争议声明书；

（10）技术标准、专利证书、科技成果获奖证明等其他有关材料。

（四）国家级工法的评审

国家级工法评审分为形式审查、专业组审查、评委会审核三个阶段。形式审查、专业组审查采用网络评审方式，评委会审核采用会议评审方式。

形式审查。对申报资料完整性、符合性进行审查，符合申报条件的列入专业组审查。

专业组审查。对通过形式审查的工法按专业分组，评审专家对工法的关键技术水平、工艺流程和操作要点的科学性、合理性、安全可靠性、推广应用价值、文本编制等进行评审，评审结果提交评委会审核。

评委会审核。评委会分房屋建筑、土木工程、工业安装工程三类进行评议审核、实名投票表决，有效票数达到三分之二及以上的通过审核。住房和城乡建设部对审核通过的国家级工法进行公示，公示无异议后予以公布。

（五）国家工法成果管理

对获得国家级工法的单位和个人，由住房和城乡建设部颁发证书。获得国家级工法证书的单位为该工法的所有权人。工法所有权人可根据国家有关法律法规的规定有偿转让工法使用权，但工法完成单位、主要完成人员不得变更。未经工法所有权人同意，任何单位和个人不得擅自公开工法的关键技术内容。

国家级工法有效期为8年，对有效期内的国家级工法，其完成单位应注意技术跟踪，注重创新和发展，保持工法技术的先进性和适用性。

超出有效期的国家级工法仍具有先进性的，工法完成单位可重新申报。

二、部分国家工法

近年来公布的同水利工程相关的部分工法详见表6－1。

表6－1　与水利工程有关的国家工法

序　号	工法编号	工法名称	工法 发布时间
1	GJYJGF001—2012	硬法切割咬合桩墙施工工法	2013
2	GJYJGF003—2012	超高层建筑大体积混凝土底板连续无缝浇筑施工工法	2013
3	GJYJGF004—2012	劈离竹材土钉墙施工工法	2013
4	GJYJGF005—2012	临海复杂地质条件旋喷桩止水帷幕工法	2013
5	GJYJGF010—2012	山体垂直高边坡微型钢管桩预应力锚索施工工法	2013
6	GJYJGF011—2012	基于传感光纤监测的型钢水泥土连续墙信息化施工工法	2013
7	GJYJGF012—2012	深基坑排水梯级利用绿色施工节水工法	2013
8	GJYJGF017—2012	混凝土结构地下室抗裂防渗工法	2013

续表

序　号	工法编号	工法名称	工法发布时间
9	GJYJGF079—2012	护底软体排铺设施工工法	2013
10	GJYJGF081—2012	深水逆作法钢板桩围堰施工工法	2013
11	GJYJGF083—2012	大型绞吸船挖吹坚硬粘土施工工法	2013
12	GJYJGF093—2012	高地应力区大跨度地下洞室开挖支护施工工法	2013
13	GJYJGF096—2012	心墙堆石坝心墙掺砾土料填筑施工工法	2013
14	GJYJGF097—2012	大型地下洞室交叉口开挖支护施工工法	2013
15	GJYJGF098—2012	深孔化学灌浆施工工法	2013
16		水泥土搅拌桩信息化施工工法	2015
17		劈裂真空法加固深厚软土地基施工工法	2015
18		预成孔深层水下夯实地基处理施工工法	2015
19		预成孔深层水下夯实地基处理施工工法	2015
20		深层搅拌水泥土止水帷幕双轮铣施工工法	2015
21		桩周水泥土加强型现浇混凝土劲芯桩一体化施工工法	2015
22		旋喷桩内插型钢施工工法	2015
23		沿海软土基坑大直径钢管水泥搅拌桩钉支护结构施工工法	2015
24		超深复杂地层改进型 TRD 等厚水泥土搅拌墙施工工法	2015
25		深基坑工程坑内地下水位平衡控制施工工法	2015
26		钻孔桩泥浆水土分离、循环利用施工工法	2015

第二节　与工程建设相关的专题（略）